Mehrspindel-Automaten

Von

Dr.-Ing. **Hans H. Finkelnburg** VDI

Mit 217 Abbildungen im Te

Berlin

Verlag von Julius Springer

1938

ISBN-13: 978-3-642-98690-1   e-ISBN-13: 978-3-642-99505-7
DOI: 10.1007/978-3-642-99505-7

Vorwort.

Die Anforderungen der deutschen Industrie an leistungsfähige Werkzeugmaschinen zur selbsttätigen Herstellung von Drehteilen in großen Mengen hat in den letzten Jahren mit dem Aufschwung der Wirtschaft ständig zugenommen und der Kreis der Verbraucher ist schnell gestiegen. Dies gilt in ganz besonderem Maße für die Mehrspindelautomaten, die aus vielen Fertigungsstätten nicht mehr weggedacht werden können. Volle Ausnutzung dieser Maschinen setzt die Auswahl der bestgeeigneten Bauart sowie eine günstige Werkzeugausrüstung und sorgfältige Arbeitsvorbereitung voraus. Für die richtige Auswahl der Maschine ist genaueste Kenntnis der einzelnen Bauelemente erforderlich, da diese jede einzelne Maschine besonders geeignet für bestimmte Werkstückgruppen machen. Bei der Arbeitsvorbereitung und Werkzeuggestaltung aber müssen Betriebserfahrungen verwertet werden, wenn man vor Rückschlägen und Enttäuschungen sicher sein will. Die Besonderheiten der Mehrspindelautomaten machen eine gemeinsame Behandlung dieser Maschinen zusammen mit anderen unmöglich, und so fehlte in der Fachliteratur ein Werk, welches dem Ingenieur in Büro oder Betrieb ein Ratgeber in Fragen der Maschinenauswahl oder des Betriebes war. Mit dem vorliegenden Werk habe ich den Versuch gewagt, diesem Mangel abzuhelfen. Bei der Behandlung der Maschinen habe ich mich vorwiegend auf solche Einzelheiten beschränkt, die nur an Mehrspindelautomaten vorkommen oder für diese von besonderer Bedeutung sind. Dagegen habe ich alle Bauteile übergangen, die auch bei anderen Werkzeugmaschinen vorkommen und als bekannt vorausgesetzt wurden. Wegen des großen Einflusses, den die Getriebegestaltung auf den Maschinenbetrieb und die erzielbaren Leistungen hat, habe ich diesen Abschnitt besonders eingehend behandelt, denn nach meinen Erfahrungen sind manche Schwierigkeiten an Mehrspindelautomaten auf das Versagen einzelner Getriebe zurückzuführen. In den Abschnitten über Bearbeitung, Arbeitspläne und Werkzeuge habe ich auf Beispiele aus der Praxis zurückgegriffen und bewährte Anordnungen und Einrichtungen beschrieben, damit in Anlehnung an diese Beispiele die Auslegung neuer Pläne erleichtert ist. Ich hoffe, daß jeder Ingenieur im Konstruktionsbüro, in der Kalkulation, in der Arbeitsvorbereitung oder im Betrieb in diesem Buch Anregungen für richtige Behandlung und erhöhte Ausnutzung der Mehrspindelautomaten findet.

Magdeburg, August 1938. **H. Finkelnburg.**

Inhaltsverzeichnis. V

Seite

Quellennachweis.

Cone Automatic Machine Co. Inc., Windsor Vt. USA. Abb. 177.

Davenport Machine Tool Co., Inc., Rochester N. Y. USA. Abb. 87, 90, 205, 216, 217.

Paul Forkardt, Kommanditgesellschaft, Düsseldorf. Abb. 102, 103, 104, 105, 107, 110.

Gildemeister & Co. A.-G., Bielefeld. Abb. 3, 12, 13, 15, 46, 47, 84, 93, 111, 112, 122, 123, 172, 173, 182, 189, 208.

Greenlee Bros. & Co. Rockford, Illinois, USA. Abb. 92.

Hasse & Wrede G. m. b. H., Berlin. Abb. 2a, 2b, 23, 59, 96, 207.

Index-Werke, Hahn & Kolb, Eßlingen/N. Abb. 118.

Kelle: Die Automaten. Berlin, Julius Springer, 1927. Abb. 1, 54, 82a, 94, 139.

Kelle, Werkzeuge und Einrichtungen selbsttätiger Drehbänke. Berlin, Julius Springer, 1929. Abb. 183b, 204, 206.

Fritz Kopp, Ulm/Donau. Abb. 117.

Kugelfischer, Schweinfurt. Abb. 65.

Pittler Werkzeugmaschinenfabrik A.-G., Leipzig. Abb. 7, 39, 68, 81, 85, 116, 119, 187, 200, 202, 212.

Tavannes Machine Co. S. A., Tavannes, Schweiz. Abb. 17, 178.

Schlesinger: Die Arbeitsgenauigkeit der Werkzeugmaschinen. Berlin, Julius Springer, 1927. Abb. 24.

Schlesinger: Die Werkzeugmaschine. Berlin, Julius Springer 1936. Abb. 69, 174, 175, 176, 179.

Alfred H. Schütte, Werkzeugmaschinenfabrik, Köln-Deutz. Abb. 9, 28, 29, 41, 43, 44, 57, 60, 82b, 83, 98, 100, 106, 108, 113, 114, 120, 124, 125, 126, 185, 186, 188b, 197, 198, 199, 203, 210, 215.

1. Die Entwicklung der Mehrspindelautomaten.

Mehrspindelautomaten sind Werkzeugmaschinen mit kreisender Hauptbewegung für die Herstellung von Drehkörpern, bei denen die Werkstücke gleichzeitig an mehreren Drehspindeln bearbeitet werden. Sie gehören ihrem Verwendungszweck nach zu der Gruppe der Drehbänke, von denen auch die Entwicklung dieser Maschinen abgeleitet werden kann. Verfolgt man den Werdegang der Drehbänke, so zeigt sich, wie mit fortschreitender Industrialisierung und dadurch bedingtem Hervortreten besonderer Bearbeitungsanforderungen hinsichtlich Art der Arbeit oder Menge der zu fertigenden Werkstücke aus der Drehbank Maschinen entwickelt wurden, die dann als selbständige Maschinenart neben der Drehbank bestehen und ihre eigene Entwicklung durchmachen, dabei wieder Anlaß zu neuen Maschinen gebend.

Drehbänke sind schon in den frühesten Kulturepochen in der Form der Töpferdrehscheibe oder der Holzdrehbank bekannt, wobei in primitivster Form von Hand oder mit dem Fuß die Bewegung der Drehscheibe erreicht wird, während das Werkzeug von Hand, höchstens mit Hilfe eines Unterstützungsstabes geführt wird. Die Entwicklung führt dann zu Metalldrehbänken, die schon frühzeitig auf eine hohe Stufe gebracht wurden, so daß auch die Herstellung von Gewinden mit Leitpatronen keine Schwierigkeiten macht. Bekannt ist die Patronendrehbank von Leonardo da Vinci (um 1500).

Nach langem Stillstand setzte erst in der zweiten Hälfte des vergangenen Jahrhunderts eine sprunghafte Weiterentwicklung ein, die von Amerika ausgehend bald nach Europa übergriff, als nämlich im Jahre 1876 von der Firma W. L. Close, New York, Philadelphia, erstmalig eine Revolverdrehbank nach Europa eingeführt wurde. Bei dieser Maschine handelt es sich um eine Drehbank für Massenfertigung, die mit einem Revolverkopf ausgerüstet werden konnte, und die Ausführung mehrerer Arbeitsgänge hintereinander in der gleichen Aufspannung ermöglichte.

Kennzeichnend für die Epoche schnellster industrieller Fortschritte ist es, daß fast gleichzeitig mit der Erfindung der Revolverdrehbank auch die ersten Versuche zur Schaffung von Ein- und Mehrspindelautomaten festzustellen sind, und daß sich von nun an Drehbank, Revolverdrehbank, Einspindelautomat und Mehrspindelautomat nebeneinander entwickeln, wenn auch gegenseitig vielfach beeinflußt, so daß die eine Maschinenart ohne die andere kaum denkbar ist. Entscheidend für den Übergang von der Revolverdrehbank zur selbsttätigen Revolverdrehbank ist die Erfindung des Amerikaners PARKHURST, dem im Jahre 1871 das U. St.-Patent 118 481 auf eine Einrichtung zum Spannen und Vorschieben von Stangenmaterial an Drehbänken erteilt wurde. Diese Einrichtung (Abb. 1) stellt die heute noch benutzte Patronenspanneinrichtung dar und ebnete den Weg zur Schaffung der selbsttätigen Maschinen, bei denen die bisher von Hand ausgeführten Bewegungen der Schaltung des Revolverkopfes und des Vorschiebens und Spannens des Materials von einer Steuerungseinrichtung aus eingeleitet werden. Dabei bleibt zunächst noch die Geschwindigkeit dieser Steuerung bei einer bestimmten Werkzeugeinrichtung gleichmäßig, so daß durch lange Stückzeiten auch lange Nebenzeiten bedingt sind. Erst später ging man dazu über, eine Zweiteilung der Steuerwellendrehung vorzusehen, so daß während der Werkstückbearbeitung mit langsamer, während der Nebenzeit dagegen mit schneller Drehung gearbeitet werden kann. Diese Einrichtung hat sich bis auf den heutigen Tag gehalten, wie in dem Abschnitt über die Steuerung gezeigt wird.

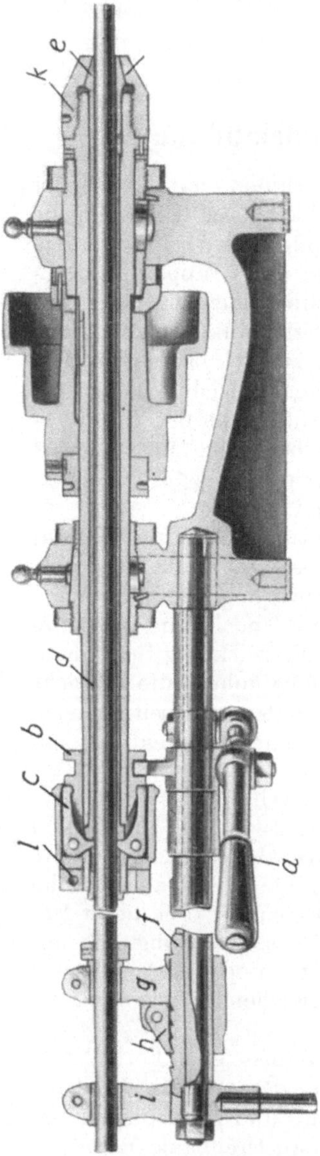

Für die großen Stückzahlen der amerikanischen Industrie genügten vielfach auch die Leistungen der Einspindelautomaten nicht. So wurde die Erfindung eines schwedischen Ingenieurs, die dieser aber in der Industrie nicht hatte einführen können, aufgegriffen und ein Mehrspindelautomat geschaffen, der dem amerikanischen Erfinder CARVE in Worcester 1877 durch ein Patent geschützt wurde. Diese Bauart griff die National Acme Co. in Cleveland auf und entwickelte sie zur Gebrauchsfähigkeit, so daß in den 90er Jahren der Verkauf von Mehrspindelautomaten einsetzte. Dabei handelte es sich in erster Linie um Stangenautomaten, die entsprechend der Drehbank für umlaufende Werkstücke ausgebildet waren.

Gleichzeitig mit diesen Maschinen wurden Halbautomaten zur Bearbeitung gegossener, geschmiedeter oder sonstwie vorgearbeiteter Werk-

Abb. 1. Ursprüngliche Konstruktion für Spannung und Vorschub von Stangenmaterial. a = Spannhebel, b = Spannkonus, c = Spannfinger, d = Spannrohr, e = Spannpatrone, f—i = Materialstangenvorschub, k = Spindelkopf.

stücke entwickelt, und zwar in Anlehnung an Bohrwerken ähnliche Werkzeugmaschinen mit feststehenden Werkstücken und umlaufenden Werkzeugen. POTTER & JOHNSTONE brachten diese Maschinen als erste auf den Markt, zeitlich zusammenfallend mit dem Erscheinen der Stangenautomaten.

Abb. 2a. Vierspindliger Halbautomat für Futterarbeiten aus dem Jahre 1901.

Der Bau von Mehrspindelautomaten setzte in Europa erst Anfang dieses Jahrhunderts ein, da vorher ein Bedarf der Industrie für Maschinen zu reiner Massenherstellung kaum vorlag. Dabei wurde besonderes Augenmerk darauf gerichtet, keine Einzweckmaschinen zu schaffen, sondern europäischen Verhältnissen entsprechend eine Werkzeugmaschine herauszubringen, auf welcher verschiedenartigste Werkstücke gefertigt werden konnten, wenn sie in ausreichender Stückzahl erforderlich waren. Dabei wurde verständlicherweise in enger Anlehnung an das amerikanische Vorbild konstruiert, und die ersten marktfähigen deutschen Ma-

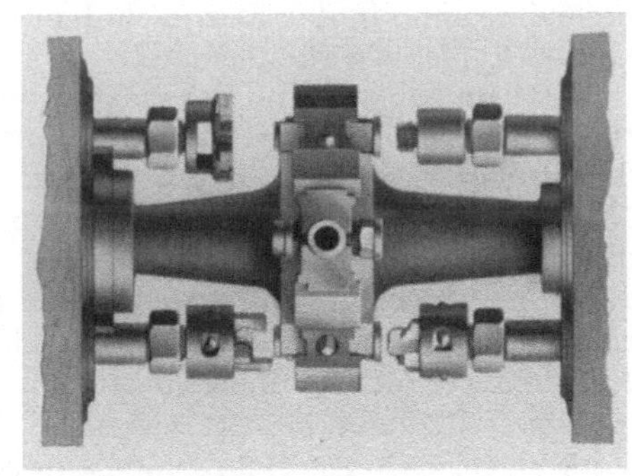

Abb. 2b. Anordnung der Spannfutter und Werkzeuge bei den Halbautomaten nach Abb. 2.

schinen unterscheiden sich kaum von amerikanischen. Trotzdem hat es nicht an Versuchen gefehlt, eigene Ideen bei dem Bau zu verwirklichen. Ein im Jahre 1901 erstmalig gelieferter Vierspindelhalbautomat (Abb. 2a) einer deutschen Werkzeugmaschinenfabrik zeigt deutlich eigene Merkmale. Die Art der Bearbeitung ergibt sich aus Abb. 2b. Eine andere Maschine aus der gleichen Zeit zeigt Abb. 3. Wenige Jahre später wurde versuchsweise ein Dreispindelautomat entwickelt, allerdings ohne über das Versuchsstadium hinauszukommen. Einen gewalttigen Aufschwung nahm der Bau von Mehrspindelautomaten während des Weltkrieges, als die Einfuhr amerikanischer Maschinen unmöglich wurde, und der Bedarf der deutschen Industrie für die Erledigung der großen Materialanforderungen des Heeres ständig wuchs. Damals nahmen mehrere bekannte Werkzeugmaschinenfabriken den Bau von Mehrspindelautomaten auf, zunächst in enger Anlehnung an die amerikanischen Vorbilder.

Abb. 3. Bauart eines Mehrspindelautomaten zu Beginn dieses Jahrhunderts.

Verfolgt man die weitere Entwicklung der Mehrspindelautomaten, besonders auch in der Zeit nach dem Kriege bis in die letzten Jahre, so läßt sich nicht verkennen, daß gerade deutsche Maschinen richtungweisend für die weitere Entwicklung wurden. Planmäßige Durcharbeitung aller Einzelgebiete hat zur Schaffung von Hochleistungsmehrspindelautomaten geführt, deren Merkmal neben kurzen Stückzeiten die Möglichkeit schnellster Umstellung von einem Werkstück zu einem anderen durch einfachste Maschinengestaltung ist. Daneben gibt es aber auch eine Unmenge von Versuchen und Erfindungen, die in der Konstruktion oder Versuchsausführung stecken blieben. Ein Studium der erteilten Patente[1] vermittelt einen Eindruck von der Richtung, in der sich die einzelnen Erfinder bewegt haben. Gemeinsam ist den meisten dieser Vorschläge, daß der Mehrspindelautomat zur Erreichung größerer Leistungsfähigkeit in seinem Aufbau und seiner Steuerung verwickelter wird. Man kommt beim Studium dieser Bauarten notwendigerweise zu der Frage, ob es richtig ist, einen verwickelten Aufbau und den zwangläufig damit verbundenen höheren Maschinenpreis in Kauf zu nehmen, um den Vorteil eines größeren Arbeitsbereiches, einer etwas vergrößerten

---

[1] Deutsche Patentschriften vorwiegend der Klasse 49a Gruppe 5.

Schaltgeschwindigkeit oder eine leichtere Einstellmöglichkeit zu erkaufen. Eine allgemeingültige Antwort läßt sich hierauf nicht geben. Es muß aber festgehalten werden, daß auf dem deutschen Maschinenmarkt ein Mehrspindelautomat wertvoll ist, wenn er in Normalausführung billig ist, und doch für die verschiedensten Bearbeitungsaufgaben herangezogen werden kann. Unter Berücksichtigung dieses Gesichtspunktes sollen die Maschinen und Einzelteile stets betrachtet werden.

2. Die Einsatzmöglichkeit der Mehrspindelautomaten.

21. Abgrenzung der Mehrspindelautomaten.

Die Notwendigkeit, Werkstücke so billig wie nur möglich zu bearbeiten, wirft bei der Neubeschaffung von Werkzeugmaschinen vielfach die Frage auf, welche Maschinenart für die vorgesehene Herstellung großer und größter Mengen von Drehteilen besonders geeignet ist, indem sie das Werkstück billig und dadurch wettbewerbsfähig hält, und doch hohen Anforderungen an Genauigkeit und Oberflächengüte genügt. Entsprechend der Entwicklung müssen hierbei Drehbänke, Revolverdrehbänke, Ein- und Mehrspindelautomaten verglichen werden. Dabei dürfen nicht nur die für die Fertigung aufzuwendenden Löhne in Ansatz gebracht werden, sondern ebenso die Kosten für Verzinsung und Abschreibung der Maschine sowie wechselnde Materialkosten, falls eine der Vergleichsmaschinen besondere Materialaufwendungen bei den Werkstücken erfordert.

Die Verwendung von Mehrspindelautomaten kann demnach nur gerechtfertigt sein, wenn das Werkstück in seiner Herstellung billiger wird; sie wird aber eine Notwendigkeit, wenn geeignete Werkstücke in so ausreichender Menge herzustellen sind, daß die Belegung der Mehrspindelautomaten für längere Zeit gesichert ist. Ergibt die Wirtschaftlichkeitsrechnung dagegen Grenzfälle, in welchen die einfachere und billigere Maschine gleich günstig fertigt, so ist diese bei der Anschaffung vorzuziehen, da die Wahrscheinlichkeit für stets ausreichende Beschäftigung größer ist.

Grundlage einer Wirtschaftlichkeitsrechnung ist die genaue Kenntnis der Eigenschaften und Betriebsbedingungen der verschiedenen Maschinenarten.

1. Drehbank. Die Genauigkeit eines auf einer Drehbank hergestellten Werkstückes ist weitgehend von der Geschicklichkeit des Drehers abhängig, welcher die Werkzeuge zum Schnitt ansetzt, den Selbstgang des Supports ein- und ausrückt und das Werkstück in Abständen mißt. Beim Übergang von einem Arbeitsgang zum nächsten wird der Stahl von Hand gewechselt. Diese Art der Bearbeitung bedingt lange Rüst- und Nebenzeiten, die zudem von der Geschicklichkeit und dem Ermüdungszustand des Drehers abhängen. Aber auch die Hauptzeit wird lang, da stets nur ein Werkzeug im Schnitt steht, so daß bei den meisten Werkstücken viele Schnitte nacheinander erforderlich sind. Eine Verbilligung dadurch, daß ein Dreher zwei Drehbänke gleichzeitig bedient, wird nur in den wenigsten Fällen erreichbar sein, wenn nämlich beide Bänke längere Laufzeiten haben.

2. Revolverdrehbank. Die Bauart der Revolverdrehbänke bietet die Möglichkeit, mehrere Werkzeuge zu einer Gruppe vereinigt gleichzeitig arbeiten zu lassen, so daß die Zahl der notwendigen Arbeitsgänge gegenüber der Drehbank erheblich verkleinert wird. Alle für ein Werkstück nötigen Werkzeuggruppen sind auf einen Revolverkopf vereinigt, der durch einfache Schwenkung die nächste Werkzeuggruppe in Arbeitsstellung bringt. Dadurch wird die Nebenzeit erheblich verkürzt, da jedes Ab- und wieder neu Aufspannen von Werkzeugen vermieden wird. Durch Zuordnung je eines Anschlages zu jeder Werkzeuggruppe wird erreicht, daß jede Gruppe nur den notwendigen Weg macht und damit ohne zeitraubendes Nachmessen maßhaltige Werkstücke erzeugt, so daß lediglich eine einzige Maßkontrolle vor dem Abspannen nötig ist. Es wird also bei den meisten Werkstücken auch eine erhebliche Verkürzung der Hauptzeit gegenüber der Drehbank möglich sein, der allerdings eine wesentlich längere Rüstzeit gegenübersteht. Denn die einzelnen Werkzeuge jeder Werkzeuggruppe müssen sorgfältig auf den verlangten Durchmesser und ihre Stellung zueinander eingestellt und der entsprechende Anschlag auf richtige Wegbegrenzung gebracht werden.

Zur Bedienung einer Revolverdrehbank können angelernte oder aus anderen Berufen umgeschulte Leute herangezogen werden, da die Werkstückgenauigkeit von der richtigen Einstellung der Werkzeuggruppen und Anschläge und erst in zweiter Linie von der Geschicklichkeit der Bedienung abhängt. Es stehen also dem höheren Anschaffungspreis einer Revolverdrehbank die geringeren Bedienungskosten gegenüber.

3. Einspindelautomaten. In ihrer Arbeitsweise entsprechen Einspindelautomaten weitgehend den Revolverdrehbänken, nur werden alle Bewegungen der Nebenzeit nicht von Hand, sondern vollselbsttätig durch eine Steuerungseinrichtung bewirkt, so daß sie in der kleinsten möglichen Zeit ablaufen. Die Dauer der Nebenzeit wird dadurch verkürzt und dem Einfluß des Arbeiters entzogen. Bei Ausrüstung der Einspindelautomaten mit mehreren Werkzeugschlitten neben dem Revolverkopf lassen sich größere Werkzeuggruppen gleichzeitig zum Schnitt bringen als bei einer Revolverdrehbank. Die Hauptzeit wird dadurch ebenfalls verkürzt. Dieser Stückzeitverkürzung steht aber wiederum eine Verlängerung der Rüstzeit gegenüber, da bei einem Automaten nicht nur die Anschläge und Werkzeuggruppen, sondern außerdem noch der Steuerungsapparat für ein bestimmtes Werkstück eingerichtet werden muß[1]. Der Bedarf eines Einspindelautomaten an Bedienung ist sehr gering. Vollselbsttätige Einspindler, also Stangen- oder Magazinautomaten, erfordern für 4—6 Maschinen einen Einrichter und einen Hilfsarbeiter, während Halbautomaten, bei denen jedes Werkstück von Hand aus- und eingespannt wird, neben einem Einrichter für etwa sechs Maschinen noch zu je 1—2 Maschinen einen Hilfsarbeiter erfordern. Der genaue Bedarf

---

[1] Vielfach müssen besondere Kurvenstücke gefertigt, oder vorhandene Kurven so weit verdreht werden, bis ihre Stellung dem Werkstück entspricht.

richtet sich — und dies gilt ebenso für die anschließend besprochenen Mehrspindelautomaten — nach der Bearbeitungszeit der Werkstücke.

4. Mehrspindelautomaten. Bei den Mehrspindelautomaten stehen alle Werkzeuge gleichzeitig an mehreren Werkstücken im Schnitt. Nach Beendigung eines Arbeitsganges wird jedes Werkstück der nächsten Werkzeuggruppe zugeführt. Dabei verkürzt sich aber die Stückzeit gegenüber dem Einspindelautomaten nicht etwa entsprechend der Spindelzahl, sondern geringer. Die Stückzeitverkürzung ist jedoch größer als der Mehrpreis eines Mehrspindelautomaten gegenüber dem Einspindler, so daß ein wirtschaftlicher Vorteil gegeben ist. Während bei einem Einspindelautomaten jede Werkzeuggruppe nur den für sie erforderlichen Arbeitsweg zurücklegt, so daß die einzelnen Werkzeuggruppen verschieden lange Arbeitszeiten haben, machen bei einem Mehrspindelautomaten alle Gruppen den gleichen Weg, oder wenigstens ihren Weg in der gleichen Zeit, die sich nach dem längsten Arbeitsweg richtet. Es kann also bei einem Mehrspindelautomaten vorkommen, daß Werkzeuge die halbe Arbeitszeit hindurch leer laufen, wenn ihr Arbeitsweg klein ist gegenüber dem längsten Weg, oder daß diese Werkzeuge ihren kurzen Weg in der gleichen Zeit aber mit geringerem Vorschub erledigen. Günstig wirkt sich der Mehrspindelautomat auf den Einfluß der Nebenzeit aus, denn da nach jeder Schaltung ein Werkstück fertig wird, kommt zu dessen Bearbeitungszeit auch nur die Dauer einer einzigen Nebenzeit hinzu.

Wie schon bei den anderen Maschinen tritt wiederum als Folge der kürzeren Stückzeit eine längere Rüstzeit in Erscheinung, die durch das Einstellen der vielen Werkzeuge bedingt ist. Für die Bedienung gilt das schon bei den Einspindelautomaten Gesagte.

Die aufgeführten Eigenschaften der verschiedenen Maschinen lassen erkennen, daß ihr richtiger Einsatz eine Frage der vorgegebenen Werkstückzahl ist. Denn je größer die Stückzahl wird, um so mehr verteilt sich die einmalige Rüstzeit, so daß sie trotz beträchtlicher Dauer für Mehrspindelautomaten bei ausreichenden Serien kaum ins Gewicht fällt.

Die Kosten eines Werkstückes setzen sich zusammen aus:

1. Material- bzw. Rohteilkosten,
2. Maschinenkosten für die Dauer der Bearbeitung,
3. Bedienungskosten für die Dauer der Bearbeitung.

Dabei ist zur Dauer der Bearbeitung die anteilige Dauer der Rüstzeit hinzuzurechnen. Wenn nun eine Vergleichsrechnung für die verschiedenen Maschinenarten durchgeführt wird, so werden die Material- bzw. Rohteilkosten bei allen Maschinen gleich eingesetzt, so daß sie bei der Beurteilung fortfallen. In einem späteren Abschnitt wird auf die Bedeutung der Rohteilkosten näher eingegangen[1].

Für eine Werkzeugmaschine kann bei einfacher Schicht mit einer jährlichen Betriebsdauer von 2000 Stunden gerechnet werden. Wird für die Verzinsung 5% und für Abschreibung 10% eingesetzt, so ergeben sich bei einem Maschinenbeschaffungspreis von A Mark die Kosten einer

---

[1] Abschnitt 22.

Maschinenminute zu

$$K_m = \frac{A\,15}{60 \cdot 100 \cdot 2000} = \frac{A}{800\,000}\ \text{Mark}.$$

Rechnet man die bei Mehrmaschinenbedienung anteilig auf jede Maschine kommende Bedienung, und setzt dabei den gelernten Dreher als normal verdienend mit 1, den Einsteller entsprechend seinem höheren Verdienst mit 1,2 und den Hilfsarbeiter mit 0,8 ein, so lassen sich für jede Maschine die auf den Dreherlohn 1 bezogene Bedienungsziffer ermitteln. Werden beispielsweise für sechs Automaten ein Einsteller und zwei Hilfsarbeiter gebraucht, so ist die Bedienungsziffer Z_b jeder dieser Maschinen

$$Z_b = \left(\frac{1,2 + 0,8 + 0,8}{6} \right) = 0,47.$$

Bei einem mittleren Stundenverdienst eines Drehers von $V_d = 1$ RM und einem Betriebsunkostensatz von 200% ergeben sich die Bedienungsminutenkosten K_z zu

$$K_z = \frac{Z_b \cdot \left(V_d + \dfrac{200\,V_d}{100} \right)}{60} = \frac{Z_b \cdot V_d}{20}$$

$$K_z = \frac{Z_b}{20}\ \text{Mark}.$$

Für die Herstellung eines Werkstückes muß die Maschine zunächst eingerichtet werden. Diese Rüstzeit T_r kommt anteilig zu der Laufzeit T_L hinzu. Die Kosten K_{st} eines Werkstückes werden nun bei der gleichzeitigen Herstellung von n_{st} Stücken

$$K_{st} = \frac{T_r + n_{st}\,T_L}{n_{st}} \left(\frac{A}{800\,000} + \frac{Z_b}{20} \right)\ \text{Mark}.$$

Es soll nun ermittelt werden, wo die Wirtschaftlichkeitsgrenze jeder der behandelten Maschinenarten liegt. In Tab. 1 sind die wichtigsten Angaben zu jeder Maschinenart zusammengestellt. Die Tabelle gibt auch Preise für eine Maschinengröße, die zur Herstellung des Werkstückes Abb. 4 geeignet ist. Aus dem Maschinenpreis ist der Maschinenminutenpreis berechnet, ebenso entsprechend dem Beispiel die Bedienungsziffer und der Bedienungsminutenpreis. Die letzten Spalten enthalten endlich die bei der Herstellung nötige Rüstzeit und Laufzeit. Auf dieser Grundlage ist nun der Verlauf der Stückkosten in Abhängigkeit von der Stückzahl errechnet und in Abb. 5 im doppellogarithmischen Feld dargestellt. Es zeigt sich, daß die Drehbank bei Serien bis zu fünf Stück geeignet ist. Die Wirtschaftlichkeit der Revolverbank liegt etwa zwischen 4 und 20 Stücken, während der Einspindelautomat für Reihen von 10—200 Stück in Frage kommt. Bei größeren Stückzahlen ist der Vierspindler die bestgeeignete Maschine, um diesen Platz bei 800—1000 Stück an den Sechsspindler abzutreten. Eine Besprechung der bestgeeigneten Spindelzahl eines

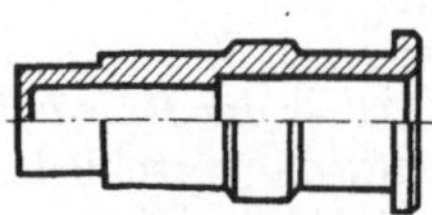

Abb. 4. Büchse als Werkstück für Mehrspindel-Stangenautomat. Maßstab 1 : 3.

Tab. 1. Zusammenstellung verschiedener Maschinen. Kostenvergleich.

Lfd. Nr.	Maschinenart	Kennzeichen der Maschine	Erforderliche Bedienung	Bedienungsziffer Z_b	Kosten der Bedienungsminute K_z RM	Kosten der Maschine A in 1000 RM	Kosten der Maschinenminute K_m RM	Werkstück Abb. 4 Rüstzeit T_r min	Laufzeit T_L min
1	Drehbank	1 Werkzeug im Schnitt, Bewegungen von Hand	1 Dreher	1,0	0,05	5,5	0,007	40	20
2	Revolverdrehbank	1 Werkzeuggruppe im Schnitt, Wegbegrenzung selbsttätig, Gruppen von Hand in Arbeitsstellung gebracht	1 angelernter Arbeiter	0,8	0,04	8,8	0,011	100	5
3	Einspindelautomat	Vollselbsttätig, 1 Werkzeuggruppe im Schnitt	Für 3—5 Maschinen 1 Einrichter und je nach Werkstück 1—5 Hilfsarbeiter	0,4	0,02	11	0,014	200	3,5
4	Vierspindelautomat	Vollselbsttätig, 4 Werkzeuggruppen im Schnitt		0,4	0,02	19,5	0,024	400	1,2
5	Sechsspindelautomat	Vollselbsttätig, 6 Werkzeuggruppen im Schnitt		0,4	0,02	25	0,031	480	0,85

Mehrspindelautomaten erfolgt an anderer Stelle[1]. Es ist nämlich nicht immer gesagt, daß eine höhere Spindelzahl bei großen Serien eine Verbilligung der Stückkosten bringt.

Es soll nun für einen allgemeinen Fall errechnet werden, welche Mindeststückzahl auf einem Mehrspindelautomaten noch wirtschaftlich zu bearbeiten ist. Hierfür müssen für den Mehrspindelautomaten sowie die Vergleichsmaschine Dauer der Lauf- und Rüstzeit sowie die Maschinenkosten bekannt sein. Es sind dann noch grundsätzlich zwei Fälle zu unterscheiden:

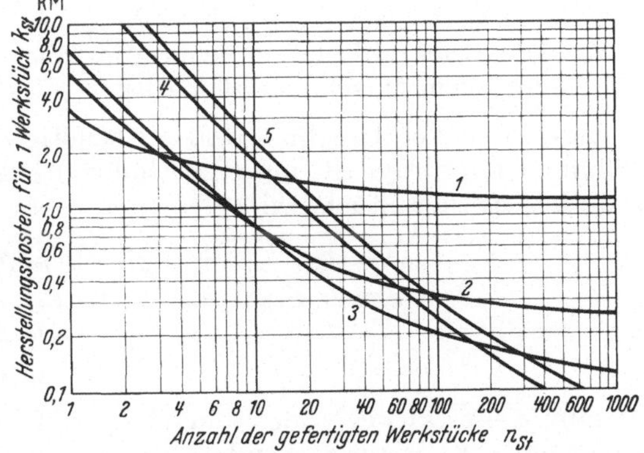

Abb. 5. Zusammenhang zwischen Stückkosten und Stückzahl der vorgelegten Serie für Werkstück nach Abb. 4.
1 = Drehbank, 2 = Revolverdrehbank, 3 = Einspindelautomat, 4 = Vierspindelautomat, 5 = Sechsspindelautomat.

1. Die Werkstückzahl kommt in Abständen wieder, so daß das gleiche

---

[1] Abschnitt 25.

Werkstück immer wieder eingestellt werden muß. In der Zwischenzeit ist der Mehrspindelautomat anderweitig belegt. Die erforderlichen Werkzeuge sind in den allgemeinen Unkosten enthalten, welche sich durch die Zuschläge zu den Bearbeitungslöhnen in den Bedienungsminutenkosten K_z befinden.

2. Die Stückzahl kommt nur ein einziges Mal vor. Die Kosten von Sonderwerkzeugen, die nach dieser Bearbeitung wertlos werden, müssen anteilig auf die Werkstücke umgelegt werden.

Weiterhin wird vorausgesetzt, daß der Mehrspindelautomat ständig voll mit Arbeit belegt ist, so daß zu den reinen Bearbeitungskosten keine zusätzliche Belastung für Maschinenstillstand hinzukommt.

Die Maschinenkosten werden auf der Grundlage berechnet, daß die Werkzeugmaschine in 10 Jahren abgeschrieben und das Kapital mit 5% verzinst sein muß. Es ergibt sich dadurch ein jährlicher Zinsendienst von etwa 14% des Anschaffungsbetrages. Hierzu kommen die Kosten für die Maschinenbedienung, die in Tab. 1 zusammengestellt sind, sowie für die allgemeinen Werkstattunkosten und Verwaltung. Daraus ergeben sich die Betriebsminutenkosten als Summe aus K_m und K_z. In der nun folgenden Berechnung bedeutet

Index d eine Drehbank oder andere Vergleichsmaschine,

Index a einen Mehrspindelautomaten,

T_r die erforderliche Rüstzeit,

r das Verhältnis beider Rüstzeiten T_{rd}/T_{ra},

T_L die Laufzeit in Minuten,

L das Verhältnis beider Laufzeiten T_{Ld}/T_{La},

K_b die Betriebsminutenkosten einer Maschine,

k das Verhältnis beider Betriebsminutenkosten K_{bd}/K_{ba},

a das Verhältnis T_{ra}/T_{La},

b das Verhältnis $T_{ra}/T_{Ld} = a/L$,

n_v die Stückzahl, bei welcher die Wirtschaftlichkeit beider verglichenen Maschinen gleich ist.

Es wird bei der Annahme, daß der benötigte Werkstoff für beide Herstellungsarten gleich ist und eine Umlegung der Werkzeugkosten nicht nötig ist, bei der Stückzahl n_v

$$K_{bd}\,(n_v \cdot T_{Ld} + T_{rd}) = K_{ba}\,(n_v\,T_{La} + T_{ra})$$
$$k\,n_v\,L\,T_{La} - n_v\,T_{La} = T_{ra} - r\,k\,T_{ra}$$
$$n_v = \frac{a\,(1 - r \cdot k)}{L \cdot k - 1}\,.$$

Da nun $(1 - r \cdot k)$ wegen des sehr kleinen Wertes rk als 1 angenommen und $(L \cdot k - 1)$ mit ausreichender Genauigkeit gleich $L \cdot k$ gesetzt werden kann, wird

$$n_v = \frac{a}{L\,k} = \frac{b}{k}\,.$$

Diese Zusammenhänge sind in dem Schaubild Abb. 6 festgehalten, aus welchem die unterste Stückzahlgrenze für jede Maschinenart leicht abgelesen werden kann, wenn bestimmte Werkstücke gegeben sind. Sollen

die Materialkosten umgelegt werden, so ist dieser Betrag noch in die
Rechnung einzuführen.

Neben dieser durch die Stückzahlen gegebenen Begrenzung des Arbeitsbereiches der Mehrspindelautomaten ist noch eine Begrenzung nach

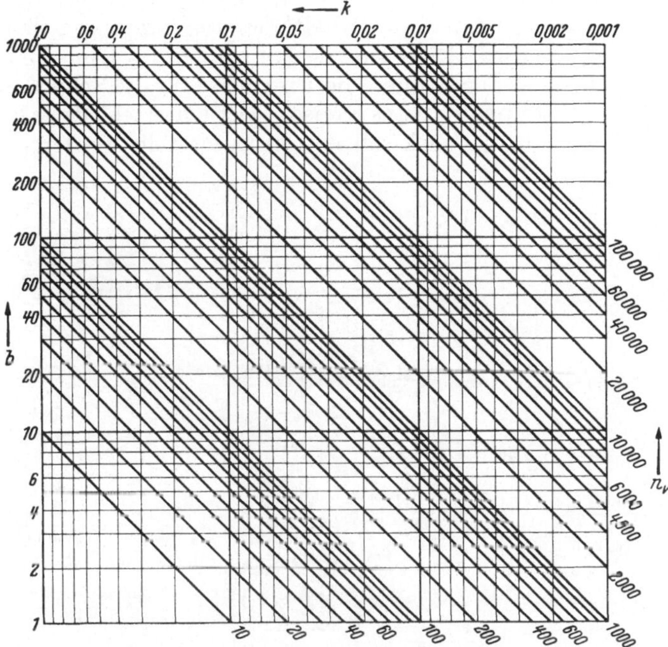

Abb. 6. Wirtschaftlichkeitsgrenze zwischen Mehrspindelautomat und Vergleichsmaschine.

$$b = \frac{\text{Rüstzeit des Mehrspindelautomaten}}{\text{Laufzeit der Vergleichsmaschine}}\,.$$

$$k = \frac{\text{Betriebsminutenkosten für Vergleichsmaschine}}{\text{Betriebsminutenkosten für Mehrspindelautomaten}}\,.$$

nv = Stückzahl gleicher Wirtschaftlichkeit auf beiden Maschinen.

der Werkstückgröße zu beachten. Werkstücke mit sehr kleinem Durchmesser von etwa 4 mm und weniger eignen sich ebensowenig für Mehrspindelautomaten wie sehr große Teile, die stets Einspindelautomaten
vorbehalten bleiben[1].

22. Bauarten der Mehrspindelautomaten.

Die Aufgabe der vollselbsttätigen Bearbeitung verschiedenster Werkstücke auf Mehrspindelautomaten hat zur Entwicklung mehrerer Bauarten geführt, die sich in ihrer Eignung für bestimmte Bearbeitungs-
zwecke unterscheiden. Man kennt

1. Mehrspindel-Stangenautomaten,
2. Mehrspindel-Magazinautomaten,

---

[1] Lit. Nr. 10.

3. Mehrspindel-Halbautomaten
   a) mit umlaufenden Werkstücken,
   b) mit feststehenden Werkstücken.

Allen diesen Bauarten ist gemeinsam, daß die Werkstücke von Spindelstellung zu Spindelstellung fortschreitend stufenweise bearbeitet und fertiggestellt werden, wobei die Schaltbewegung stets von den Werkstücken ausgeführt wird. Diese sind deshalb auf einem Kreis im gleichen Abstand voneinander angeordnet, die Drehachse für die Schaltbewegung geht durch den Mittelpunkt dieses Kreises. Der Unterschied der Bauarten und deren Verwendungszweck soll nun herausgestellt werden.

Abb. 7. Mehrspindel-Stangenautomat.

1. Mehrspindelstangenautomaten. Werkstücke, die sich aus Materialstangen anfertigen lassen, werden auf Mehrspindel-Stangenautomaten (Abb. 7) bearbeitet[1]. Die Materialstangen sind in den Drehspindeln und diese in der schaltbaren Spindeltrommel gelagert. Nach Fertigstellung eines Werkstückes, wobei dieses von der Stange abgestochen wird, erfolgt beim Übergang zur nächsten Spindelstellung der selbsttätige Materialvorschub. Hierfür wird die Spanneinrichtung der betreffenden Drehspindel geöffnet, die Materialstange bis gegen einen Anschlag vorgeschoben und dann durch Schließen der Spanneinrichtung wieder festgehalten. Dann beginnt eine neue Bearbeitung. Die zulässige Werkstückgröße richtet sich bei Stangenautomaten nach dem Spindeldurchlaß, sie bleibt deshalb aus baulichen Rücksichten klein. Mehrspindel-

---

[1] Lit. Nr. 17, 20, 61 b, 62 d, 66, 67.

Stangenautomaten mit mehr als 100 mm Stangendurchlaß sind serienmäßig noch nicht gebaut worden. Abb. 8 zeigt eine Reihe von Werkstücken, die sich für Stangenautomaten eignen.

2. Mehrspindel-Magazinautomaten. Die Bearbeitung auf Stangenautomaten wird dann unwirtschaftlich, wenn beispielsweise große Hohlkörper oder Werkstücke mit starken Durchmesserunterschieden hergestellt werden sollen, zumal wenn diese Teile aus wertvollen Rohmaterialien wie Nickelstahl, Messing oder Bronze bestehen. In diesen Fällen rechtfertigt vielfach schon die Materialersparnis die Herstellung von gepreßten oder geschmiedeten Rohteilen, zu deren Bearbeitung dann ein Magazin erforderlich ist, das auch für einfach geformte Gußteile, wie beispielsweise Ventilführungen, verwendet wird. Hierbei werden die Rohteile in ein ihrer Form angepaßtes Magazin hintereinander eingelegt

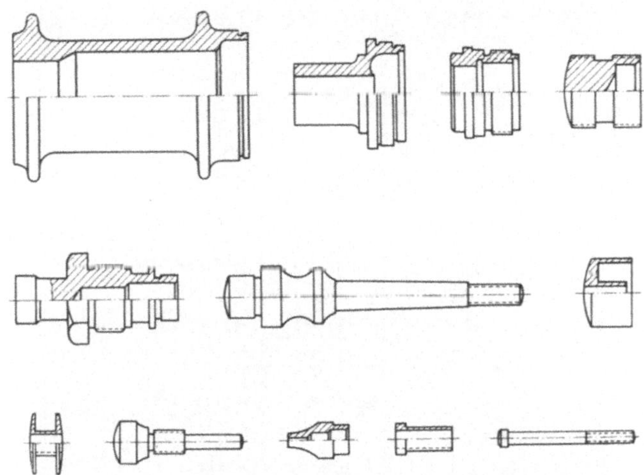

Abb. 8. Werkstücke für Mehrspindel-Stangenautomaten.

und den Werkstückspindeln selbsttätig zugeführt (Abb. 9). Die Spindeln tragen am vorderen Ende Spanneinrichtungen, die ebenfalls der Werkstückform angepaßt sind. Bei der Bearbeitung sind drei Arten zu unterscheiden:

1. Die Rohteile können mit einem „verlorenen Kopf" zur Verarbeitung kommen und nach allseitiger Bearbeitung von diesem abgestochen werden (Abb. 10a).

2. Die Rohteile werden in einem Arbeitsgang zur Hälfte fertig gedreht und in einem zweiten Arbeitsgang an den bearbeiteten Flächen aufgenommen und fertig geformt, so daß sie allseitig bearbeitet von der Maschine kommen (Abb. 10b).

3. Die Werkstücke bleiben teilweise unbearbeitet oder werden teilweise bearbeitet angeliefert, so daß sie nach einem Arbeitsgang auf den Mehrspindel-Magazinautomaten fertig bearbeitet sind (Abb. 10c).

Nach Fertigstellung eines Werkstückes wird die Spanneinrichtung geöffnet, das fertige Werkstück bzw. der Materialrest herausgestoßen, das Magazin herangeführt, ein neues Rohteil aus dem Magazin in die Spanneinrichtung geschoben und diese wieder geschlossen, während das Magazin aus dem Bereich der Werkzeuge zurückgeht.

Abb. 9. Mehrspindel-Magazinautomat zur Herstellung von Verschraubungen.

Die Vorteile der Magazinautomaten liegen in der wirtschaftlichen Ausnutzung der Werkstoffe, da vorgeformte Werkstücke verarbeitet werden, in der kürzeren Bearbeitungszeit und Schonung der Werkzeuge, da die Werkstücke infolge geringer Übermaße nur eine geringe Zerspanung erfordern, sowie in der sehr geringen Verlustzeit dieser Maschinen, da ein Nachfüllen des Magazins während der Bearbeitung erfolgt und die notwendigen Stillstände zum Entfernen der Drehspäne wegen deren geringem Anfall seltener werden. Weiterhin ist wichtig, daß auf Magazinautomaten Werkstücke verarbeitet werden können, deren Durchmesser größer als die Spindelbohrung ist, so daß eine bessere Ausnutzung der Maschine gegeben ist. Reicht beispielsweise die Spindelbohrung zur Aufnahme der Stangen für ein Werkstück nicht mehr aus, so kann dieses aus Materialstücken, die von der Stange abgesägt sind, mit einem Magazin doch noch vollselbsttätig auf dem Automaten bearbeitet werden.

Für letztere Verwendungsart ist besonders wertvoll, daß Stangen- und Magazin-Mehrspindelautomaten im Aufbau gleichgehalten werden können, so daß bei fast allen Bauarten die Umstellung von einer Arbeitsweise auf die andere möglich ist, sofern die erforderlichen Einzelteile wie Spanneinrichtungen, Magazin und Stangenhalter vorhanden sind.

3. Mehrspindel - Halbautomaten.

Werkstücke schwieriger Formen, die als vorgeformte Rohteile auf Mehrspindelautomaten verarbeitet werden sollen, aber ihrer Form wegen nicht in einem Magazin aufgenommen werden können oder eine bestimmte Lage in der Spanneinrichtung haben

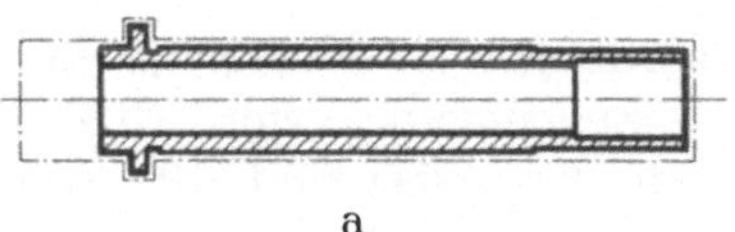

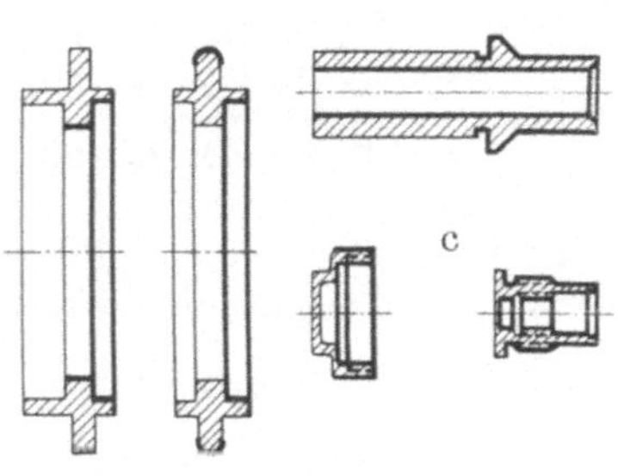

Abb. 10. Werkstücke für Mehrspindel-Magazinautomaten.

a = Werkstück wird von verlorenem Kopf abgestochen, *b* = Bearbeitung eines Ringes in zwei Arbeitsgängen, *c* = teilweise Bearbeitung von Werkstücken, die rohe Flächen behalten dürfen.

müssen, da sie nicht symmetrisch zur Drehachse sind, werden auf Mehrspindel-Halbautomaten verarbeitet[1]. Die Werkstücke werden hierbei von Hand ein- und ausgespannt, so daß eine dauernde Bedienung der Maschine erforderlich ist, und die Stückzeit von der Geschicklichkeit und dem Ermüdungszustand des Arbeiters abhängt. Dabei kann als Erfahrungswert angenommen werden, daß bei achtstündiger Arbeitszeit mit Sicherheit drei Spannungen in der Minute vorgenommen werden können, so daß bei einer Stückzeit von 20 Sekunden oder länger die Spannzeit ohne Einfluß auf die Stückzeit bleibt, sofern die Werkzeuganordnung die Durchführung der Spannung während der Bearbeitung zuläßt. Bei längeren Stückzeiten, wie sie bei Halbautomaten häufig vorkommen, kann ein Arbeiter vielfach auch mehrere Maschinen bedienen, wenn diese so im Takt laufen, daß er nach dem Weg von einer zur anderen Maschine diese gerade mit neuem Material versorgen kann. Reicht die Zeit nicht aus, so muß berechnet werden, ob es wirtschaftlicher ist, einen Arbeiter weniger einzusetzen, dafür aber die Maschinen zwischen den Arbeitszeiten kurze Zeiten stillstehen zu lassen.

Ein Beispiel soll dies verdeutlichen. Bei einer Stückzeit von 60 Sekunden kann ein Arbeiter gerade zwei Maschinen ohne jede Verlustzeit bedienen. Die Stückzeit beträgt aber beispielsweise nur 50 Sekunden. Wird zu jeder Maschine ein Arbeiter gestellt, so stellt sich der Preis eines Werkstückes bei Zugrundelegung der Werte von Tab. 1 auf:

---

[1] Lit. Nr. 23, 57, 59, 61c, 62b, 69, 70d, 72.

0,0208 RM für 50 Sekunden-Maschine,
0,0167 RM für 50 Sekunden-Bedienung,

0,0375 RM für ein Stück.

Würde man die Bedienung durch einen Arbeiter vornehmen lassen und zur Erzielung des erforderlichen Taktes von 60 Sekunden jede Maschine nach der Arbeitszeit 10 Sekunden stillstehen lassen, so stellte sich der Stückpreis auf:

0,025 RM für 60 Sekunden-Maschine,
0,010 RM für 30 Sekunden-Bedienung,

0,035 RM für ein Stück.

Trotz der Verlustzeit von 10 Sekunden je Maschine und Stück ist dies also in dem Beispiel die wirtschaftlichere Art der Herstellung.

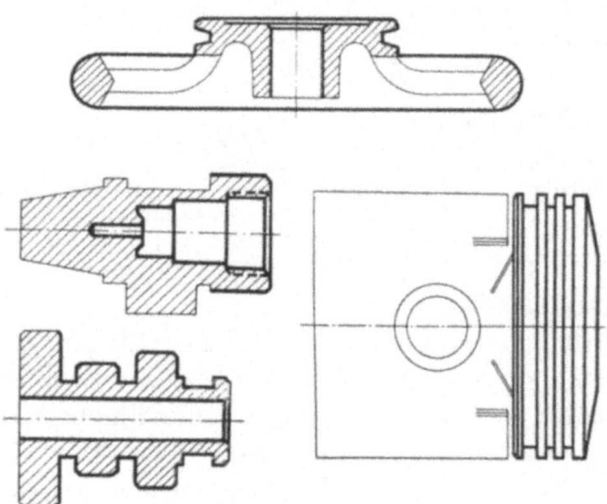

Abb. 11. Werkstücke für Mehrspindel-Halbautomaten mit umlaufenden Werkstücken.

Bei Mehrspindel-Halbautomaten sind zwei Bauarten zu unterscheiden. Für Werkstücke, die einigermaßen symmetrisch zur Drehachse liegen und keine weit herausragenden Teile haben (Abb. 11), werden Halbautomaten verwendet, deren umlaufende Spindeln Spanneinrichtungen zur Aufnahme der Werkstücke tragen (Abb. 12). Die Maschinen ähneln sehr den schon besprochenen Stangen- und Magazinautomaten. Die Drehspindeln in der schaltbaren Spindeltrommel tragen an ihrem vorderen Ende Spanneinrichtungen, die den Werkstücken angepaßt werden. Nach Fertigstellung eines Teiles wird die Drehbewegung der betreffenden Spindel selbsttätig ausgeschaltet und das Werkstück, während die anderen weiterbearbeitet werden, von Hand aus, und ein neues Rohteil eingespannt. Nach Beendigung der Bearbeitung aller Werkstücke — unabhängig davon, ob der Spannvorgang schon beendet ist oder nicht — setzt sich die Maschine durch Ausrücken des Steuerungsantriebes still und muß von Hand wieder eingerückt werden. Es ist dies eine Sicherung, daß keine Unfälle vorkommen, falls ein Spannvorgang durch außergewöhnliche Umstände länger als vorgesehen dauert. Mit dem Einrücken des Steuerungsantriebs wird auch die Drehspindel der Spannstellung wieder in Bewegung gesetzt. Die Werkstückgröße auf Halbautomaten mit umlaufenden Werkstücken richtet sich nach dem Abstand der Drehspindeln voneinander, der größte Werkstückdurchmesser muß kleiner sein als der Spindelabstand, damit sich die Werkstücke nebeneinander drehen können. Diese Größenbeschränkung hat zur Entwicklung der anderen Halbautomatenbauart (Abb. 13) geführt.

Abb. 12. Mehrspindel-Halbautomat mit umlaufenden Werkstücken.

Hierbei sind die Werkstücke an einer schaltbaren Trommel des Längsschlittens gehalten und führen mit dieser eine axiale Vorschubbewegung sowie mit der Trommel eine abgesetzt drehende Schaltbewe-

Abb. 13. Mehrspindel-Halbautomat mit feststehenden Werkstücken.

gung, dagegen keine Drehbewegung um ihre Drehachse aus. Die Drehbewegung wird vielmehr von den Werkzeugen übernommen, welche an die Spindeln des Spindelstocks angesetzt werden. Bei dieser Anordnung können auch sehr sperrige Werkstücke (Abb. 14) ohne Schwierigkeit be-

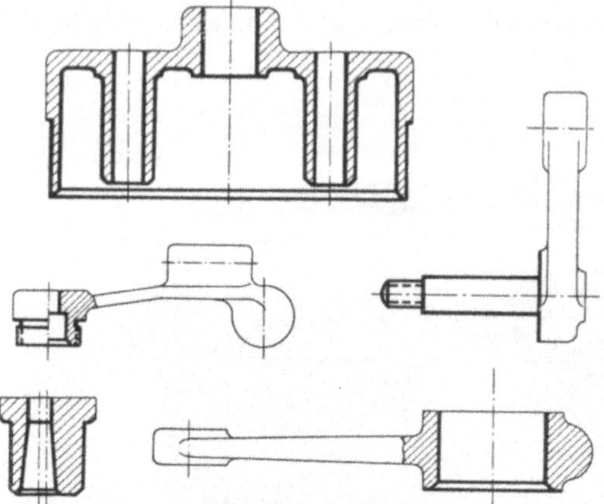

Abb. 14. Werkstücke für Mehrspindel-Halbautomat mit
feststehenden Werkstücken.

Abb. 15. Revolverkopf eines Mehrspindel-Halbautomat mit fünf
Spannfuttern für feststehende Werkstücke.

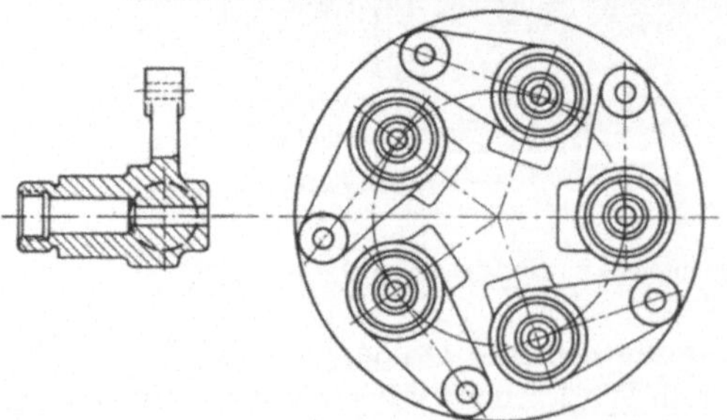

Abb. 16. Anordnung von Werkstücken auf dem Revolverkopf eines Mehrpindel-Halbautomat mit feststehenden
Werkstücken.

arbeitet werden, wenn sie sich an der Trommel so befestigen lassen, daß sie nicht über deren Schwingkreis hinausragen (Abb. 15). Da für die Befestigung der Werkstücke hier lediglich Spannfutter aber keine Drehspindeln erforderlich sind, kann ohne große Verteuerung der Maschine eine Spanneinrichtung mehr als Werkzeugspindeln vorhanden sein. Es kommen also beispielsweise auf vier Werkzeugspindeln fünf Spannfutter (Abb. 15), so daß es möglich ist, nach vollständiger Bearbeitung eines Werkstückes an vier Spindeln dieses in der fünften Stellung auszuspannen, wobei keine Werkzeuge gegenüberstehen.

Die Ausbildung der Werkzeuge wird bei dieser Automatenart naturgemäß schwieriger, da sie an drehenden Werkzeugspindeln angebaut werden. Besondere Schwierigkeiten machen dabei Planwerkzeuge, die außer der Drehbewegung noch den radialen Weg erledigen müssen. Die Gestaltung dieser Werkzeuge wird später behandelt[1]. Die Halbautomaten mit feststehenden Werkstücken eignen sich besonders für sperrige Rohteile und solche Werkstücke, an denen vorwiegend Bohr-

---

[1] Abschnitt 54.

und Langdreharbeit ausgeführt werden muß. Sie haben dabei gegenüber der anderen Bauart den großen Vorteil, daß jede Werkzeugspindel mit einer anderen Drehzahl laufen kann, so daß die Schnittgeschwindigkeit dem jeweiligen Drehdurchmesser genau anpaßbar ist. Der Arbeitsbereich dieser Maschine ist gegeben durch den Schaltkreis, innerhalb dessen sich die Werkstücke anordnen lassen müssen (Abb. 16), sowie durch den Abstand der Werkzeugspindeln voneinander, damit die umlaufenden Werkzeuge aneinander vorbeidrehen können.

Bei jeder der dargestellten Automatenarten gibt es verschiedene Bauarten hinsichtlich der Spindelzahl und Spindellage. Die gebräuchlichsten und in Deutschland auch einzig gebauten Spindelzahlen sind 4, 5 und 6. In Amerika werden Halbautomaten auch mit 8 und teilweise sogar 12 Spindeln ausgeführt. Es handelt sich dabei aber um Spezialmaschinen für ganz bestimmte Aufgaben, die deshalb aus dem Rahmen der hier behandelten Maschinen herausfallen. Über die richtige Auswahl der Spindelzahl für bestimmte Werkstücke ist später noch zu sprechen[1].

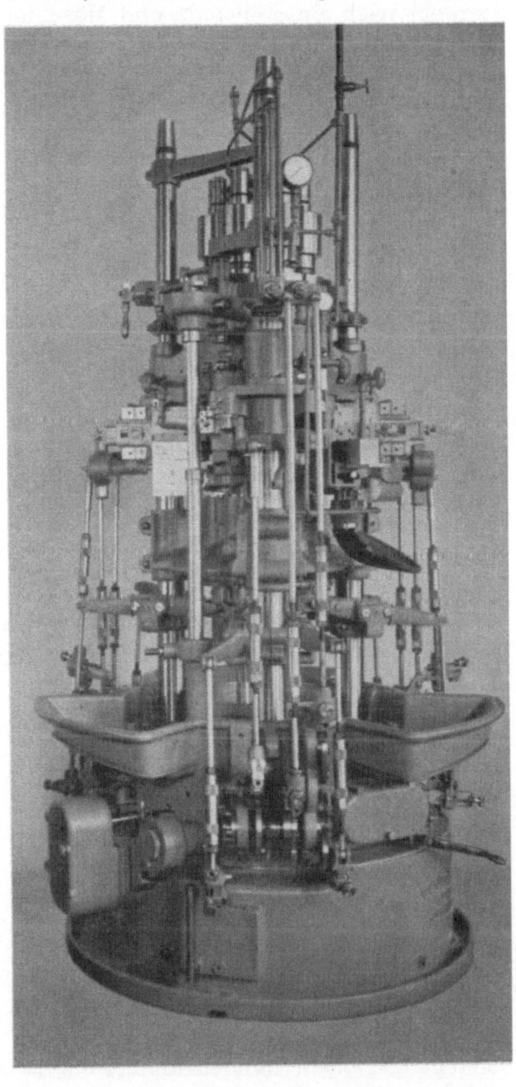

Abb. 17. Sechsspindelautomat mit senkrechter Maschinenachse.

Die Drehspindeln liegen bei der Mehrzahl aller Maschinen waagerecht. Es gibt wohl nur eine einzige Automatenbauart in Europa, die senkrechte Spindelanordnung hat, um sich die Vorteile des geringen

---

[1] Abschnitt 25.

Platzbedarfes und des vereinfachten Materialvorschubes durch die Schwerkraft nutzbar zu machen (Abb. 17). Eine Statistik (Abb. 18) zeigt die verschiedenen in Deutschland gebauten Mehrspindelautomaten, geordnet nach Maschinenart und Maschinengröße.

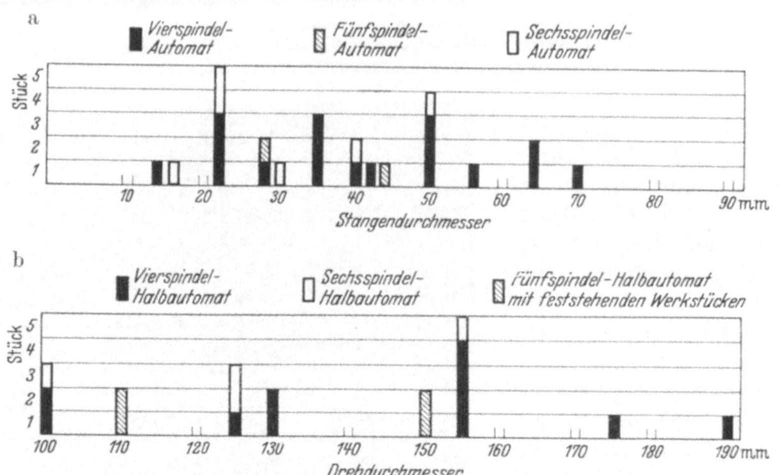

Abb. 18. Statistik der Mehrspindelautomaten.
a) In Deutschland gebaute Stangenautomaten. b) In Deutschland gebaute Halbautomaten.

23. Bearbeitungsmöglichkeiten auf Mehrspindelautomaten.

Die Bearbeitungsmöglichkeiten auf Mehrspindelautomaten richten sich wesentlich nach der Art der verwendeten Maschine. Die Werkzeuge können Bewegungen längs und quer zum Werkstück ausführen. Durch Zusammenfassung beider Bewegungen lassen sich Kegelflächen, durch Zwischenschalten von Hilfstrieben auch Kurven erzielen. Durch zusätzliche gleich- oder gegensinnige Drehbewegung der Werkzeuge werden günstige Schnittgeschwindigkeiten für kleine Bohrer oder Gewindeschneideinrichtungen erreicht.

Bei der Behandlung der Bearbeitungsmöglichkeiten müssen Maschinen mit umlaufenden und solche mit feststehenden Werkstücken getrennt besprochen werden. Ihrer weiteren Verbreitung und größeren Bedeutung wegen kommen zunächst und besonders ausführlich Mehrspindelautomaten mit umlaufenden Werkstücken zur Behandlung. Bei dieser Maschinenart steht gegenüber dem Spindelstock mit der schaltbaren, die Drehspindeln tragenden Spindeltrommel ein Längsschlitten, welcher bei verschiedenartigster Gestaltung die Möglichkeit gibt, jeder Spindel gegenüber eine längsverschiebliche Werkzeuggruppe anzuordnen. Weiterhin ist zu jeder einzelnen Spindel ein Querschlitten vorgesehen — oder es wäre wenigstens anzustreben, daß jede Spindel einen Querschlitten hat —, welcher die Befestigung einer Werkzeuggruppe zuläßt, welche sich mit ihm radial zu den Werkstücken bewegt.

Vom Längsschlitten aus werden alle Außen- und Innenbearbeitungen an den Werkstücken vorgenommen, sofern die bearbeitete Fläche durch einen geradlinig bewegten Stahl erreichbar ist (Abb. 19a). Hierzu gehören auch Bohren, Nachbohren, Aufreiben, Boden ansenken, Überdrehen der Außenform mit mehreren Stählen.

Von jedem Querschlitten aus kann mit einer Gruppe von Stählen die Außenform des Werkstückes bearbeitet werden, wobei durch profilierte

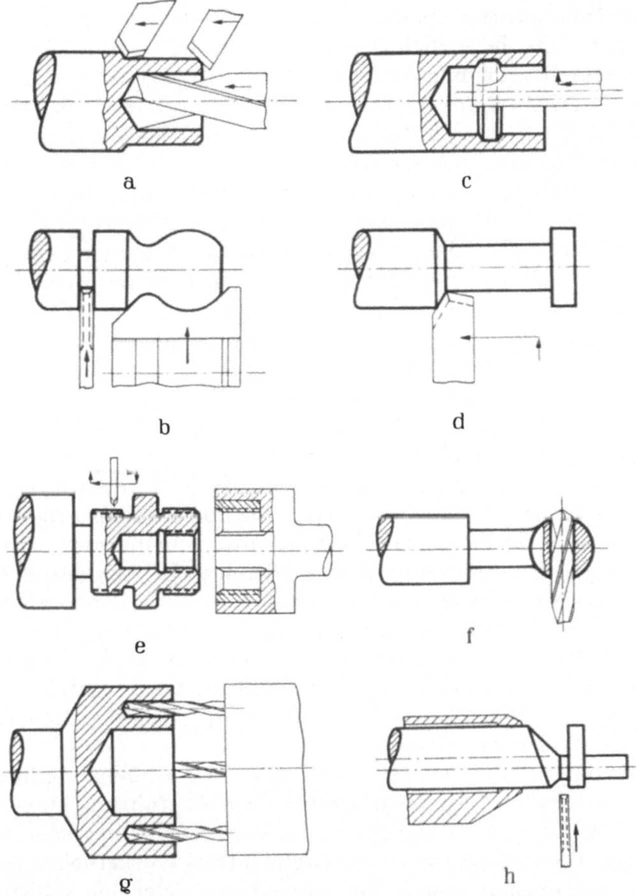

Abb. 19. Bearbeitungsmöglichkeiten auf Mehrspindelautomaten mit umlaufenden Werkstücken. a) Bearbeitung vom Längsschlitten aus. b) Bearbeitung von einem Querschlitten aus. c) Drehen von Einstichen in Bohrungen. d) Arbeiten mit Langdrehschlitten. e) Werkstück mit drei Gewinden. f) Querbohren eines Werkstückes. g) Bohren mehrerer Bohrungen in die Stirnfläche. h) Exzentrisches Werkstück auf einem Stangenautomat.

Stähle die verlangten Werkstückformen erzeugt werden. Auch Einstiche an der Außenseite und an der letzten Spindel der Abstich erfolgen vom Querschlitten aus. Bei dieser Bearbeitungsart ist es möglich, Formen zu drehen (Abb. 19b), die vom Längsschlitten aus nicht erreichbar sind.

Für besonders kleine Bohrungen in Werkstücken, die wegen der Außenbearbeitung keine hohe Drehzahl haben dürfen, werden die verwendeten Bohrer zusätzlich entgegengesetzt dem Werkstück gedreht, so daß für die Schnittgeschwindigkeit des Bohrers die Summe beider Drehzahlen maßgebend ist. Diese Schnellbohreinrichtungen erhalten ihre Drehbewegungen vom Antriebskasten aus [1].

Zur Ausführung von Bohr- und Reibarbeiten an der Abstech- bzw. Spannspindel, an welcher die Bearbeitung schon vor Ablauf der Bearbeitungszeit beendet sein muß, wird das Werkzeug im Längsschlitten axial unabhängig beweglich gelagert und erhält seine Längsbewegung von einer besonderen Kurventrommel der Steuerwelle aus. Für besonders lange, dünne Bohrungen kann eine Vereinigung von Schnellbohr- und unabhängiger Vorschubeinrichtung geschaffen werden, bei welcher der zusätzlich gedrehte Bohrer entweder von einer Kurventrommel aus unabhängig bewegt oder über ein Hebelsystem mit dem Längsschlitten zusammen aber in entsprechend vergrößertem Maß vorgeschoben wird.

Gewindefreistiche oder andere Bearbeitungsvorgänge in der Bohrung, bei denen ein nur längsverschieblicher Stahl nicht ausreicht, lassen sich mit einem zusammengesetzten Werkzeug ausführen. Dieses trägt den betreffenden Stahl und wird mit dem Längsschlitten in die Bohrung eingeführt. Nach Erreichung der gewünschten Tiefe hält ein Anschlag die Längsbewegung auf, während durch den Querschlitten der Stahl eine radiale Bewegung erhält (Abb. 19c). Soll in der Bohrung nicht nur ein Freistich, sondern eine längere Fläche gedreht werden, so müssen Längs- und Querbewegung gleichzeitig auf den Stahl wirken.

Ähnliche Möglichkeiten gibt es auch für die Außenbearbeitungen von Werkstücken. Für Langdreharbeiten hinter einem Bund wird auf den Querschlitten ein zusätzlicher Längsschlitten aufgebaut, dessen Bewegung von dem Hauptlängsschlitten abgeleitet wird. Die Langdrehstähle werden dann durch den Querschlitten auf Tiefe gebracht, um durch den Längsschlitten axial bewegt zu werden (Abb. 19d). Wird dieser Zusatzschlitten auf dem Querschlitten als Kreuzschlitten ausgeführt, der durch Federkraft gegen eine Kurve gedrückt wird, so lassen sich Kegel und Kurven beliebiger Art erzeugen.

Nächst diesen Drehbearbeitungen ist die Gewindeherstellung von besonderer Bedeutung. Am häufigsten ist die Ausführung einer Gewindeschneideinrichtung, bei welcher eine im Längsschlitten gelagerte Spindel überholend oder verzögernd zu der Drehzahl des Werkstückes angetrieben wird und den Gewindebohrer, das Schneideisen oder den selbstöffnenden Schneidkopf trägt. Diese Gewindeherstellung setzt voraus, daß das Gewinde vom Längsschlitten aus erreichbar ist, und nicht etwa hinter einem Bund sitzt. Die Spindel der Gewindeschneideinrichtung ist längsverschieblich gelagert und wird durch einen Hilfstrieb an das Werkstück angedrückt, bis die ersten Gewindegänge gefaßt haben. Dann übernehmen diese den axialen Vorschub der Spindel. Für den Ablauf vom Gewinde wird die Drehung der Spindel durch eine Kupplung von einer überholenden in eine verzögernde oder umgekehrt gewandelt.

Zur Herstellung von Gewinden hinter einem Bund sowie von mehrgängigen oder sehr steilen Gewinden verwendet man Gewindestrehl-

---

[1] Abschnitt 53 und Abb. 199 u. 200.

einrichtungen. Diese werden auf einen Querschlitten gesetzt und erhalten vom Antriebskasten aus eine Bewegung, welche in die hin- und hergehende Stahlbewegung umgesetzt wird. Den Vorschub bewirkt dabei der Querschlitten selbst. Auch das Gewinderollen vom Querschlitten aus ist bei Mehrspindelautomaten schon erfolgreich versucht worden und eignet sich besonders bei Werkstücken aus Messing. Neuerdings wird nun auch das Gewindefräsen durchgeführt. Hierbei muß die Werkstückspindel von ihrem Drehantrieb abgeschaltet werden, und von der Fräseinrichtung aus eine langsam drehende Bewegung erhalten. Die Fräseinrichtung sitzt auf einem Querschlitten und erhält ihre Bewegung wiederum vom Antriebskasten aus. Der Querschlitten bringt den schnelldrehenden Fräser auf Tiefe und zieht ihn später wieder zurück.

Auch die gleichzeitige Bearbeitung von mehreren Gewinden macht auf einem Mehrspindelautomaten keine Schwierigkeiten[1], und es sind Fälle bekannt, wo auf einem Vierspindelautomaten Werkstücke mit drei Gewinden (Abb. 19e) hergestellt wurden. Haben zwei dieser Gewinde gleiche Steigung, so werden die betreffenden Werkzeuge zusammengekuppelt und von einer Gewindeschneideinrichtung aus angetrieben. Aber auch die Anordnung von zwei Gewindeschneideinrichtungen und einer Strehleinrichtung ist in der Praxis zu finden.

Für die Herstellung von Bohrungen außerhalb der Drehachse, die sowohl als Querbohrungen wie auch außermittig in der Stirnfläche verlangt werden (Abb. 19f u. g), gibt es zwei Möglichkeiten. Es kann die betreffende Spindel stillgesetzt und an dem ruhenden Werkstück vom Quer- oder Längsschlitten aus mit umlaufenden Bohrern gebohrt werden. Allerdings ist dann die gleichzeitige Bearbeitung anderer Drehflächen nicht möglich. Im anderen Fall läuft ein Bohrwerkzeughalter im Längsschlitten mit solcher Drehzahl, daß die Relativdrehung zwischen Werkstück und Werkzeug Null wird. In dem Bohrwerkzeug zusätzlich umlaufende Bohrer können dann die Bohrungen einarbeiten. Während diese letztere Anordnung für die Bearbeitung der Stirnfläche (Abb. 19g) gut geeignet ist, benötigt sie für Querbohrungen (Abb. 19f) viel Platz und kommt deshalb praktisch nicht vor.

Die Stirnflächen von Werkstücken können auch kurvenförmig gedreht werden, wenn der Stahl auf dem Querschlitten durch einen zusätzlichen Antrieb eine hin- und hergehende Bewegung macht. Führt dies wegen großer Drehzahlen des Werkstückes zu unzulässig hohen Beschleunigungskräften, so läßt man im Längsschlitten einen Werkzeughalter umlaufen, dessen Drehzahl so abgestimmt ist, daß die Relativbewegung zwischen Werkstück und Werkzeug die Pendelbewegung des Stahles im Werkzeughalter ermöglicht, ohne die zulässige Materialbeanspruchung zu überschreiten.

Endlich sei noch auf die Herstellung exzentrischer Teile auf Mehrspindelautomaten mit umlaufenden Werkstücken aufmerksam gemacht. Hierbei verringert sich allerdings der nutzbare Durchlaß der Spindelbohrung um das doppelte Maß der Exzentrizität, da die ganze Werk-

---

[1] Lit. Nr. 52.

stückstange mit Spanneinrichtung exzentrisch gelagert wird (Abb. 19 h). Durch Gegengewichte werden Schwingungen von der Maschine ferngehalten und ein gleichförmiger Spindellauf erzielt.

Neben diesen Dreharbeiten lassen sich an fertiggestellten Werkstücken noch zusätzlich Schlüsselflächen oder Schlitze einfräsen oder sägen. Hierfür wird das Werkstück in der letzten Spindelstellung von einer Spannpatrone erfaßt, welche es nach dem Abstich an einem Fräser vorbeiführt und dann erst auswirft. In gleicher Weise läßt sich auch die Abstichfläche noch nachbehandeln, so daß ein Teil tatsächlich vollständig fertigbearbeitet von dem Mehrspindelautomaten kommen kann.

Ganz anders liegen die Bearbeitungsmöglichkeiten bei den Mehrspindelautomaten mit feststehenden Werkstücken. Die Ausführung reiner Dreharbeiten vom Längsschlitten aus erfolgt genau wie bei der vorbeschriebenen Maschinenart. Die Bearbeitung von Planflächen wird möglichst weitgehend ebenfalls durch einen axial wirkenden Stahl vorgenommen, und erst wenn dies zu keinem brauchbaren Resultat führt, da der Span zu breit wird oder das Werkstück rattert, muß ein Werkzeug zur Anwendung kommen, bei welchem die Längsbewegung des Schlittens in eine Radialbewegung des Stahles umgesetzt wird (Abb. 129). Die Gewindeherstellung ist infolge des feststehenden Werkzeuges besonders einfach. Die Gewindespindel im Spindelstock erhält die erforderliche Drehbewegung, die nach erreichter Gewindelänge in eine gegenläufige Bewegung umgeschaltet wird.

Außerordentliche Vorteile bietet diese Automatenart aber bei der Herstellung von Sonderbearbeitungen, wie Querbohren, Schlitzfräsen usw., da die Schwierigkeit des umlaufenden Werkstückes nicht mehr besteht. Ein auf die Werkzeugspindel aufgesetzter feststehender Mehrspindelbohrkopf mit umlaufenden Bohrern stellt mehrere Bohrungen in der Stirnfläche des Werkstückes her, eine seitlich angeordnete Bohreinrichtung erzeugt Querbohrungen. Auf die Werkzeugspindel aufgesetzte Fräsapparate erzeugen Flächen oder Schlitze an dem Werkstück. Die Herstellung exzentrischer Teile ist dadurch besonders einfach, daß keinerlei Massenausgleich notwendig ist, da die Teile nicht umlaufen. Weiterhin werden hier in gleichem Arbeitsgang exzentrische und konzentrische Flächen bearbeitet, so daß das ganze Werkstück fertig wird (Abb. 14), da nämlich an einzelnen Spindeln die Werkzeuge konzentrisch, an andern exzentrisch angebaut werden können. In diesen Möglichkeiten liegt die große Stärke dieser Maschinenart und ihre Überlegenheit bei bestimmten Werkstücken, die sich auf keinem anderen Automaten, weder Ein- noch Mehrspindler, fertig bearbeiten lassen, wenn die Werkstücke umlaufen.

24. Arbeitsbereiche der Mehrspindelautomaten [1].

Für die Beurteilung der Wirtschaftlichkeit und Verwendbarkeit der Mehrspindelautomaten ist Klarheit über die Arbeitsbereiche erforderlich. Eine Untersuchung von deren Abhängigkeit und Einfluß wird für Mehr-

---

[1] Lit. Nr. 10 u. 12.

spindelautomaten mit umlaufenden Werkstücken getrennt von solchen
mit feststehenden geführt und dabei gezeigt, wie die Arbeitsbereiche
praktisch am günstigsten gestaltet werden können, um einerseits den
Forderungen der Praxis nach vielseitig verwendbaren Maschinen zu entsprechen, andererseits aber gleichartige Maschinen bei verschiedenen
Herstellern zu erzielen, da eine derartige Angleichung eine Verbilligung
der Maschinenherstellung durch Beschränkung der Baumuster bringt,
und dem Verbraucher die Übersicht über seinen Maschinenpark und die
Kalkulation der Stückpreise erleichtert.

Bei den Maschinen mit umlaufenden Werkstücken ist der größtmögliche Stangendurchmesser durch die Bohrung der Drehspindel begrenzt,
so daß damit die obere Grenze des Arbeitsbereiches gegeben ist. Die obere
Grenze der Magazin- und Halbautomaten hängt von dem Abstand zweier
benachbarter Drehspindeln ab, da dies den größten umlaufenden Werkstückdurchmesser ergibt. Als Zusammenhang zwischen dem Stangendurchmesser d_s nach dem der überragenden Bedeutung der Stangenautomaten wegen die Baugröße meistens benannt wird, und dem Drehdurchmesser d_h, der dem Arbeitsbereich des Halbautomaten entspricht, kann
nach Erfahrung in der Praxis etwa angenommen werden

$$d_h = 80 + 1{,}5\,d_s.$$

Dieser Zusammenhang ist bedingt durch die Gestaltung der Spindeltrommel, in welcher zu jeder Drehspindel ihre Lagerung so untergebracht
werden muß, daß zwischen je zwei Lagern noch genügend Trommel-
wandung bestehen bleibt, um genügend Festigkeit und ausreichende
Abfuhr der Lagerwärme zu gewährleisten.

Ein für große Stangendurchmesser d_s entwickelter Automat wird bei
kleineren Werkstücken unwirtschaftlich arbeiten, da die Konstruktion
hierfür zu schwer und die zur Verfügung stehenden Drehzahlen zu niedrig
sein werden. Es sind aus diesem Grunde verschiedene, nach dem Durchmesser abgestufte Automatengrößen erforderlich, um alle Arten von
Werkstücken wirtschaftlich bearbeiten zu können. Eine derartige
Größenabstufung wird zweckmäßig nach einer geometrischen Reihe vorgenommen, damit der „Wirtschaftlichkeitsabfall" zwischen zwei aufeinanderfolgenden Baugrößen stets gleich ist. Als Stufensprung dieser
Reihe wurde der Wert 1,58 entsprechend einem Wirtschaftlichkeitsabfall
von 40% vorgeschlagen[1], da hierbei die Zahl der Baumuster nicht zu groß
wird, und denen der Praxis gut entspricht, während andererseits der
Abfall von 40% durch geeignete Wahl der Spindeldrehzahlen überbrückt
werden kann.

Der „Durchmesserbereich" eines Mehrspindelautomaten, d. h. der
Bereich der wirtschaftlich bearbeitbaren Durchmesser, muß größer als
der Sprung von einer Größe zur nächsten sein, damit in Grenzfällen eine
wirtschaftliche Bearbeitung auf zwei Maschinengrößen möglich ist. Es
kann deshalb in guter Übereinstimmung mit der Praxis angenommen
werden, daß der kleinste zulässige Durchmesser bei jeder Größe etwa ein

---

[1] Lit. Nr. 10.

Drittel des Nenndurchmessers d_s beträgt. Es ergibt sich also ein Durchmesserbereich B_d

$$B_d = 3,$$

der Zusammenhang zwischen Stangen- bzw. Nenndurchmesser, Drehdurchmesser und Durchmesserbereich ist in Abb. 20 dargestellt, woraus

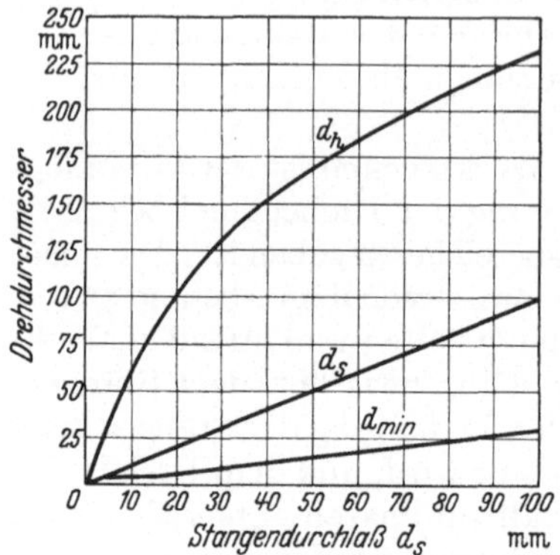

Abb. 20. Zusammenhang zwischen Drehdurchmesser und Stangendurchlaß.
d_s = Stangendurchlaß, größter Drehdurchmesser für Stangenautomat. d_{min} = Kleinster Drehdurchmesser eines Stangenautomat. d_h = Größter Drehdurchmesser für Halbautomat.

auch hervorgeht, daß Werkstücke mit einem Durchmesser von 4 mm und weniger nicht mehr auf Mehrspindelautomaten bearbeitet werden sollten, da diese für derartig kleine Teile zu schwer sind.

Die günstigsten Baugrößen müssen aus den Anforderungen der Praxis (Abb. 18) bestimmt werden, welche klar erkennen läßt, daß bestimmte Größen besonders gehäuft auftreten, während ein Bedarf für kleinste oder größte Maschinen weniger besteht. Hiernach ergeben sich die fünf Baugrößen mit den Spindelbohrungen für einen Stangendurchlaß von

$$14 - 22 - 36 - 56 - 90 \text{ mm},$$

von denen die drei mittleren Größen die verbreitetsten darstellen.

Für den Arbeitsbereich eines Mehrspindelautomaten ist weiterhin die größte Drehlänge von Wichtigkeit, die ebenfalls mit dem Stangendurchmesser gestaffelt sein muß, damit das Werkstück in jedem Fall genügend Stabilität hat, um sich unter der Einwirkung der Schnittkräfte nicht zu verformen. Als Zusammenhang zwischen Stangendurchmesser d_s und Drehlänge L_d wird der in Abb. 21 dargestellte Zusammenhang

$$L_d = 20\, d_s$$

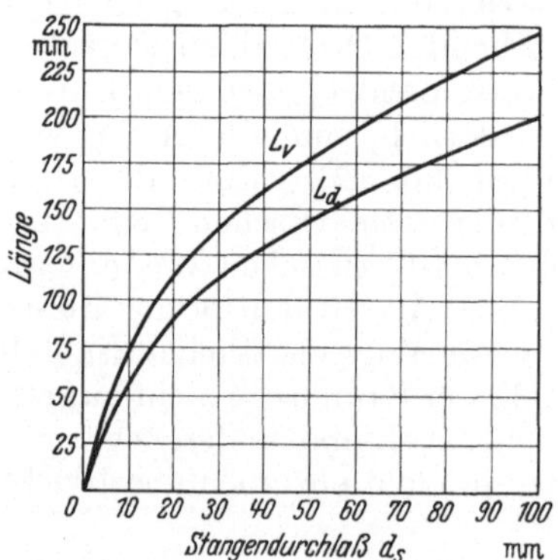

Abb. 21. Zusammenhang zwischen Dreh- und Vorschublänge und Stangendurchlaß bei Stangenautomaten.
L_d = Drehlänge, L_v = Vorschublänge.

als Ergebnis der Praxis eingesetzt, die Vorschublänge L_v wird etwa 25 % länger als die Drehlänge, um in jedem Fall einen sicheren Vorschub bis gegen den Anschlag zu erzielen.

Die Spindeldrehzahlen — Drehzahlenbereich und Stufensprung — werden so festgelegt, daß bei dem verlangten Durchmesserbereich jeder Baugröße mit den günstigsten Schnittgeschwindigkeiten gedreht werden kann. Dabei sind die Schnittgeschwindigkeitswerte der Tab. 2 zugrunde zu legen, da die sonst bekannten Tabellen auf einer anderen Grundlage

Tab. 2. Angaben über Bearbeitungswerte, die bei Mehrspindelautomaten und Bearbeitung mit Werkzeugen aus bestem Schnellstahl
mit etwa 20% Wolfram Standzeiten von etwa 8 Stunden ergeben
haben. Genaue Werte unter Berücksichtigung des Spanquerschnitts
und der Schnittwinkel sind den Richtwerttafeln des AWF zu entnehmen. Diese Tafeln enthalten auch Bearbeitungswerte für Werkzeuge aus Hartmetall.

Werkstoff	Schnitt-geschwindigkeit in m/min	Vorschübe bei		
		Langdrehen in mm/Umdr.	Bohren in mm/Umdr.	Ein- und Abstechen in mm/Umdr.
Automatenstahl. . . .	50— 70	0,12—0,18	0,06—0,18	0,02—0 06
Stahl bis 60 kg Festig-keit	32— 40	0,10—0,15	0,05—0,15	0,02—0,06
Stahl 60—85 kg . . .	25— 35	0,10—0,15	0,05—0,15	0,02—0,06
Stahl 85—110 kg . . .	20— 30	0,08—0,12	0,04—0,12	0,02—0,05
Stahl 110—140 kg. . .	18— 25	0,08—0,12	0,04—0,12	0,02—0,04
EN 15	12— 15	0,08—0,12	0,04—0,12	0,02—0,04
ECN 35	15— 22	0,10—0,15	0,06—0,15	0,02—0,05
Stahlguß 50—70 kg .	20— 30	0,08—0,12	0,04—0,12	0,02—0,05
Grauguß bis 200 Brinell	18— 24	0,20—0,40	0,10—0,25	0,02—0,06
Messing	80—120	0,20—0,50	0,10—0,30	0,04—0,08
Aluminium	100—180	0,10—0,15	0,06—0,15	0,04—0,10

aufgebaut sind. Denn während bei den meisten spanabhebenden Werkzeugmaschinen mit einer Standzeit der Schneidwerkzeuge von 60 Minuten
gerechnet wird, ist dies bei Mehrspindelautomaten ungeeignet. Hier sind
stets ganze Werkzeuggruppen im Schnitt, deren Instandhaltung schwierig
und zeitraubend ist und längere Stillstandzeiten der Maschine während
des Nachschleifens und wieder Einrichtens bedingen. Je nach dem
Schwierigkeitsgrad des Werkzeugsatzes wird man deshalb die Standzeit
der Werkzeuge durch Verringern der Schnittgeschwindigkeit auf etwa
acht Stunden bringen, da es wirtschaftlicher ist, mit etwas längeren
Stückzeiten durch geringere Schnittgeschwindigkeit zu arbeiten, dafür
aber seltenere Stillstände durch Werkzeuginstandhaltung zu haben.

Entsprechend den Zerspanungseigenschaften der Materialien wird
ein Schnittgeschwindigkeitsbereich B_v von 15—60 m/min, also

$$B_v = 4$$

angenommen, und aus dem Durchmesserbereich $B_d = 3$ ergibt sich ein
mindestens erforderlicher Drehzahlenbereich

$$B_n = 12,$$

der praktisch mit 12,7 ausgeführt werden kann, um im Rahmen der
Drehzahlnormung[1] zu bleiben.

Innerhalb des Drehzahlenbereiches ist eine feine Abstufung wertvoll,
damit die günstigste Schnittgeschwindigkeit sehr genau einstellbar ist.
Denn schon eine geringe Abweichung kann bei der Massenproduktion
eines Mehrspindelautomaten große Verluste bringen. Es erscheint deshalb
aus der Reihe der genormten Stufensprünge für geometrische Dreh-

---

[1] SCHLESINGER, G.: Wesen und Auswirkung der Drehzahlnormung. Berlin:
Beuth-Verlag 1931.

Tab. 3. Drehzahlen der Reihe 1,12 für Mehrspindelautomaten-Spindelantrieb.

Drehzahlen in min^{-1}			
19	75	300	1180
21	85	335	1320
23,5	95	375	1500
26,5	105	420	1700
30	118	475	1900
33,5	132	530	2100
37,5	150	600	2350
42	170	670	2650
47,5	190	750	3000
53	210	850	3350
60	235	950	3750
67	265	1050	4200

zahlenreihen der Sprung 1,12 für den vorliegenden Zweck günstig, der einer Einstellgenauigkeit von rd. 90% entspricht, und bei 23 Stufen den verlangten Drehzahlenbereich ergibt. Die hiernach für Mehrspindelautomaten in Frage kommenden Drehzahlen zeigt Tab. 3. Die absolute Größe der Drehzahlen für die einzelnen Baugrößen ergibt sich aus der Bedingung, daß bei dem größtmöglichen Drehdurchmesser einer Maschine noch die kleinste Schnittgeschwindigkeit erreichbar sein muß. Danach wird

$$n_{min} = \frac{(v_{min} \cdot 1000)}{d_s} \, \text{min}^{-1} .$$

Abb. 22 zeigt die Abhängigkeit des Drehzahlenbereiches B_n von dem Stangendurchmesser d_s. Die hiernach für die Normalbaugrößen geltenden Zahlenwerte zeigt Tab. 4.

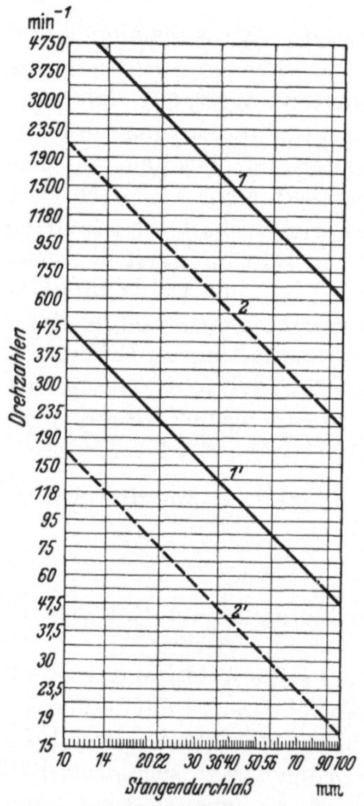

Abb. 22. Drehzahlenbereich von Mehrspindelautomaten, in Abhängigkeit vom Stangendurchlaß. 1–1' Stangenautomaten, 2–2' Halbautomaten.

Die einzelnen Werkzeuge eines Mehrspindelautomaten werden durch Getriebe bewegt, die ihren Antrieb von einer Steuerwelle erhalten. Dabei werden in den Getrieben die Arbeitswege in der Zeiteinheit, d. h. die Vorschubgrößen eingestellt, während durch Änderung der Drehgeschwindigkeit der Steuerwelle die Stückzeit beeinflußt wird. Es muß deshalb die Steuerwelle in ihrer Drehgeschwindigkeit unabhängig von der Spindeldrehzahl sein, damit die absolute Stückzeit nur von der Maschinengröße, aber nicht von der Spindeldrehzahl abhängig ist. Zur Veränderung der Stückzeiten muß eine Einstellmöglichkeit im Steuerwellenantrieb bestehen. Die kürzeste Zeit wird erreicht, wenn alle Getriebe mit der größten noch zulässigen Geschwindigkeit umlaufen, während die längste Stückzeit dadurch bedingt ist, daß bei einem Automaten die größte Drehlänge bei mittlerer Schnittgeschwindigkeit, normalen Vorschüben und günstiger Werkzeuganordnung noch bearbeitbar sein muß. Rechnet man bei z Spindeln mit einer Schnittgeschwindigkeit von 30 m/min und einem Längsvorschub von 0,2 mm/Umdr., so wird die längste Stückzeit T_{st} bei einer Drehlänge L_d

$$T_{st} = \frac{(L_d \cdot d_s)}{10 z} \, .$$

Die Stückzeiten müssen ebenso wie die Drehzahlen geometrisch gestuft sein, dabei kommt für feine Einstellarbeit die Reihe 1,12 in Betracht, die bei 35 Stufen einen Stückzeitbereich $B_{st} = 50$ bringt, der in den meisten Fällen den aufgestellten Bedingungen genügen wird.

Tab. 4. Vorschlag für Baugrößen von Mehrspindelautomaten mit umlaufenden Werkstücken.

Stangendurchmesser . . . . mm	14	22	36	56	90
Kleinster Drehdurchmesser. . . . . . mm	4	7	12	18	30
Größter Drehdurchmesser . . . . . . mm	90	110	140	175	220
Größte Drehlänge . . . . mm	75	95	120	150	190
Größte Vorschublänge. . . . . mm	95	120	150	185	240
Stufenzahl des Spindelantriebs	23	23	23	23	23
Stufensprung des Spindelantriebs	1,12	1,12	1,12	1,12	1,12
Kleinste Spindeldrehzahl . . . . . min⁻¹	335	210	132	85	53
Größte Spindeldrehzahl . . . . . . min⁻¹	4200	2650	1700	1050	670
Kleinste Drehzahl für Halbautomaten min⁻¹	118	75	47,5	30	19
Stufenzahl des Vorschubantriebs	35	35	35	35	35
Stufensprung des Vorschubantriebs	1,12	1,12	1,12	1,12	1,12

Tab. 5. Baugrößen von Mehrspindel-Halbautomaten mit feststehenden Werkstücken.

Zahl der Spannfutter	5	5
Zahl der Werkzeugspindeln	4	4
Größter Drehdurchmesser . . . . mm	110	150
Größte Drehlänge . . . . mm	110	150
Größter Durchmesser an dem Revolverkopf . . . . mm	350	465
Lochkreisdurchmesser am Revolverkopf . . . . mm	200	280
Stufenzahl des Spindelantriebs.	23	23
Stufensprung des Spindelantriebs . . .	1,12	1,12
Kleinste Werkzeugspindel-Drehzahl min⁻¹	95	60
Größte Werkzeugspindel-Drehzahl min⁻¹	1180	750

Die nach diesen Gesichtspunkten entwickelten und in Tab. 4 festgelegten Baugrößen stellen günstige Lösungen dar, die den Forderungen der Verbraucher weitgehend gerecht werden. Darüber hinaus sind sie ein Vorschlag, wie bei Weiterentwicklungen die Arbeitsbereiche gewählt werden sollten, damit bei allen Eigenarten jeder einzelnen Bauweise der Nutzungswert für den Käufer steigt, da dieser stets Maschinen einheitlicher Grundgestaltung und gleicher Arbeitsbereiche erhält.

Es wurde schon erwähnt, daß die Mehrspindelautomaten mit feststehenden Werkstücken gesondert zu behandeln sind, da sie auf Grund ihrer besonderen Bauart ganz anders geartete Arbeitsbereiche aufweisen.

Ein zahlenmäßiger Zusammenhang zwischen der Maschinengröße und dem Werkstück ist dabei schwer zu ermitteln, da die Werkstücke in ihrer

Die Einsatzmöglichkeit der Mehrspindelautomaten.

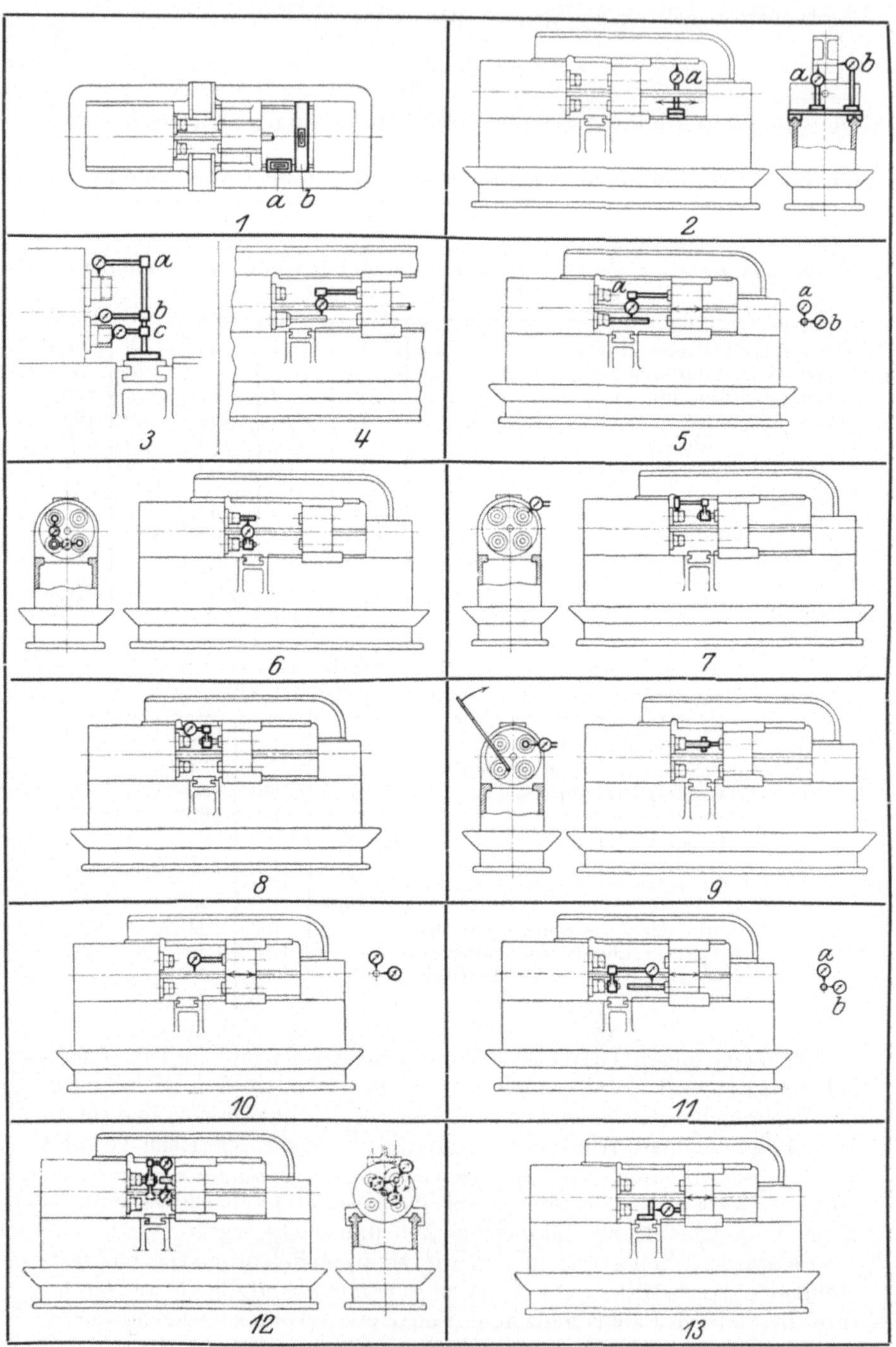

Abb. 24. Prüfkarte für Genauigkeitsprüfung von Mehrspindelautomaten.

Zu Abb. 24.

Gegenstand der Messung	Fig.	zuläss. Fehl.
Bett gerade in Längsrichtung	1a	$\pm$ 0,02 auf 1000 mm
Bett eben in Querrichtung	1b	$\pm$ 0,04 auf 1000 mm
Obere Führung für den Werkzeugträger parallel zum Bett in der Senkrechtebene.	2a	0,01 auf 300 mm
Desgl. in der Waagerechtebene	2b	0,01 auf 300 mm
Spindelstock: Zentrierzylinder auf Rundlauf . .	3a	0,01 mm
Bund auf axial schiebende Bewegung	3b	0,01 mm
Sitz für das Stangenspannfutter auf Rundlauf . .	3c	0,01 mm
Schlag[1] des Stangenspannfutters, am eingespannten Prüfdorn[2] gemessen	4	
bis 4 mm Werkstoffdurchlaß		0,025 auf 20 mm
von 4,1— 6 mm „		0,03 auf 25 mm
„ 6,2—10 mm „		0,04 auf 35 mm
„ 10,2—18 mm „		0,05 auf 50 mm
„ 18,5—30 mm „		0,075 auf 75 mm
„ 31—50 mm „		0,1 auf 100 mm
über 50 mm „		0,15 auf 150 mm
Achsen der Arbeitsspindeln parallel zum Bett in der Senkrechtebene (am freien Ende des Dorns nur steigend)	5a	0—0,02 auf 300 mm
Desgl. in der Waagerechtebene	5b	0,02 auf 300 mm
Arbeitsspindeln auf gleichen Abstand voneinander (gleiche Teilung)	6	0,015 mm
Arbeitsspindeln liegen auf einem Durchmesser konzentrisch zur Spindelträgerlagerung	7	0,015 mm
Spindelträger auf axial schiebende Bewegung . . .	8	0,015 mm
Spindelträger „steht", d. h. hat kein Spiel in der Lagerung und in den Rasten. Zulässige Drehbewegung um die Achse, an einem in einer Arbeitsspindel sitzenden Dorn gemessen (Hebellänge ungefähr 0,5 m).	9	0,02 mm
Antriebswelle für Arbeits- und Schnellbohrspindeln parallel zum Bett	10	0,01 auf 100 mm
Werkzeugträger: Werkzeuglöcher parallel zum Bett in der Senkrechtebene.	11a	0,01 auf 100 mm
Desgl. in der Waagerechtebene	11b	0,01 auf 100 mm
Werkzeuglöcher fluchten mit den Arbeitsspindeln, gemessen an sämtlichen Löchern in einer Stellung des Spindelträgers und an einem Loch in allen übrigen Stellungen des Spindelträgers	12	0,02 mm
Begrenzung der Längsbewegung durch eine Kurve stets an der gleichen Stelle	13	0,02 mm
Genauigkeitsleistung der arbeitenden Maschine im Lieferwerk wird zugesichert: Maschine dreht rund		0,01 mm
Maschine dreht zylindrisch		0,015 auf 100 mm
Maschine dreht plan mit Abstechsupport (nur hohl)		0—0,01 auf 100 mm $\varnothing$

[1] Als Prüfergebnis ist der Durchschnittswert von fünf aufeinanderfolgenden Spannungen und Messungen zu betrachten.

[2] Der zylindrisch geschliffene Prüfdorn hat ein Untermaß von 10 PE gegenüber dem Nenndurchmesser.

Form sehr verschieden sind, und häufig von Drehkörpern stark abweichen. Entscheidend für die Bearbeitungsmöglichkeit auf diesen Halbautomaten ist, daß die Teile sich auf der schaltbaren Spannplatte des Längsschlittens so anordnen lassen, daß die Schaltbewegung nicht behindert ist (Abb. 16). Auch für den größten Drehdurchmesser läßt sich keine so eindeutige Angabe machen wie für die vorher behandelten Mehrspindelautomaten. Denn es ist bei der Art der verwendeten Werkzeuge denkbar, daß einem solchen mit besonders großem Schwingkreis ein anderes mit besonders kleinem benachbart wird, so daß beide unbehindert aneinander vorbeidrehen (Abb. 23). Im Durchschnitt wird man jedoch

Abb. 23. Anordnung von Werkzeugen bei Mehrspindel-Halbautomaten mit feststehenden Werkstücken. Einzelne Werkzeuge können im Durchmesser größer als der Spindelabstand sein.

als Drehdurchmesser ein Maß annehmen können, das wenige Millimeter kleiner als der Abstand zweier benachbarter Werkzeugspindeln ist. Wird außerdem noch der Schwingdurchmesser der Spannplatte des Längsschlittens angegeben, so läßt sich aus diesen beiden Angaben ein Rückschluß auf die Bearbeitungsmöglichkeiten machen[1]. Tab. 5 zeigt hierfür Werte von Maschinen, die sich in der Praxis bewährt haben.

Wichtig für die Beurteilung des Arbeitsbereiches eines Mehrspindelautomaten ist eine genaue Kenntnis der auf der Maschine erreichbaren Genauigkeit[2]. Denn es ist zwecklos, die Bearbeitung von Werkstücken zu versuchen, deren Genauigkeit größer als die auf der Maschine erreichbaren

---

[1] AWF Maschinenkarte für Mehrspindelautomaten. AWF 3051.
[2] Lit. Nr. 37 und 49.

werden muß. Die Genauigkeit hängt ab von der Herstellungsgenauigkeit, die außer durch Maschinenmessungen auch durch Prüfung von gedrehten Werkstücken ermittelt wird. Als Grundlage für diese Messungen dienen die Angaben des SCHLESINGER-Prüfbuches[1] für Werkzeugmaschinen, dessen Tabellen über die Mehrspindelautomaten auf Seite 30 und 31 wiedergegeben sind. Die dort geforderte Genauigkeit ist als Mindestgrenze anzusehen. Die meisten Fabrikate werden jedoch wesentlich höhere Genauigkeiten erzielen.

25. Auswahl der Mehrspindelautomaten.

Die Auswahl des bestgeeigneten Mehrspindelautomaten für bestimmte Werkstücke muß sich auf die Automatenart ebenso erstrecken wie auf die Spindelzahl. Es wird jedoch nicht immer möglich sein, die für ein bestimmtes Werkstück günstigste Maschine zu nehmen, da Rücksicht auf andere Werkstücke genommen werden muß, die ebenfalls für die Herstellung auf Mehrspindelautomaten in Frage kommen können, oder da bereits bestimmte Maschinen vorhanden sind.

Zunächst ist festzulegen, welches bzw. welche Werkstücke auf den Maschinen hergestellt werden und welche Stückzahlen in Frage kommen. Weiterhin muß Klarheit darüber bestehen, ob im Laufe der Fabrikation mit Änderungen des Teiles zu rechnen ist, die dessen Hauptmaße wesentlich beeinflussen können. Ist dies nicht der Fall, und steht das Werkstuck in so großen Mengen zur Bearbeitung zur Verfügung, daß eine Maschine ausreichend damit belegt ist, so wird die Auswahl sehr einfach, da die auf Grund einer Wirtschaftlichkeitsrechnung günstigste Bauart und Größe gewählt wird, die den verlangten Arbeitsbereich hat. Sollen dagegen verschiedene Werkstücke bearbeitet werden, so wird die Auswahl schwieriger. Die Baugröße wird jedenfalls durch das Werkstück mit den größten Bearbeitungsmaßen bestimmt, da sich auf dieser Maschine auch die kleineren Teile bearbeiten lassen. Die Maschinenart ergibt sich aus der Art der Werkstücke. Ist auch diese verschieden, so daß beispielsweise teilweise Stangenarbeit und teilweise Magazinarbeit vorkommt, so muß festgestellt werden, ob nicht günstiger auf die Stangenarbeit verzichtet wird, und die betreffenden Werkstücke von der Stange abgesägt und aus einem Magazin heraus bearbeitet werden, so daß die Maschine nur als Magazinmaschine beschafft wird und beim Übergang von einem Teil zum anderen kein Umbau notwendig ist. Sind dagegen die Stückzahlen mehrerer Werkstückarten so groß, daß die Umstellung von einem Teil zum anderen nur sehr selten erfolgt, etwa monatlich einmal, so ist vielfach die Zeitersparnis und Verbilligung durch vollautomatische Bearbeitung von der Stange größer als die Zeit des Umbauens, die Beschaffung der Maschinenteile für Stangenarbeit ist also gerechtfertigt. Es muß in diesem Zusammenhang aber auch der Rohzustand des Werkstückes überprüft werden, denn die Erfahrung zeigt, daß vielfach Werkstücke auf Mehrspindelautomaten bearbeitet werden, die bei Beachtung

---

[1] SCHLESINGER, G.: Die Arbeitsgenauigkeit der Werkzeugmaschinen. Berlin: Julius Springer 1927.

der Eigenart dieser Bearbeitung wesentlich günstiger angeliefert werden können. So läßt sich durch Herstellung von Gesenkteilen an Stelle der Formung aus Stangen Arbeitszeit und Material ersparen, wodurch die höheren Rohteilkosten leicht wieder ausgeglichen werden. Bei einer solchen Umstellung würde die Notwendigkeit, Stangenarbeit vorzusehen, fortfallen und alle Werkstücke aus Magazinen zugeführt werden, so daß bei geeigneter Ausbildung von Spanneinrichtung und Magazinen nur geringe Umstellzeiten erforderlich sind.

Sollen mehrere Werkstücke halbautomatisch bearbeitet werden, so muß zwischen Halbautomaten mit umlaufenden und solchen mit feststehenden Werkstücken gewählt werden. Hier ist zunächst zu prüfen, ob alle Teile überhaupt bei umlaufenden Spanneinrichtungen bearbeitet werden können, oder ob dies sperriger Formen wegen gar unmöglich ist. Weiterhin muß geprüft werden, ob bei umlaufenden Werkstücken für jedes Teil eine sichere Spannart zu finden ist, damit die Teile fest sitzen

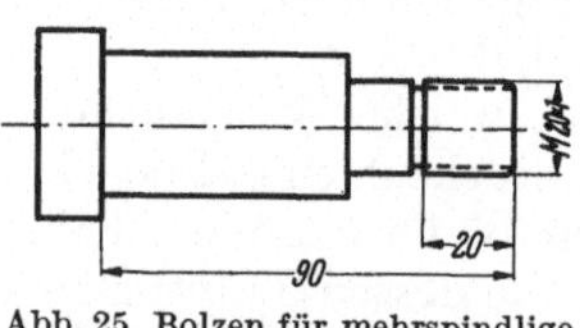

Abb. 25. Bolzen für mehrspindlige Bearbeitung.

Drehzahl für Langdrehen   420 U/min
Drehzahl für Gewindeschneiden   95 U/min
Drehzahl für Rücklauf   190 U/min
Gewindeschneiden mit Schneideisen.

$$\text{Arbeitsweg}\quad \frac{20 \cdot 420}{95} = 90 \text{ Umdr.}$$

Umschalten   10 Umdr.

$$\text{Rücklauf}\quad \frac{20 \cdot 420}{190} = \underline{45 \text{ Umdr.}}$$

145 Umdr.

a) **Bearbeitung auf Vierspindelautomat.**
Dreifache Unterteilung des Längsweges von 90 mm. Längsvorschub 0,18 mm/Umdr.
Notwendige Drehzahl $\frac{90}{3 \cdot 0,18} = 165$ Umdr. Gewindeschneiden ist kürzer als Drehbearbeitung.

b) **Bearbeitung auf Sechsspindelautomat.** Fünffache Unterteilung des gleichen Längsweges bei gleichem Längsvorschub. Notwendige Drehzahl $\frac{90}{5 \cdot 0,18} = 100$ Umdr. Das Gewindeschneiden ist stückzeitbestimmend, da es fast 50% mehr Umdrehungen braucht.

und gleichmäßig bearbeitet werden. Ist unter den Teilen nun ein einziges, welches bei umlaufenden Werkstücken nicht bearbeitet werden kann, so ist die andere Automatenart zu wählen, sofern sich alle erforderlichen Arbeitsgänge auf dem Automaten mit feststehenden Werkstücken erledigen lassen. Ist dies nicht der Fall, so müssen entweder zwei Maschinen beschafft werden oder ein Teil der Werkstücke wird nicht auf Mehrspindelautomaten bearbeitet.

Neben der Auswahl der Bauart spielt die Spindelzahl eine wesentliche Rolle. Die Entscheidung hierüber erfolgt auf Grund eines Bearbeitungsplanes, welcher die Werkzeugverteilung und die erreichbaren Stückleistungen für die verschiedenen Möglichkeiten angibt[1]. Aber die Leistung ist nicht allein von der Spindelzahl abhängig. Muß beispielsweise an einem Werkstück ein längeres Gewinde mit feiner Steigung geschnitten werden (Abb. 25), so ist dieses stückzeitbestimmend, und es kann auch durch Aufteilung der anderen Arbeitsgänge auf etwa einen Sechsspindelautomat kein Vorteil herausgeholt werden.

Durch die bei einer großen Spindelzahl mögliche weitgehende Unter-

---

[1] Lit. Nr. 1 und 55.

teilung der Arbeitsgänge werden die erforderlichen Werkzeugsätze vielfach so einfach, daß ihre Herstellung nicht teurer, daß gelegentliches Nachschleifen und Neueinstellen aber weniger Zeit erfordern und billiger wird, so daß sich ein höherer Maschinenpreis ausgleicht. Endlich sei noch auf die Möglichkeit hingewiesen, die Bearbeitung eines einfachen Werkstückes an nur drei Spindeln so vorzunehmen (Abb. 26), daß ein Sechsspindler als doppelter Dreispindler eingesetzt wird, so daß vor jeder Schaltung je zwei Werkstücke fertig werden, während ein Vierspindler bei dem gleichen Werkstück nicht voll ausgenutzt wäre.

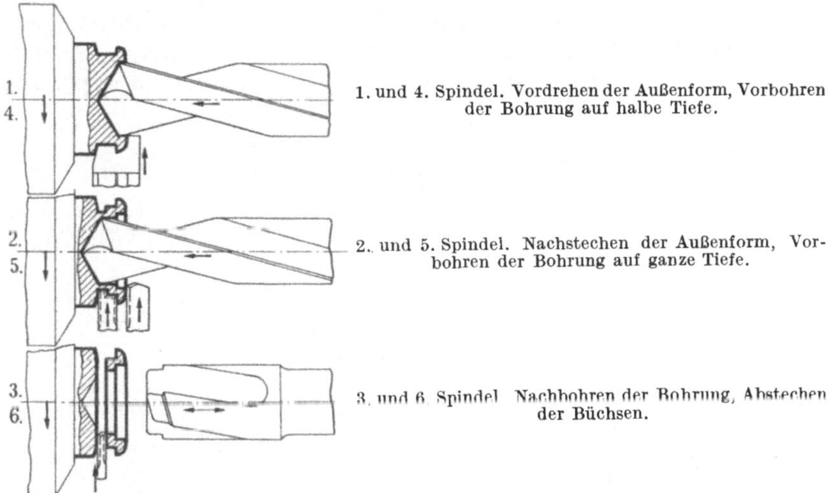

Abb. 26. Bearbeitung von Büchsen auf einem Sechsspindelautomat, der als doppelter
Dreispindler arbeitet.

Zusammenfassend kann deshalb festgestellt werden, daß die Anwendung höherer Spindelzahlen als vier für nachstehende Fälle in Frage kommt:

1. Bei der Bearbeitung von Werkstücken, bei denen durch einfaches Unterteilen der Arbeitsgänge die Arbeitszeit verkürzt wird.

2. Bei der Bearbeitung von Werkstücken, bei denen durch mehrfaches Unterteilen der Arbeitsgänge einfache, billige Werkzeuge erreicht werden.

3. Bei der Bearbeitung von Werkstücken, bei denen vier Spindeln für die Arbeitsvorgänge nicht ausreichen.

4. Bei der Bearbeitung von Werkstücken, die sich mit weniger als vier Spindeln herstellen lassen, so daß eine Maschine mit höherer Spindelzahl als Doppelmaschine eingesetzt wird.

Als Beispiel für die Verkürzung der Arbeitszeit und Vereinfachung des Werkzeugsatzes dient die in Abb. 27 dargestellte Zündkerze, deren vierspindlige Bearbeitung Abb. 28 und deren sechsspindlige Bearbeitung Abb. 29 zeigt. Auf dem Vierspindelautomat müssen an den beiden ersten Spindeln abgesetzte Bohrer 1 u. 3 verwendet werden, um die Bohrung mit drei Absätzen und einem Konus in zwei Arbeitsgängen ausführen zu kön-

nen, während in dritter Spindelstellung die kleine Bohrung mit Schnellbohreinrichtung 5 gebohrt wird, so daß die vierte Spindel zum einmali-
gen Aufreiben aller Bohrungen (8) zur Ver-
fügung steht. Der Werkzeugsatz enthält
also zwei abgesetzte Bohrer, deren Instandhaltung stets mit Schwierigkeiten verbunden ist.

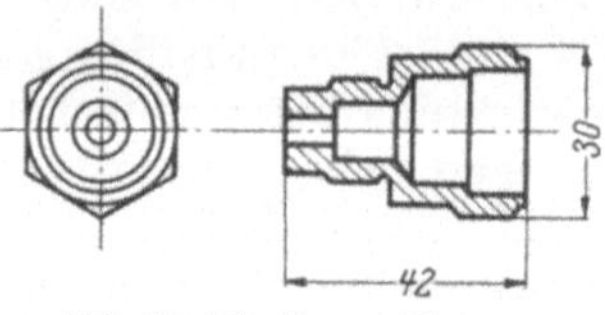

Abb. 27. Zündkerzenkörper.

Bei der sechsspindligen Bearbeitung
kommen demgegenüber normale Spiral-
bohrer 1, 3, 5 u. 7 zur Anwendung, da an drei Spindeln nur die dreifach
abgesetzte Bohrung ohne Kegel auszuführen ist. Dann wird an vierter
Spindel die kleine Bohrung gebohrt und an den beiden letzten Spindeln
die Bohrung aufgerieben, wobei der erste Formbohrer 9 als Schruppbohrer

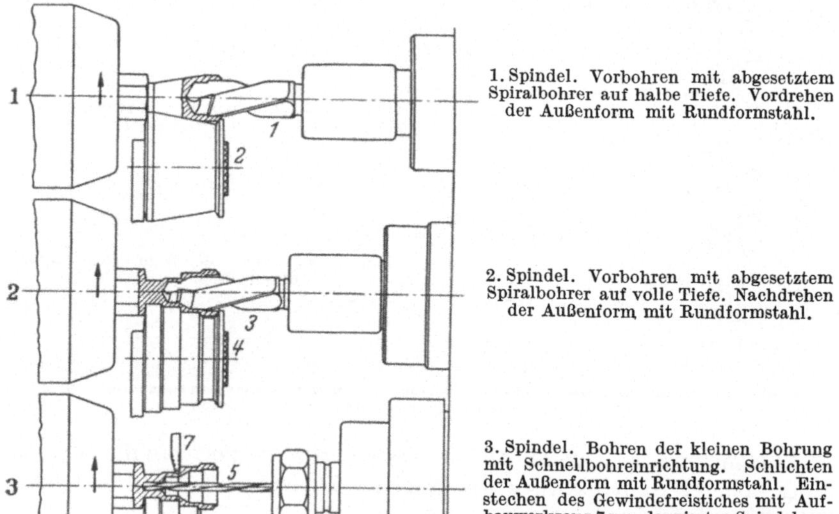

Abb. 28. Arbeitsplan für Zündkerze nach Abb. 27 bei vierspindliger Bearbeitung.

noch den Kegel herausarbeitet. In diesem Beispiel bringt der Sechsspindelautomat also den einfacheren Werkzeugsatz und dabei auch die
kürzere Arbeitszeit, die nur etwa 50% von derjenigen des Vierspindelautomaten beträgt, da infolge der mehrfach unterteilten Bohrungen der

Arbeitsweg kürzer geworden ist. Die Wirtschaftlichkeit des Sechsspindlers ist also gegeben, sobald die genügende Stückzahl zu seiner vollen Ausnutzung zur Verfügung steht.

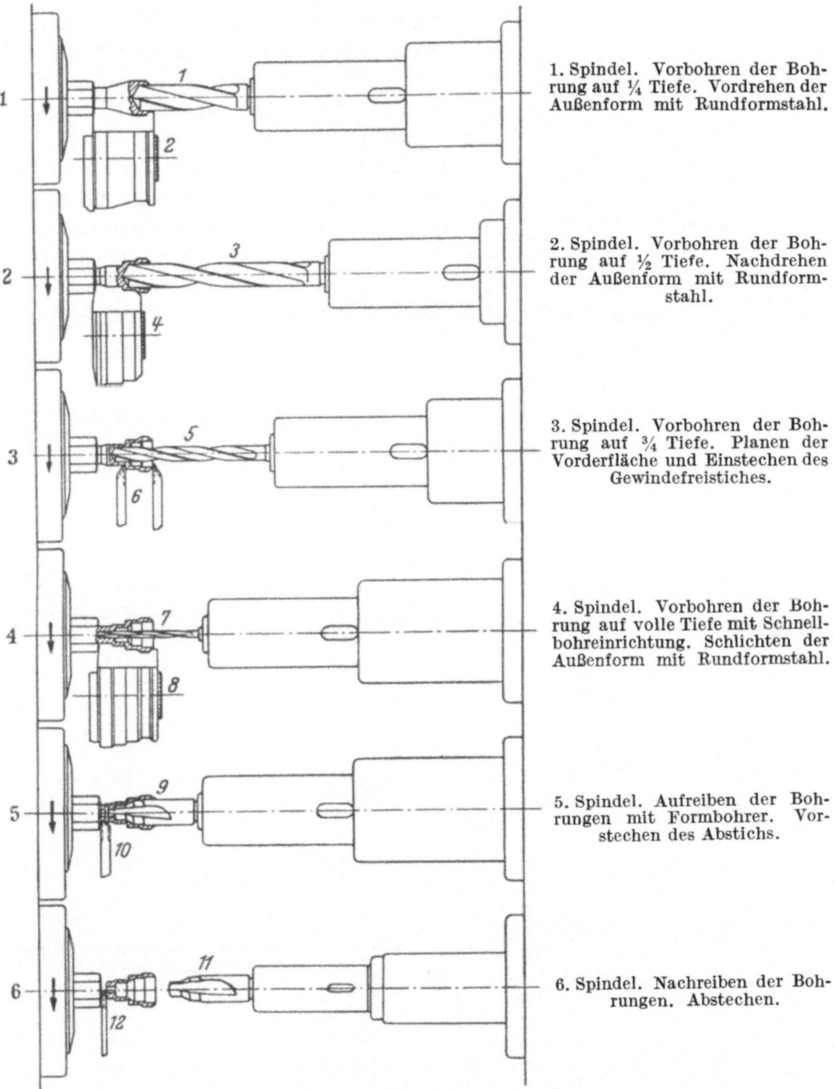

Abb. 29. Arbeitsplan für Zündkerze nach Abb. 27 bei sechsspindliger Bearbeitung.

Bei der Auswahl von Mehrspindelautomaten ist weiter zu prüfen, wie weit Spezialwerkzeuge für besondere Bearbeitungsaufgaben angewendet werden dürfen[1]. Denn durch diese Werkzeuge geht jeweils eine

[1] Lit. Nr. 13.

Spannstelle für normale Werkzeuge verloren, so daß die hauptsächliche Dreharbeit von weniger Werkzeuggruppen durchgeführt werden muß. Dadurch wird die Unterteilung der Arbeitswege schlechter und die Arbeitszeit länger. Wenn eine Maschine nicht voll ausgenutzt ist, so kann man eine solche längere Arbeitszeit in Kauf nehmen. Führt sie aber dazu, daß eine weitere Maschine beschafft werden muß, so steigt der Kapitalaufwand für die Herstellung eines Werkstückes erheblich, da nicht allein die Maschine mit den Spezialwerkzeugen sehr teuer ist,

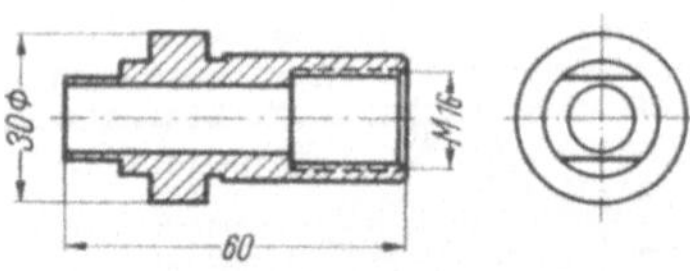

Abb. 30. Gewindestück.

sondern auch ihre Leistung gegenüber dem einfachen Automaten zurückbleibt. In diesem Zusammenhang darf aber auch nicht übersehen werden, daß ein hochentwickelter Werkzeugsatz mit vielen, zum Teil in sich beweglichen Werkzeugen die Einsatzbereitschaft eines Mehrspindelautomaten

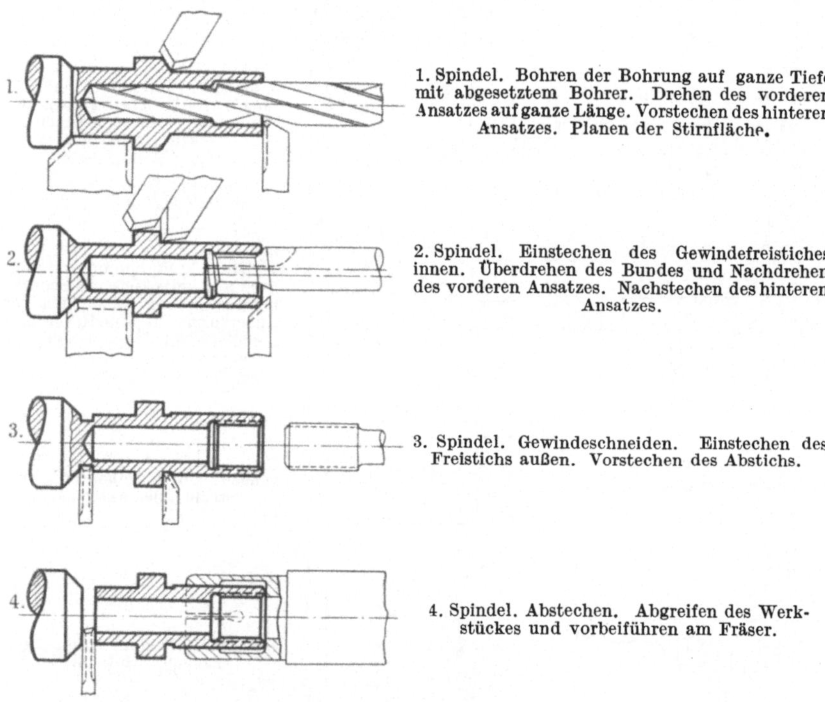

Abb. 31. Bearbeitung des Gewindestückes Abb. 30 auf einem Vierspindelautomat mit Gewindeschneid- und Fräseinrichtung.

herabsetzt. Es bedarf einer sehr sorgfältigen und zeitraubenden Einstellarbeit, um die einzelnen Werkzeuge in die richtige Lage zueinander zu bringen. Nicht zuletzt kann durch einen an sich geringfügigen Schaden an einem Sonderwerkzeug der ganze Mehrspindelautomat stillgesetzt werden müssen. Bei dieser Prüfung muß mit berücksichtigt werden, daß Spezialwerkzeuge vielfach für ein bestimmtes Werkstück entwickelt und nur für dieses verwendbar sind, so daß sie bei einer notwendig werdenden Werkstückänderung oder Umstellung der Produktion überflüssig werden, wodurch das aufgewendete Kapital zinslos liegt.

Es ist deshalb stets an Hand einer Wirtschaftlichkeitsrechnung zu prüfen, ob die Verwendung der Mehrspindelautomaten zur ausschließlichen Ausführung der Drehbearbeitung wirtschaftlicher ist, wobei die Herstellung von Gewinden, außermittigen Bohrungen, gefrästen Flächen oder Schlitzen auf besonderen einfachen Werkzeugmaschinen erfolgt, so daß das Werkstück bis zu seiner Fertigstellung an mehreren Maschinen

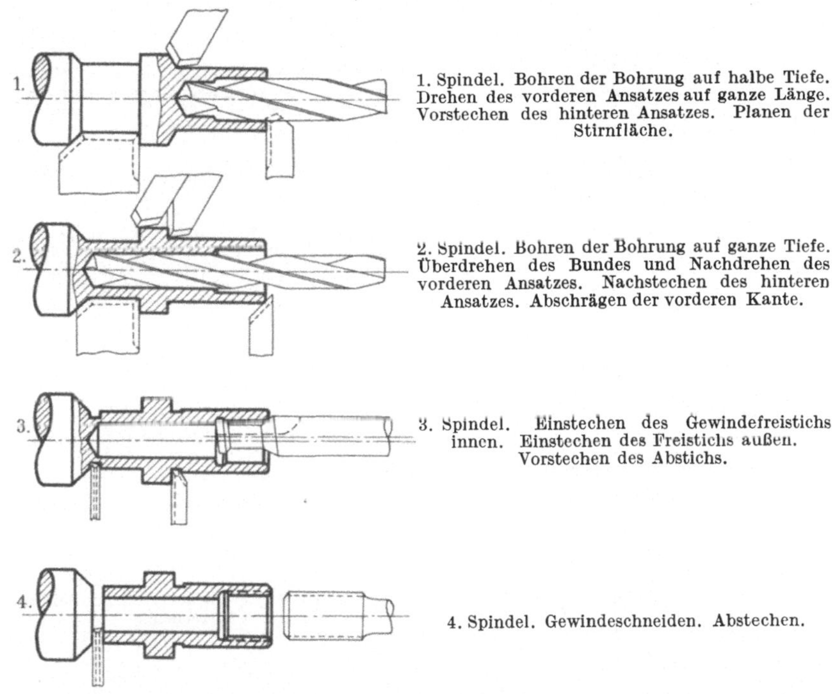

Abb. 32. Bearbeitung des Gewindestückes Abb. 30 auf einem Vierspindelautomat mit Gewindeschneideinrichtung. Die Schlüsselfläche wird in Sonderarbeitsgang auf einer einfachen Fräsmaschine hergestellt.

bearbeitet wird. Bei einem derartigen Einsatz der Mehrspindelautomaten ist deren Bedienung sehr einfach, so daß die Verlustzeiten gering bleiben und mit steter Einsatzbereitschaft gerechnet werden kann. Auch ist nicht zu befürchten, daß für die Maschine zeitweise keine Arbeit vorhanden ist, da ein einfacher Mehrspindelautomat so vielseitig in seinen Bearbeitungsmöglichkeiten ist, daß fast immer geeignete Teile zu finden sein werden. Die günstige Stückzeit bei einfachen Mehrspindelautomaten bedingt wenige im Stückpreis billige Maschinen, so daß das ersparte Kapital zur Beschaffung der weiter erforderlichen Werkzeugmaschinen zur Verfügung steht. Auch bei diesen Maschinen ist die Gefahr zeitweiligen Stillstandes geringer, da für einfache Werkzeugmaschinen immer Arbeit zu schaffen ist.

Nach diesen Gesichtspunkten muß in jedem einzelnen Fall eine Wirtschaftlichkeitsrechnung aufgestellt werden, welche die geeignetste Form des Mehrspindelautomateneinsatzes bei einer bestimmten Stückzahl erkennen läßt. Ein Beispiel soll dies veranschaulichen.

Das in Abb. 30 dargestellte Gewindestück soll aus Stangenmaterial auf Mehrspindelautomaten hergestellt werden. Bei der Planung werden vier Ausführungsmöglichkeiten zur Auswahl gestellt.

1. Das Werkstück wird auf einen Vierspindelautomaten mit Gewindeschneid- und Fräseinrichtung vollselbsttätig fertiggestellt (Abb. 31).

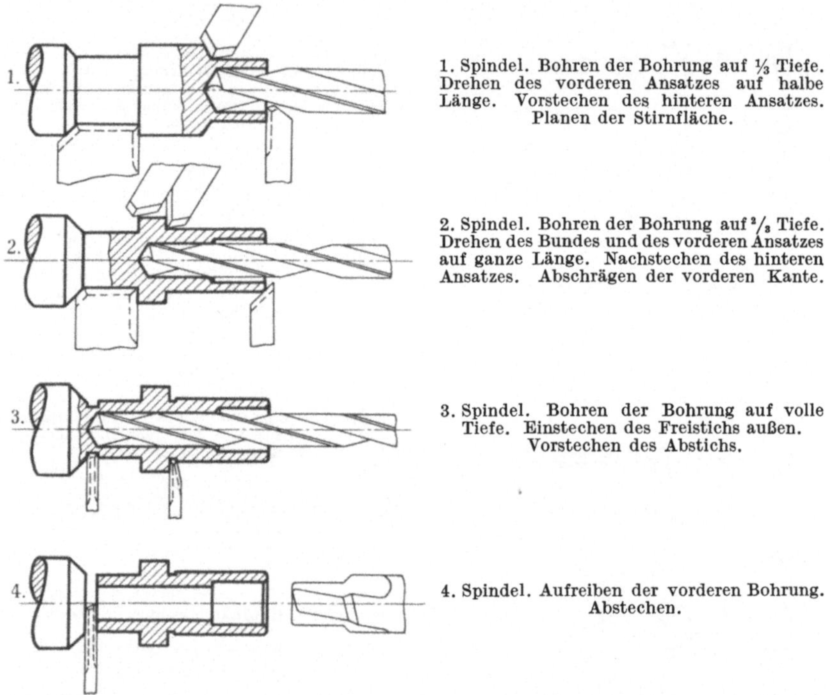

Abb. 33. Bearbeitung des Gewindestückes Abb. 30 auf einem Vierspindelautomat mit einfachem Werkzeugsatz. Die Schlüsselfläche wird auf einer Fräsmaschine und das Gewinde auf einer Gewindefräsmaschine in Sonderarbeitsgängen hergestellt.

2. Das Werkstück wird auf einem Vierspindelautomaten mit Gewindeschneideinrichtung ohne die Schlüsselflächen vollselbsttätig gedreht (Abb. 32) und dann in einem besonderen Arbeitsgang auf einer Horizontalfräsmaschine die Schlüsselflächen gefräst.

3. Das Werkstück wird auf einem Vierspindelautomaten ohne Sondereinrichtungen vollselbsttätig, aber ohne Gewinde und Schlüsselflächen gedreht (Abb. 33). In besonderen Arbeitsgängen wird dann auf einer Horizontalfräsmaschine die Schlüsselfläche und auf einer Gewindefräsmaschine das Gewinde gefräst.

4. Das Werkstück wird auf einem Sechsspindelautomaten mit Gewindeschneideinrichtung vollselbsttätig gedreht (Abb. 34). Die Schlüssel-

flächen werden in einem besonderen Arbeitsgang auf einer Horizontalfräsmaschine gefräst. Der Arbeitsgang entspricht dem unter 2. genannten, nur daß als Mehrspindler ein Sechsspindler gewählt wurde, bei dem keine abgesetzten Bohrer erforderlich sind.

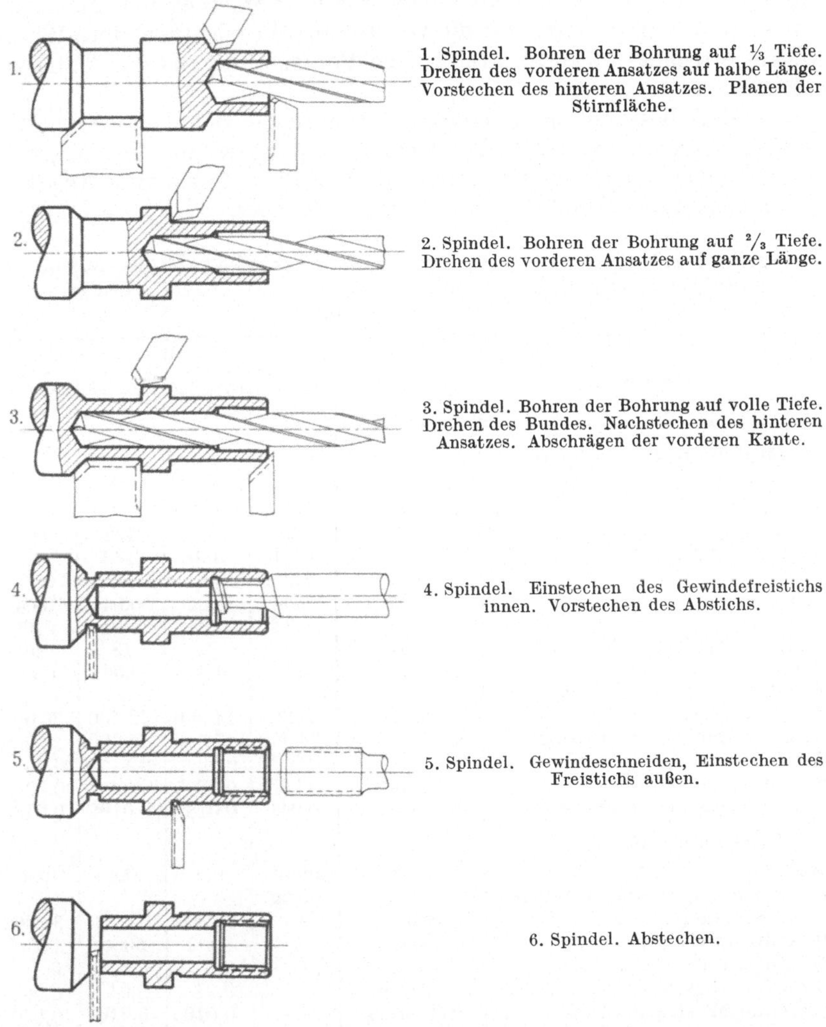

Abb. 34. Bearbeitung des Gewindestückes Abb. 30 auf einem Sechsspindelautomat mit Gewindeschneideinrichtung. Die Schlüsselfläche wird in Sonderarbeitsgang auf einer einfachen Fräsmaschine hergestellt.

Es wären noch weitere Zusammmenstellungen von Mehrspindelautomaten verschiedener Spindelzahl mit einfachen Werkzeugmaschinen möglich. Der Übersichtlichkeit wegen wird der Vergleich auf diese vier Fälle beschränkt.

Die bei den verschiedenen Herstellungsarten notwendigen Maschinen, deren Preise sowie die erzielbaren Stückzeiten und Monatsleistungen zeigt Tab. 6. Bei einer monatlichen Arbeitszeit von 200 Stunden wird eine Verzinsung und Amortisation des Anlagekapitals von 1,7% monatlich eingesetzt. Aus der Stückzahl und den Bedienungskosten für die Maschinenminute ist der Bedienungspreis je Werkstück und Maschine sowie der Bedienungspreis für die vollständige Bearbeitung eines Werkstückes errechnet, also die Preise ohne Berücksichtigung des Materialbedarfs.

Bei einer bestimmten Monatsproduktion setzen sich die monatlichen Fertigungskosten aus den Bedienungskosten je Stück und dem Kapitaldienst für das Anlagekapital zusammen. In der Tab. 7 sind diese Angaben zusammengetragen und für verschiedene Monatsproduktionen aufge-

Tab. 6. Herstellungskosten eines Gewindestücks (Abb. 30—34) bei verschiedenen Bearbeitungsarten, und die erreichbaren Monatsleistungen.

Vorgang	Dimension	Herstellungsart			
		(Abb. 31) 1	(Abb. 32) 2	(Abb. 33) 3	(Abb. 34) 4
Mehrspindelautomat					
Größter Längsweg	mm	68	35	23	23
Bohrervorschub	mm/Umdr.	0,12	0,12	0,12	0,12
Umdrehungszahl	Stück	568	292	192	192
Werkstückdrehzahl	min^{-1}	480	480	480	480
Arbeitszeit	min	1,2	0,61	0,4	0,4
Nebenzeit	min	0,04	0,04	0,04	0,04
Stückzeit	min	1,24	0,65	0,44	0,44
Minderung bei Dauerleistung	%	25	20	18	25
Maßgebliche Stückzeit	min	1,65	0,81	0,54	0,59
Monatsleistung einer Maschine bei 200 Stunden	Stück	7200	14 800	22 200	20 000
Maschinenpreis m. Werkzeug	RM	20 000	17 500	15 000	23 000
Bedienungsziffer		0,5	0,45	0,4	0,45
Bedienungskosten	RM/min	0,025	0,0225	0,02	0,0225
Bedienungskosten je Stück	RM/Stück	0,041	0,0182	0,0108	0,0133
Fräsmaschine					
Stückzeit	min	nicht nötig	0,4	0,4	0,4
Monatsleistung einer Maschine bei 200 Stunden	Stück	—	30 000	30 000	30 000
Maschinenpreis	RM	—	5000	5000	5000
Bedienungsziffer	—	—	0,8	0,8	0,8
Bedienungskosten	RM/min	—	0,04	0,04	0,04
Bedienungskosten je Stück	RM/Stück	—	0,016	0,016	0,016
Gewindefräsmaschine					
Stückzeit	min	nicht nötig	nicht nötig	0,6	nicht nötig
Monatsleistung einer Maschine bei 200 Stunden	Stück	—	—	20 000	—
Maschinenpreis	RM	—	—	3500	—
Bedienungsziffer	—	—	—	0,8	—
Bedienungskosten	RM/min	—	—	0,04	—
Bedienungskosten je Stück	RM/Stück	—	—	0,024	—
Kosten für 1 Stück	RM	0,041	0,0342	0,0508	0,0293

führt. Dabei wurde die Voraussetzung gemacht, daß die Maschinen nach Erledigung der monatlichen Stückzahl unbenutzt stehen bleiben, so daß die gefertigte Stückzahl den ganzen Kapitaldienst tragen muß. Dies ist zwar der ungünstigste Fall, er kommt aber bei Einrichtungen für Spezialfertigung vielfach vor, wenn der Absatz die volle Ausnutzung der Anlage nicht gestattet und ähnliche Werkstücke als Füllaufträge nicht zur Verfügung stehen. Lediglich in der letzten Spalte der Tab. 7 sind die Stückkosten bei voller Ausnutzung jeder einzelnen Maschine angegeben. Diese Preise stellen also den günstigsten überhaupt erreichbaren Fall dar.

Die Gegenüberstellung Tab. 7 zeigt nun Ergebnisse, deren Bedeutung über dieses Beispiel hinausgeht und die daher festgehalten werden sollen. Der Vierspindelautomat mit Gewindeschneid- und Fräseinrichtung ist wegen seines hohen Preises und seiner langen Stückzeit nur bei geringen Stückzahlen wirtschaftlich, wenn alle Automaten nur mit 20—50% ausgenutzt sind, d. h. er ist gewöhnlich unwirtschaftlich. Der Automat ohne Gewindeschneideinrichtung ergibt bei keiner einzigen Monatsproduktion ein besonders günstiges Ergebnis. Bei den Mehrspindlern mit Gewindeschneideinrichtung ist der Vierspindler bei kleineren Stückzahlen, der Sechsspindler von etwa monatlich 18 000 Stück an wirtschaftlich. Es kann deshalb als allgemeingültig festgehalten werden:

1. Die Einbeziehung von Sonderarbeitsgängen, wie in dem Beispiel das Fräsen der Schlüsselflächen in die Automatenarbeit, ist nur in Ausnahmefällen am Platz. Es bedarf bei jeder derartigen Planung

Tab. 7. Stückkosten bei den verschiedenen Herstellungsarten nach Tab. 6 bei verschiedenen Monatsleistungen und vergleichsweise bei voller Ausnutzung aller Maschinen.

		Monatsleistung in Stück												Volle Ausnutzung jeder Maschine			
		3500				10 000				20 000							
		Herstellungsart															
		1	2	3	4	1	2	3	4	1	2	3	4	1	2	3	4
Mehrspindelautomaten	Stück	1	1	1	1	2	1	1	1	3	2	1	1	—	—	—	—
Fräsmaschinen	Stück	—	1	1	1	—	1	1	1	—	1	1	1	—	—	—	—
Gewindefräsmaschinen	Stück	—	—	1	—	—	—	1	—	—	—	1	—	—	—	—	—
Kapitalbedarf	1000 RM	20	22,5	23,5	28	40	22,5	23,5	28	60	40	23,5	28	—	—	—	—
Kapitaldienst 1,7% monatlich	RM	340	383	400	476	680	383	400	476	1020	680	400	475	—	—	—	—
Bedienungskosten monatlich	RM	144	120	178	105	410	342	508	293	820	684	1016	586	—	—	—	—
Gesamte monatliche Kosten	RM	484	503	578	581	1090	725	908	769	1840	1364	1416	1061	—	—	—	—
Kosten für ein Stück	Pfennig	13,8	14,4	16,4	16,6	10,9	7,25	9,1	7,7	9,2	6,8	7,1	5,3	8,8	5,7	6,8	5,2
Kosten für ein Stück in % bez. auf die billigste Fertigungsart	%	265	276	315	320	210	140	172	148	173	131	136	102	170	110	131	100

einer sorgfältigen Wirtschaftlichkeitsrechnung, um vor Schäden bewahrt zu bleiben.

2. Die Herstellung von Gewinden ist auf Mehrspindelautomaten fast immer wirtschaftlich, wenn die Gewinde in ihrer Länge und ihrem Durchmesser zu den Maschinen passen. Es ist deshalb stets die Einbeziehung in die Automatenarbeit anzustreben.

3. Die Wahl zwischen Vier- und Sechsspindelautomat richtet sich außer nach dem Werkzeugsatz auch nach der monatlichen Stückzahl, die für den Sechsspindler ziemlich hoch sein muß.

26. Das Einstellen der Mehrspindelautomaten [1].

Entscheidend für die wirtschaftliche Bearbeitung auf Mehrspindelautomaten ist die zweckentsprechende Verteilung der Werkzeuge auf die einzelnen Spindeln [2]. Dabei ist zu beachten, daß alle Werkzeuge so gleichmäßig beansprucht sind, daß der Zeitpunkt der Abstumpfung gleichzeitig einsetzt.

Die Arbeitsteilung ist so vorzunehmen, daß alle Werkzeuge einen möglichst kurzen, aber auch gleichlangen Arbeitsweg haben, da nur so kurze Stückzeiten erreichbar sind. Denn wie die spätere Leistungsberechnung zeigt, ist der längste Arbeitsweg für die Stückzeit ausschlaggebend. Es ist also zwecklos, die Wege der Werkzeuge an einigen Spindeln außerordentlich kurz zu halten und dafür den Werkzeugweg an einer einzelnen Spindel zu verlängern.

Für die Werkzeugaufteilung auf einzelne Spindeln gibt es allgemeingültige Regeln, die hier zusammengestellt werden sollen. Stets muß versucht werden, auf die ersten Spindelstellungen die Schrupparbeit, auf die letzten dagegen die Schlichtarbeit zusammenzuziehen, um Werkstückverformung oder Schwingungen bei der Schlichtbearbeitung zu vermeiden. Insbesondere wird man darauf sehen, daß an der ersten Spindel schon alle Flächen, Ansätze und Bohrungen von Rohteilen vorgeschruppt werden, damit die Werkzeuge der nächsten Spindeln nur auf blankem Material schneiden und dadurch nicht so schnell abstumpfen. Ein Nachschleifen der Werkzeuge der ersten Spindel ist meistens nicht so zeitraubend, da die Einstellgenauigkeit bei der verlangten Schrupparbeit geringer sein kann. Bei Halbautomaten geht man zur Verminderung der Verformung dünnwandiger Werkstücke so weit, die Spannung nach der Schruppbearbeitung zu lockern und mit geringerem Druck für die Schlichtbearbeitung wieder zu schließen, also eine Zweidruckspannung zu verwenden, um die Verformung durch den Spanndruck auf das Kleinstmaß zu beschränken.

Bei der weiterhin benutzten Bezeichnung der Spindelstellungen gilt bei Stangenautomaten als 1 stets die auf den Materialvorschub folgende Spindelstellung, bei Halbautomaten die dem Spannvorgang folgende. Die Zählung erfolgt in der Reihenfolge, in der eine Spindel die Spindelstellungen durchläuft, wenn sie mit der Spindeltrommel die Schaltbewegung ausführt.

---

[1] Lit. Nr. 16, 18, 23, 29, 30.   [2] Lit. Nr. 70 g.

Bei Vierspindelautomaten werden in der Regel die Werkstücke an den beiden ersten Spindeln vorgeschruppt, wobei die Außenform durch kräftige Stähle von den Querschlitten, die Bohrung durch Spiralbohrer vorgearbeitet wird. Bei der Werkzeuggestaltung wird man weitgehend normale Werkzeuge berücksichtigen, insbesondere abgesetzte Spiralbohrer nur verwenden, wenn sich dies nicht umgehen läßt. Auf den

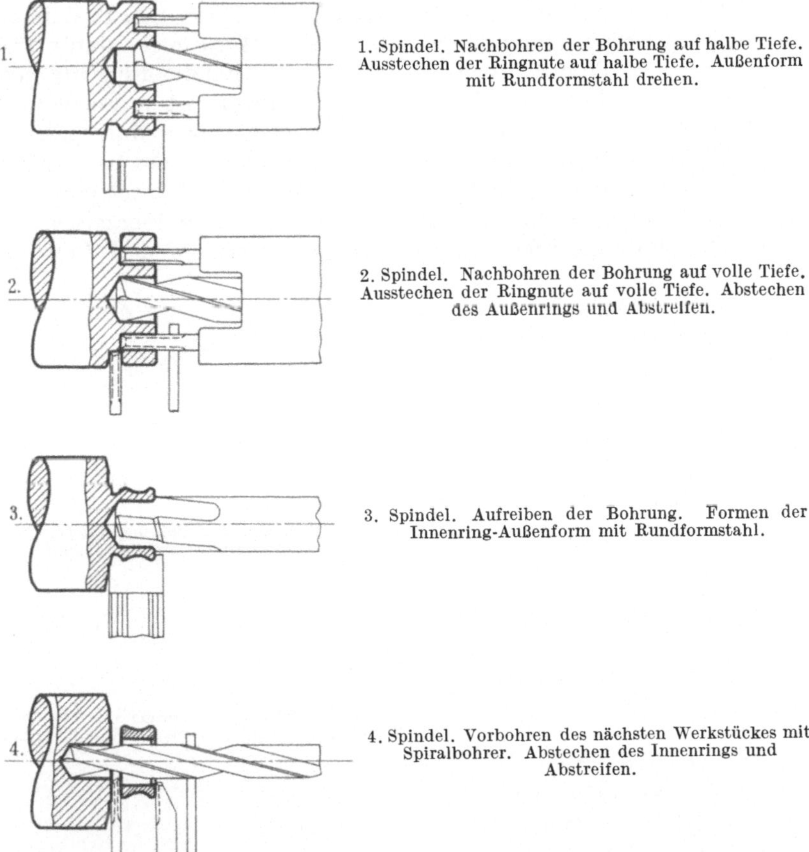

1. Spindel. Nachbohren der Bohrung auf halbe Tiefe. Ausstechen der Ringnute auf halbe Tiefe. Außenform mit Rundformstahl drehen.

2. Spindel. Nachbohren der Bohrung auf volle Tiefe. Ausstechen der Ringnute auf volle Tiefe. Abstechen des Außenrings und Abstreifen.

3. Spindel. Aufreiben der Bohrung. Formen der Innenring-Außenform mit Rundformstahl.

4. Spindel. Vorbohren des nächsten Werkstückes mit Spiralbohrer. Abstechen des Innenrings und Abstreifen.

Abb. 35. Herstellung von Kugellagerringen auf einem Vierspindelautomaten aus der Stange.

beiden letzten Spindeln wird dann die Schlichtarbeit ausgeführt, alle erforderlichen Einstiche innen und außen gedreht, Gewinde geschnitten, Bohrungen aufgerieben und endlich das Werkstück abgetrennt. Bei der Einordnung des Gewindeschneidens wählt man die letzte Spindelstellung, wenn die Zeiteinteilung dies zuläßt, d. h. wenn die Gewindebearbeitung beendet ist, solange das Werkstück noch genügend fest mit der Materialstange verbunden ist. Denn das Drehmoment, welches durch die Gewindebearbeitung auf das Werkstück ausgeübt wird, versucht dieses von der Materialstange abzudrehen. Auch beim Aufreiben an der letzten Spindel ist zu beachten, daß der Bohrer bzw. das Reibwerkzeug die Bohrung schon vor dem Abstich verlassen hat, indem ein unabhängig vom Längsschlitten bewegliches Aufreibewerkzeug verwendet wird.

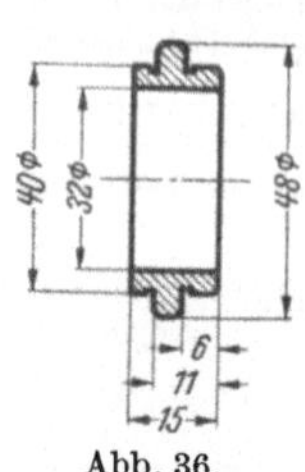

Abb. 36.
Bundbüchse.

Trotzdem wird man zur Sicherheit einen Abstreifer vorsehen, der etwa doch auf dem Reibwerkzeug hängengebliebene Werkstücke abstreift. Für das Schlichten der Außenformen werden auf Mehrspindelautomaten vielfach Rundformstähle verwendet. Diese sind zwar in der Herstellung teurer als andere Werkzeuge, dafür aber außerordentlich einfach in der Instandhaltung und jede Gefahr einer Veränderung des Profils ist vermieden. Zeigt ein Werkstück eine sehr starke durchgehende Bohrung, wie z. B. Kugellagerringe bei der Bearbeitung von der Stange, so kann die Leistung einer Maschine dadurch gesteigert werden, daß in vierter Spindelstellung durch das fertige Werkstück hindurch die Materialstange schon vorgebohrt wird, so daß nach der

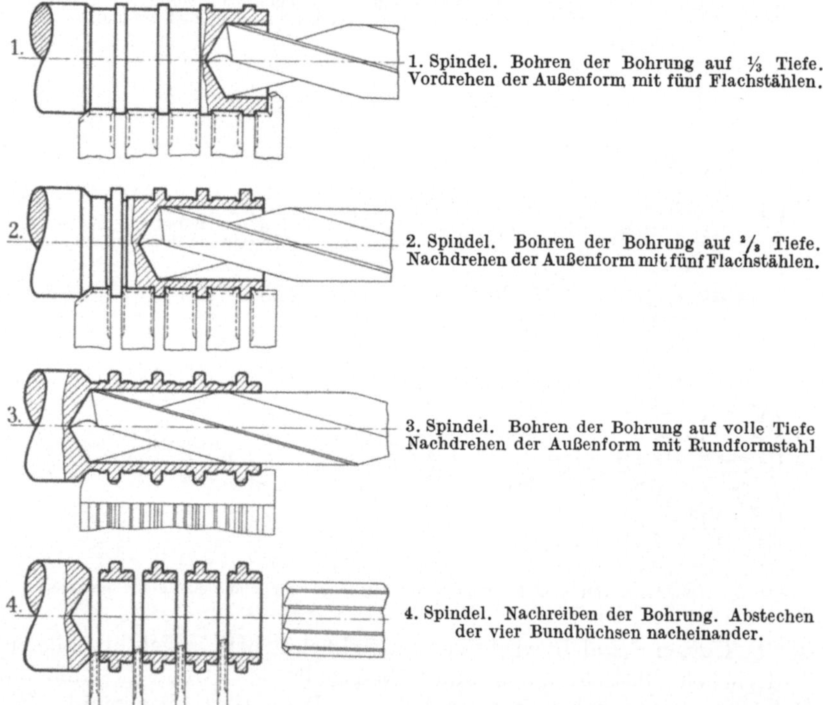

Abb. 37. Drehen von gleichzeitig vier Bundbüchsen nach Abb. 36 auf einem Vierspindelautomat.

nächsten Schaltung mit Materialvorschub eine bereits vorgebohrte Materialstange zur Verfügung steht (Abb. 35). Auch in diesem Fall ist aber ein Abstreifer erforderlich, um die sichere Entfernung der Werkstücke zu gewährleisten.

Die Einstellung der Fünf- und Sechsspindelautomaten erfolgt sinngemäß ebenso wie beschrieben, nur daß je nach der Art der Bearbeitung die Zahl der Schrupp- oder Schlicht-spindeln vergrößert wird und eine weitergehende Unterteilung der einzelnen Arbeitswege möglich ist. Es soll nun an einigen Arbeitsplänen gezeigt werden, wie die Werkzeugein-

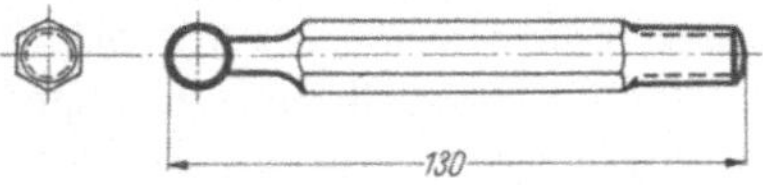

Abb. 38. Druckstange.

teilung und Bearbeitungsfolge an Werkstücken zu wählen ist. Derartige Pläne sind stets die Grundlage für die Einstellung eines Mehrspindel-

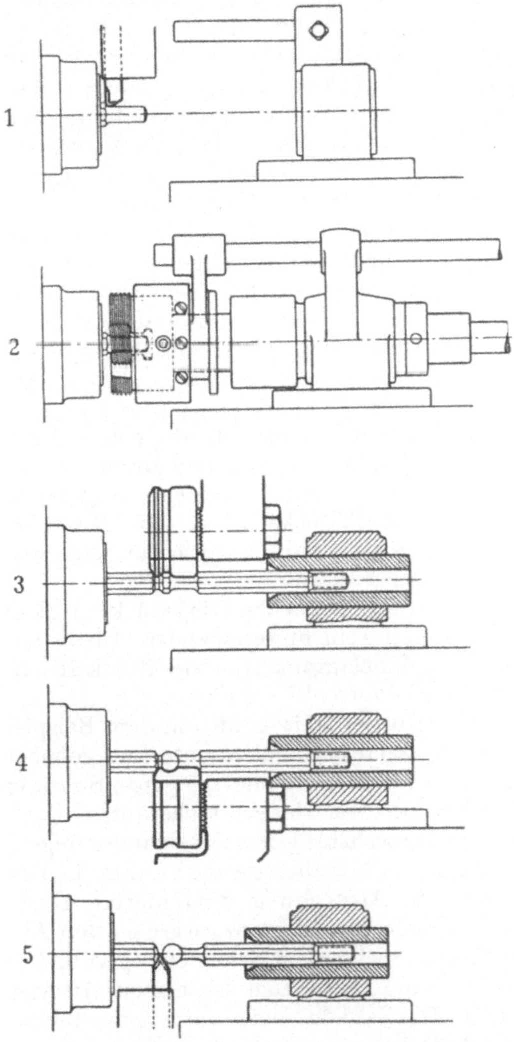

1. Spindel. Vorschieben des Materials. Andrehen des Gewindezapfens.

2. Spindel. Schneiden des Gewindes mit selbstöffnendem Schneidkopf.

3. Spindel. Vorschieben des Materials und Führen in einer Büchse. Vordrehen des Kopfes mit Rundformstahl.

4. Spindel. Nachdrehen des Kopfes mit Rundformstahl.

5. Spindel. Abstechen der Druckstange.

Abb. 39. Bearbeitung der Druckstange Abb. 38 auf einem Fünfspindelautomat mit zweimaligem Materialvorschub.

automaten. Denn wegen der meist sehr großen Stückzahlen macht sich jede noch so kleine Zeitersparnis bezahlt, die durch günstige Werkzeuganordnung möglich ist. Es ist deshalb falsch, der Werkstatt die Verteilung der Werkzeuge zu überlassen.

Bei der Herstellung von Kugellagerringen von der Stange werden der Materialersparnis wegen Außen- und Innenringe auf der gleichen Maschine und aus der gleichen Materialstange gefertigt (Abb. 35). Die Maschine stellt also vor jeder Schaltung einen Außen- und Innenring fertig. An der bereits vorgebohrten Materialstange wird in erster Spindelstellung die Außenform gedreht, die Bohrung nachgebohrt und die Ringnute zwischen Innen- und Außenring eingestochen. In der zweiten Spindelstellung wird dann die Bohrung fertiggebohrt, die Ringnute fertiggedreht und der Außenring abgestochen. Ein Abstreifer sorgt für die sichere Abführung dieses Stückes. Die beiden letzten Spindeln stehen nun zur Fertigbearbeitung des Innenringes sowie zum Vorbohren der Materialstange zur Verfügung.

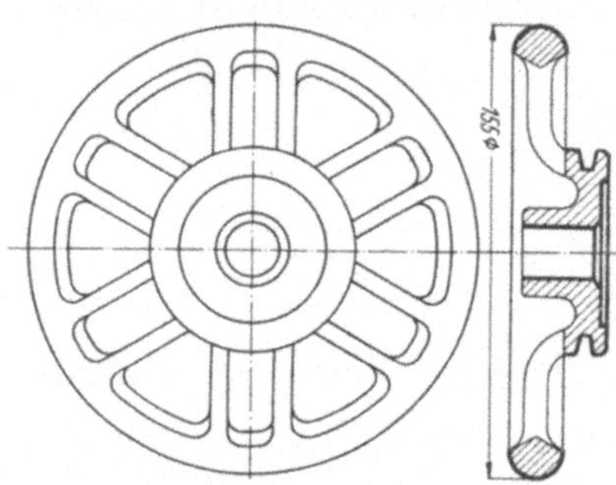

Abb. 40. Handrad für Nähmaschine.

Für die Herstellung sehr einfacher Werkstücke, bei denen die Spindelzahl selbst eines Vierspindelautomaten nicht ausgenutzt werden kann, lassen sich vielfach (Abb. 26) durch Doppelbearbeitung auf einem Sechsspindelautomaten günstige Ergebnisse erzielen. Die Maschine arbeitet dann als doppelter Dreispindler, es muß also an zwei Spindeln gleichzeitig Material vorgeschoben werden und es erfolgt auch an zwei Spindeln gleichzeitig ein Werkstückabstich. Die Maschine muß allerdings für die geschilderte Vorschubart eingerichtet sein, was bei Serienmaschinen nicht immer der Fall ist.

Eine andere Methode der Herstellung einfacher Werkstücke liegt in der gleichzeitigen Bearbeitung mehrerer Teile hintereinander. Die Bundbüchse Abb. 36 wird auf einem Vierspindelautomat mit vier Stück gleichzeitig gedreht (Abb. 37). Der Materialvorschub beträgt dabei die vierfache Büchsenbreite zuzüglich vier Abstichbreiten, also in dem Beispiel 60 +16 = 76 mm. Diese Länge wird an drei Spindeln unterteilt gebohrt und außen bearbeitet, während an der letzten Spindel die ganze Bohrung aufgerieben wird, und die Werkstücke mit vier Abstechstählen abgestochen werden. Dabei müssen die Abstechstähle so nacheinander folgen, daß mit Sicherheit die jeweils vorderste Bundbüchse zuerst abfällt. Der für die Zeitberechnung maßgebende Abstechweg wird hierbei gleich dem Abstechweg zuzüglich dreimaliger Wegdifferenz zwischen den Abstechstählen, oder in anderen Worten gleich dem Schlittenweg vom Anschnitt des ersten Abstechstahl bis zum Durchstich des letzten. In dem Beispiel sind dies 5 +6 = 11 mm. Die Zahl der gleichzeitig herzustellenden Werkstücke richtet sich nach deren Länge, der Art der Bearbeitung und der verlangten Genauigkeit. Während die Bearbeitungszeit stets je

Stück die gleiche ist, verteilt sich die Schaltzeit auf die Anzahl der Werkstücke, die gleichzeitig fertig werden. Es wird also bei einem Werkstück die Stückzeit = Laufzeit + Nebenzeit, bei zwei Werkstücken Stück-

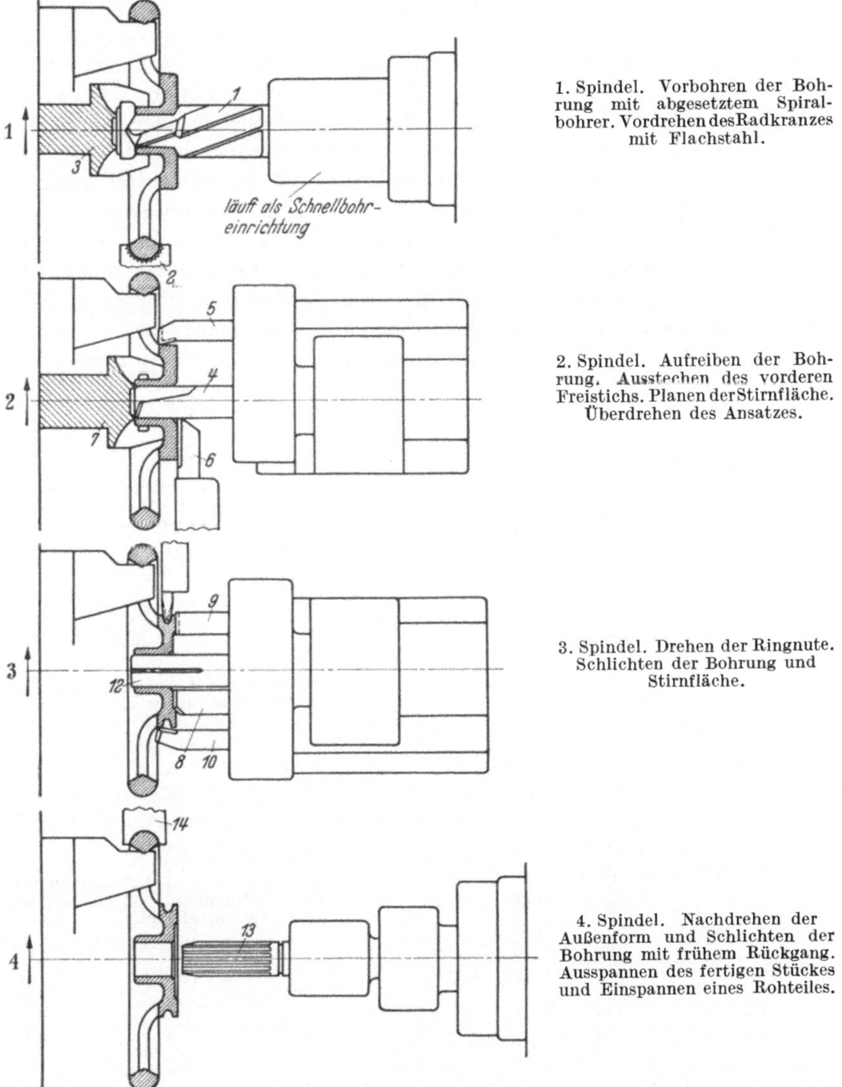

Abb. 41. Bearbeitung des Handrades Abb. 40 auf einem Vierspindelhalbautomat.

zeit = Laufzeit + $\frac{1}{2}$ Nebenzeit usw. Die Wirtschaftlichkeitsgrenze wird meistens zwischen drei und fünf Werkstücken liegen, da sonst auch die Abstichwege zu groß und dadurch stückzeitbestimmend werden.

Sollen auf Mehrspindelautomaten Werkstücke, hergestellt werden, deren Länge größer als die Vorschublänge der Maschine ist und die nur teilweise zu bearbeiten sind, wie etwa Druckstangen (Abb. 38) oder Bolzen aus gezogenem Material mit teilweise unbearbeitetem Schaft, so läßt sich dies durch doppelten Vorschub erreichen. Vor der ersten Spindelstellung erfolgt ein normaler Vorschub, dem die Bearbeitung an zwei oder drei Spindeln mit evtl. Gewindeschneiden folgt (Abb. 39). Dann wird etwa zwischen zweiter und dritter Spindelstellung die Materialstange nochmals vorgeschoben, das freie Ende dabei in einer Büchse geführt und an den nächsten Spindeln das hintere Ende geformt und abgestochen. Bei einfachen Werkstücken lassen sich so sehr gute Leistungen erzielen, und die Beschaffung eines ausgesprochenen Langdrehautomaten erübrigt sich, der nur als Einspindler geliefert wird, so daß eine größere Anzahl von Maschinen zur Erzielung der gleichen Leistung aufzustellen wäre.

Das Einstellen der Mehrspindel-Halbautomaten mit umlaufenden

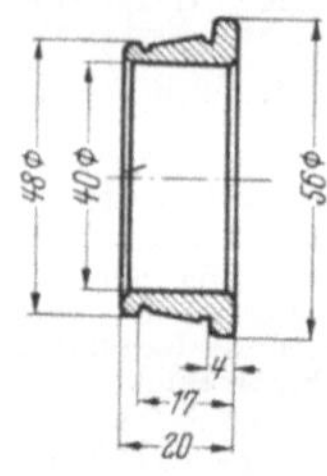

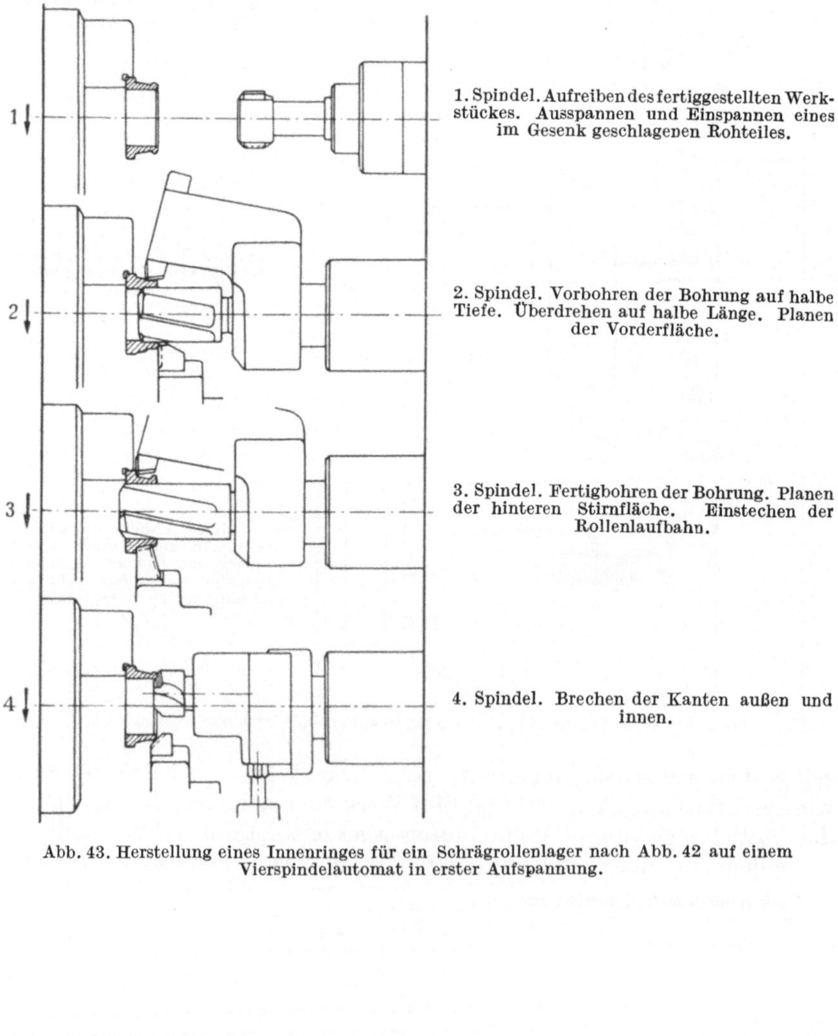

Abb. 42. Innenring für Schrägrollenlager.

1. Spindel. Aufreiben des fertiggestellten Werkstückes. Ausspannen und Einspannen eines im Gesenk geschlagenen Rohteiles.

2. Spindel. Vorbohren der Bohrung auf halbe Tiefe. Überdrehen auf halbe Länge. Planen der Vorderfläche.

3. Spindel. Fertigbohren der Bohrung. Planen der hinteren Stirnfläche. Einstechen der Rollenlaufbahn.

4. Spindel. Brechen der Kanten außen und innen.

Abb. 43. Herstellung eines Innenringes für ein Schrägrollenlager nach Abb. 42 auf einem Vierspindelautomat in erster Aufspannung.

Werkstücken erfolgt ebenso wie bei Stangenmaschinen. Jedoch ist besondere Rücksicht auf die Art der Spannung zu nehmen, die nach

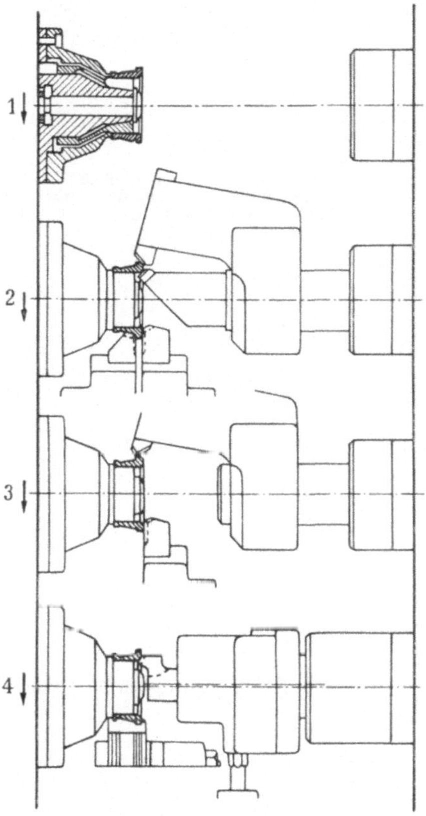

1. Spindel. Ausspannen und Einspannen eines in erster Aufspannung vorgedrehten Rohteiles mit Spanndorn.

2. Spindel. Brechen der Kanten vorn. Planen der Vorderfläche. Nachstechen der Rollenlaufbahn.

3. Spindel. Überdrehen des vorderen Bundes. Nachdrehen der Stirnfläche.

4. Spindel. Brechen der inneren Kante. Schlichten der Außenform mit Rundformstahl.

Abb. 44. Herstellung eines Innenringes für ein Schrägrollenlager nach Abb. 42 auf einem Vierspindelautomat in zweiter Aufspannung.

Möglichkeit während der Arbeitszeit erfolgen sollte, damit Zeitverluste vermieden werden.

Zur Bearbeitung des Handrades Abb. 40 wird ein Vierspindelautomat benutzt, auf welchem die Werkstücke zwischen den Speichen von den Aufsatzbacken des Futters von innen her gespannt werden, so daß der Spanndurchmesser nicht über den Drehdurchmesser hinausreicht. Die Bearbeitung nach Abb. 41 erfolgt vornehmlich an den ersten drei Spindeln, während an der

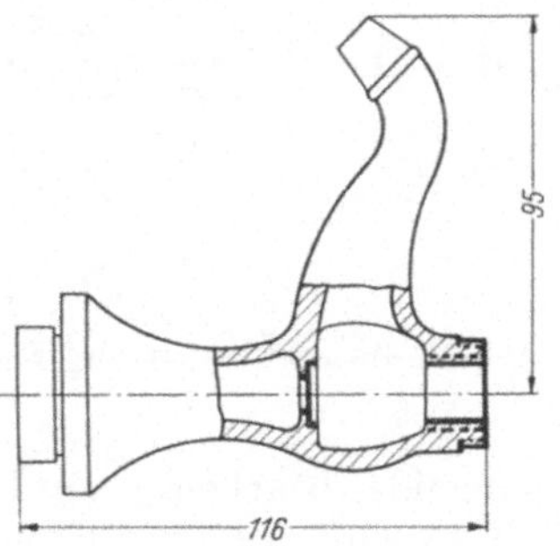

Abb. 45. Strahlgehäuse.

vierten nur noch der Radkranz nachgeschlichtet (14) und die Bohrung aufgerieben (13) wird. Beide Vorgänge erfolgen gegenüber den anderen Arbeitsgängen unabhängig und verkürzt, so daß die Werkzeuge frühzeitig zurückgehen und das Werkstück zum Ein- und Ausspannen freigeben.

Die Bearbeitung eines Innenringes für ein Schrägrollenlager (Abb. 42) erfolgt in zwei Aufspannungen, da der Ring allseitig, also auch am Ein-

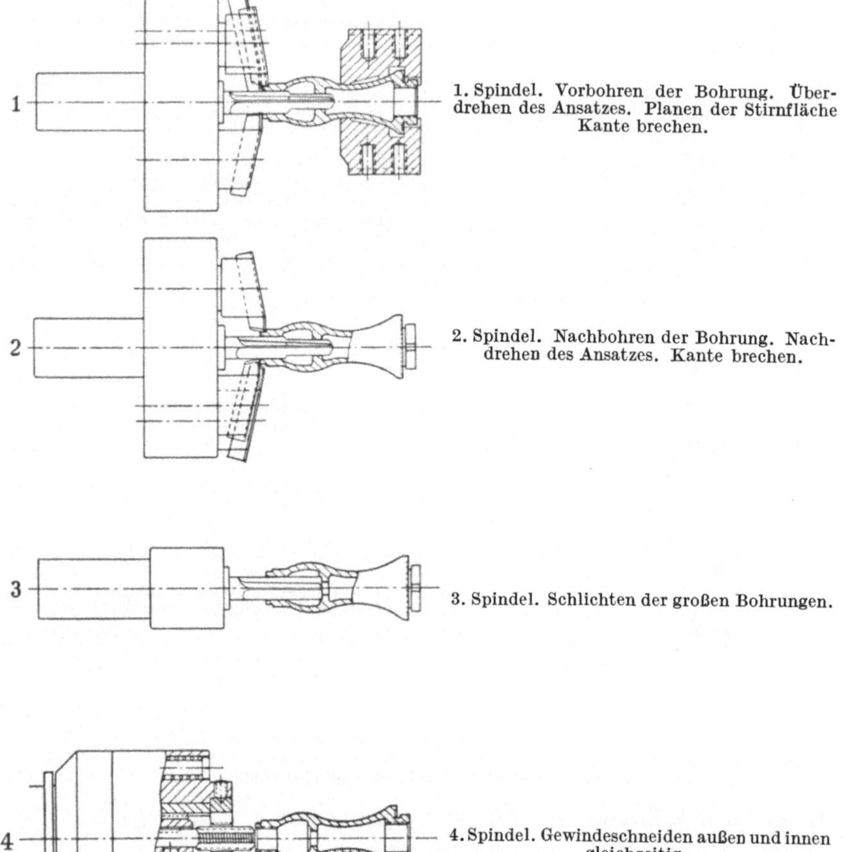

Abb. 46. Drehen eines Strahlgehäuses auf einem Vierspindel-Halbautomat mit feststehenden Werkstücken.

spannende, bearbeitet werden muß. Bei der ersten Aufspannung nach Abb. 43 wird der Ring in einem Dreibackenfutter auf der rohen Außenfläche gespannt und Bohrung und teilweise auch äußerer Umfang gedreht. In der letzten Spindelstellung erfolgt nur das Abschrägen der vorderen inneren und äußeren Kanten, so daß genügend Zeit für den Spannvorgang bleibt. Bei der zweiten Aufspannung (Abb. 44) muß auf einer bearbeiteten Fläche zentriert werden, damit die in verschiedenen Aufspannungen gedrehten Flächen miteinander laufen. Dies erfolgt mit einem Spreizdorn in der Bohrung des Ringes, so daß infolge gleichmäßiger Anlage der Spannpatrone die Wahrscheinlichkeit einer Verformung gering ist. Da die noch erforderliche Bearbeitung gut an drei Spindeln erledigt werden kann, bleibt eine Spindel zum Spannen frei. Es steht hierfür also die ganze Stückzeit zur Verfügung. Die Bearbeitung erstreckt sich vorwiegend auf Plandrehen, da die Bohrung schon fertig ist. Hierdurch kommt es, daß bei diesem Werkstück der letzte Planweg stückzeitbestimmend wird, da nur sehr kurze Längswege vorkommen.

Nach den gleichen Gesichtspunkten wird beim Einstellen von Mehrspindel - Halbautomaten mit feststehenden Werkstücken verfahren. Nur braucht hierbei nicht auf den Spannvorgang Rücksicht genommen zu werden, da hierfür eine besondere Spindelstellung vorgesehen ist, weil den fünf Spannfuttern nur vier Werkzeugspindeln gegenüberstehen.

Abb. 47. Werkzeuganordnung auf einem Vierspindel-Halbautomat zur Herstellung des Strahlgehäuses Abb. 45.

Als Beispiel wird die Herstellung eines Strahlhahngehäuses (Abb. 45) gezeigt, welches nach Abb. 46 bearbeitet wird. An den beiden ersten Spindeln wird die Bohrung vorgedreht und die Kante gebrochen, an der dritten aufgerieben und endlich an der vierten Spindel beide Gewinde in einem Arbeitsgang geschnitten. Dieses gekuppelte Schneiden zweier Gewinde ist allerdings nur möglich, wenn beide gleiche Steigung haben. Abb. 47 zeigt einen Halbautomaten mit den Werkzeugen zur Bearbeitung des Gehäuses.

27. Leistungsberechnung.

Die Leistung eines Mehrspindelautomaten ergibt sich aus der erzielbaren Stückzeit, verringert durch die beim Dauerbetrieb unvermeidlichen Verluste, die im Hundertsatz angegeben werden. Bei einer Stückzeit von $T_{st} = 1$ Minute wäre beispielsweise die theoretische Stundenleistung 60 Werkstücke. Ein Verlust von 20% kürzt diese Leistung um $0,2 \cdot 60 = 12$ Werkstücke auf eine Stundenleistung von 48 Stück. Die Größe eines solchen Verlustes richtet sich nach der Bauart des Mehrspindelautomaten, seiner Größe und Spindelzahl sowie nach der Art der Werkstücke bzw. der Schwierigkeit des verwendeten Werkzeugsatzes. Die Beeinflussung dieser Verlustzeit wird noch gesondert behandelt.

Die Stückzeit T_{st} setzt sich zusammen aus der Laufzeit T_L, die zur Zerspanung erforderlich ist und die Hauptzeit des Mehrspindelautomaten darstellt, sowie aus dessen Nebenzeit, die zur Vorbereitung der Hauptzeit dient, verkleinert durch den Verlust. Die Vorbereitung der Hauptzeit besteht in dem Eilrücklauf der Werkzeugschlitten in ihre hinterste Stellung, der Schaltung der Werkstücke zu den Werkzeugen der nächsten Bearbeitungsstufe, der Abführung des fertiggestellten und Zuführung des neuen Werkstückes bzw. dessen Materials sowie dem Eilvorlauf der Werkzeugschlitten bis in Arbeitsstellung.

Der Zeitbedarf für die Nebenzeit ist für jeden Mehrspindelautomaten feststehend und unveränderlich. Die Zeitgröße wird später noch bestimmt und ihr Zusammenhang mit der Art der Steuerung dargestellt.

Die Haupt- oder Laufzeit ergibt sich aus den zulässigen Schnittgeschwindigkeiten und Vorschüben, die zusammen mit dem Werkstückdurchmesser die minutliche Spindeldrehzahl n ergeben.

$$n = \frac{1000 \; v_{480}}{\pi \; d}.$$

Da für gewöhnlich alle Spindeln eines Mehrspindelautomaten mit gleicher Drehzahl laufen, ist die günstigste Schnittgeschwindigkeit nur an dem größten Drehdurchmesser vorhanden, während alle anderen Bearbeitungsflächen kleinere Schnittgeschwindigkeiten aufweisen.

Soll an einem Werkstück ein bestimmter Drehweg L_d mm mit einem gegebenen Vorschub s_v mm/Umdr. bearbeitet werden, so wird die zur Herstellung des Werkstückes notwendige Zahl der Werkstückumdrehungen U

$$U = \frac{L_d}{s_v}.$$

Daraus ergibt sich bei der Drehzahl n die Laufzeit des Werkstückes T_L in Minuten zu

$$T_L = \frac{U}{n} = \frac{L_d}{n \; s_v} = \frac{L_d \; \pi \; d}{1000 \; v_{480} \; s_v}.$$

Die Werte L_d und s_v sind für jede Spindel und für jede Werkzeuggruppe verschieden, da L_d sich nach der Form des Werkstückes und der Unterteilung der Arbeitsgänge, s_v nach dem Werkstoff und der Art der Bearbeitung richtet. Stückzeitbestimmend wird daher derjenige Wert L_d/s_v, der die größte Umdrehungszahl U_{max} bringt, die in die Formel eingesetzt werden muß.

Die Bestimmung von U_{max} bietet bei den meisten Werkstücken keine Schwierigkeit, da L_d und s_v bekannt sind. Bei Spezialwerkzeugen mit zusätzlich erhöhter oder verringerter Drehzahl, mit besonderem Vorschub oder beim Gewindeschneiden ist dagegen besondere Beachtung notwendig. Bei veränderter relativer Drehzahl n_1 zwischen Werkstück und Werkzeug ist der zulässige Vorschub dieses Werkzeuges s_1 einzusetzen und auf die Drehzahl n umzurechnen. Es wird

$$s_v = \frac{s_1 \cdot n_1}{n}.$$

Beim Gewindeschneiden ergibt sich die Zahl der Umdrehungen U aus der Gewindelänge und seiner Steigung, d. h. aus der Zahl der Gänge, die geschnitten werden müssen. Die relative Drehzahl errechnet sich hier aus der Schnittgeschwindigkeit, die beim Gewindeschneiden noch zulässig ist, um ein sauberes Gewinde zu erzielen. Der Zeitbedarf des Gewindeschneidens setzt sich zusammen aus

    der Zeit für das Schneiden der Gänge,

    der Zeit für die Schaltung von Vor- auf Rücklauf,

    der Zeit für den Rücklauf.

Soll beispielsweise ein Gewinde M 20 mit 20 Gängen Länge (Abb. 25) geschnitten werden, und ist bei dem Werkstück eine Schnittgeschwindigkeit von 6 m/min zulässig, so wird die relative Drehzahl 95 Umdr./min. Für den Rücklauf wird die doppelte Drehzahl 190 Umdr./min angenommen. Die Umschaltung soll etwa 0,02 Minuten dauern. Es wird dann die Zeit zum Schneiden des Gewindes

$$
\begin{aligned}
&\text{Schneiden } 20/95 \ldots \ldots \quad 0{,}21 \text{ Minuten}\\
&\text{Umschaltung} \ldots \ldots \quad 0{,}02 \quad ,,\\
&\underline{\text{Rücklauf } 20/190 \ldots \ldots \quad 0{,}1 \quad\quad ,,}\\
&\text{Zeitbedarf} \ldots \ldots \ldots \quad 0{,}33 \text{ Minuten.}
\end{aligned}
$$

Ist diese Zeit länger als die Laufzeit T_L, so wird das Gewindeschneiden stückzeitbestimmend, wie dies in dem Beispiel (Abb. 25) bei sechsspindliger Bearbeitung der Fall ist.

Steht nicht eindeutig fest, welcher Arbeitsweg für die Zeitberechnung maßgebend ist, so wird zweckmäßig eine Tabelle, ähnlich Tab. 8, zusammengestellt, die für die Bearbeitung eines Ventilgehäuses (Abb. 48) auf einem Halbautomaten gilt.

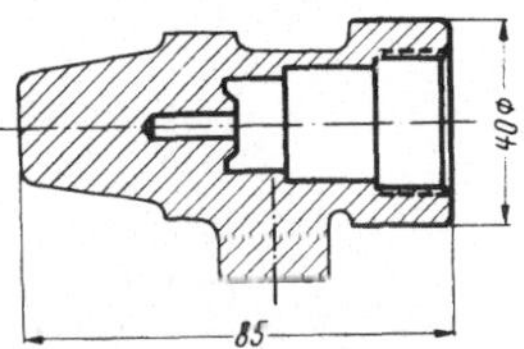

Abb. 48. Ventilgehäuse.

Tab. 8. Notwendige Zahl der Werkstückumdrehungen bei der Bearbeitung eines Ventilgehäuses (Abb. 48).

Spindel Nr.	Arbeitsvorgang	Arbeitsweg mm	Werkzeugträger	Vorschub mm/ Umdr.	Relative Drehzahl min⁻¹	Erforderliche Werkstückumdrehungen
1	Vorbohren der großen Bohrung	50	Längsschlitten	0,48	335	104
2	Nachbohren der großen Bohrung	50	Längsschlitten	0,48	335	104
2	Brechen der Kante	50	Längsschlitten	0,48	335	104
2	Begrenzen der Länge	6	2. Querschlitten	0,06	335	100
3	Bohren der kleinen Bohrung	50	Schnellbohreinrichtung	0,12	1900	74
3	Drehen des Zapfens	50	Längsschlitten	0,48	335	104
4	Schlichten des Zapfens	1,5	4. Querschlitten	0,02	335	75
4	Gewindeschneiden	15	Gewindeschneideinr.	1,5	70	84
	Stückzeitbestimmend					104

Zu der Laufzeit kommt noch die Nebenzeit hinzu, um die theoretische Stückzeit T'_{st} zu erhalten. Der gleiche Vorgang läßt sich auch zeichnerisch mit Hilfe eines Leistungsschaubildes (Abb. 50) durchführen. Abb. 49 zeigt einen Auszug aus diesem Diagramm mit den für das Ventilgehäuse (Abb. 48) gültigen Hilfslinien. Aus Schnittgeschwindigkeit und Drehdurchmesser ergibt sich die Drehzahl, welche an der linken Seite abgelesen wird. Aus der stückzeitbestimmenden Drehlänge L in der oberen Skala und dem zulässigen Vorschub an der rechten Seite ergibt sich die schräg von unten rechts nach oben

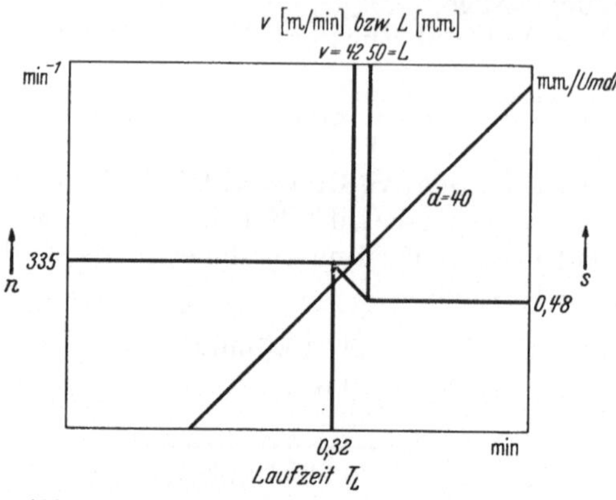

Abb. 49. Leistungsdiagramm für Ventilgehäuse Abb. 48.

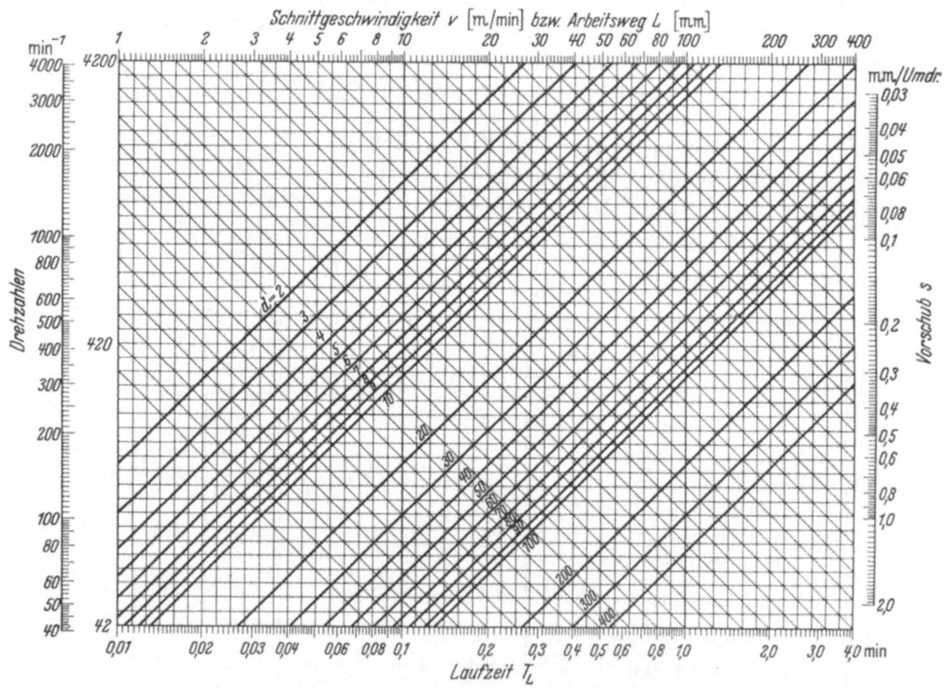

Abb. 50. Leistungs-Rechentafel für Mehrspindelautomaten.

links verlaufende Gerade der erforderlichen Werkstückumdrehungen. Der Schnittpunkt dieser Geraden mit der zuerst ermittelten Drehzahl ergibt endlich die Laufzeit, welche an der unteren Skala abzulesen ist.

Soll statt der Laufzeit unmittelbar die Stückzeit abgelesen werden, so muß die untere Skala für jeden Mehrspindelautomaten entsprechend seiner Nebenzeit besonders beschriftet werden, indem jeder einzelne Zeitwert um den Betrag der Nebenzeit vergrößert eingetragen wird.

Die Dauer der Nebenzeit und die Möglichkeit ihrer Verkürzung spielt bei Werkstücken mit kurzer Hauptzeit eine wichtige Rolle, da hierdurch die Stückleistung nicht unerheblich verbessert werden kann. Eine Rechnung mit Schaubild (Abb. 51) soll diese Zusammenhänge verdeutlichen. Bedeutet

St die Stückleistungerhöhung in Prozent,

K die Nebenzeitverkürzung in Prozent,

T_L die Hauptzeit, ausgedrückt in Prozent der Nebenzeit,

so wird

$$St = \frac{100\,K}{100 + T_L \cdot K}.$$

Diesen Zusammenhang zeigt Abb. 51 mit verschiedenen Kurven von K. Es ergibt sich daraus, daß die Stückzahlerhöhung bei

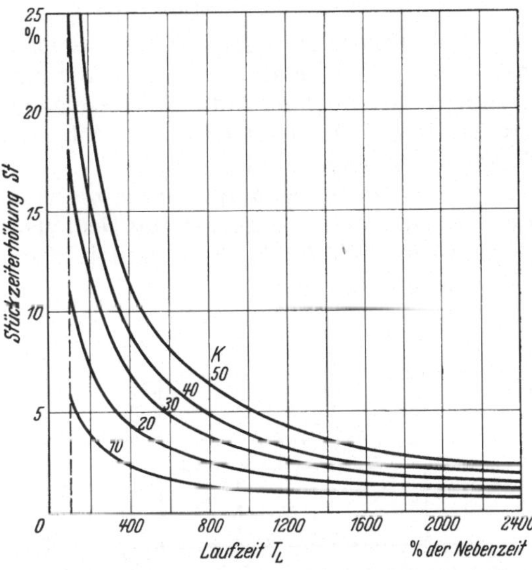

Abb. 51. Einfluß der Nebenzeitverkürzung auf die Stückzahlerhöhung. K = Nebenzeitverkürzung in Prozent.

Laufzeiten bis zu 200 % der Nebenzeiten, d. h. also bei sehr kurzen Laufzeiten nennenswert ist, während bei langen Laufzeiten selbst durch starke Nebenzeitverkürzung kaum ein Erfolg zu erzielen ist.

Die Verlustzeit[1] ergibt sich aus den notwendigen Stillständen einer Maschine, diese werden neben anderen Gründen bedingt durch

1. Nachfüllen der Materialstangen im Stangenhalter,
2. Abführen der Späne aus der Spänepfanne,
3. Nachschleifen der Werkzeuge und Neueinrichten,
4. Reinigen und Schmieren der ganzen Maschine.

Eine Verkürzung der Verlustzeit ist hauptsächlich durch verbesserte Gestaltung der Maschine anzustreben, etwa durch freien Späneraum für große Spanmengen, einfachsten Werkzeugwechsel, Möglichkeit zum Nachfüllen des Stangenhalters im Betrieb und ähnlichen Einrichtungen.

---

[1] Lit. Nr. 8.

3. Gestaltung der Mehrspindelautomaten.

31. Allgemeiner Aufbau. — Gestell.

Die wichtigsten Bauteile eines Mehrspindelautomaten sind

Spindelstock,
Antriebskasten,
Werkzeugträger,
Steuerung.

Alle diese Teile sind im Maschinengestell gelagert, das damit die Aufgabe hat, diese Teile so stabil wie möglich zu halten, damit die Maschine die verlangte Genauigkeit trotz der verschiedenartigsten Beanspruchungen erreicht und auch lange Zeit hindurch behält. Dabei sind zwei Arten von Beanspruchungen zu unterscheiden.

1. Beanspruchungen, die durch die Schnittkräfte hervorgerufen werden. Es sind dies Belastungen des Gestells auf Verbiegen, Schwingungen durch wechselnde Größe der Schnittkräfte und Kippmomente durch die Verschiebung der Schlitten.

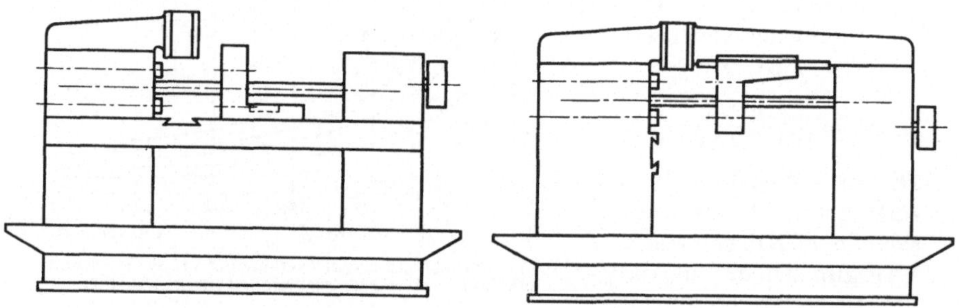

Abb. 52. Mehrspindel-Bettautomat mit waagerechter Hauptachse.	Abb. 53. Mehrspindel-Portalautomat mit waagerechter Hauptachse.

2. Beanspruchungen durch die schnellen Bewegungen der Nebenzeit, während welcher große Massen in kurzen Zeiträumen beschleunigt und verzögert werden, wobei das Gestell die Gegendrücke und Stöße aufnehmen muß.

Die Gestellbeanspruchung wird dadurch besonders ungünstig, daß die verschiedenen aufgezeichneten Beanspruchungen außerordentlich schnell aufeinanderfolgen.

Für die Gestaltung ist die Anordnung der Maschinenachse von großer Bedeutung. Bei der Mehrzahl aller Bauarten ist in engster Anlehnung an Drehbänke und Einspindelautomaten die waagerechte Lage gewählt (Abb. 7). Hierbei benötigt allerdings der Mehrspindelautomat, besonders als Stangenmaschine mit Stangenhalter, mehr Bodenfläche als eine senkrechte Maschine (Abb. 17), sie steht dafür aber auch wesentlich fester infolge der großen Grundplatte und bietet mehr Gewähr für ausreichende Dämpfung auftretender Schwingungen.

Außer der Lagerung der Bauteile ist bei dem Gestell die Führung der in großen Mengen anfallenden Drehspäne ein sehr wichtiges Moment.

Dies ergibt sich schon aus der Überlegung, daß bei Stangenautomaten vielfach bis zu 85% des Materials verspant wird und als lose geschichtete oder gar langrollende Späne abgeführt werden muß. Diese an den Spindeln anfallenden Späne gelangen mit der Kühlflüssigkeit in die Spänepfanne, und dürfen auf diesem Weg keine Hindernisse vorfinden, an denen sie hängen bleiben, da dies zu Verstopfungen führen würde. Dann müßte ein Arbeiter zu der Maschine gestellt werden, der den Abfluß der Späne zu überwachen und regeln hat. Man ist deshalb von der aus Amerika überlieferten Bauform mit einem Bett (Abb. 52) ab- und dazu übergegangen, den Raum zwischen Spindeln und Spänepfanne frei zu lassen, d. h. das zur Führung der Längsschlitten erforderliche Bett oberhalb der Spindeln anzuordnen (Abb. 53)[1]. Das Maschinengestell besteht dann aus der Wanne, welche die Auflagefläche auf dem Boden bildet und als Spänepfanne ausgebildet ist, aus dem linken Ständer mit dem Spindelstock, dem rechten Ständer mit dem Antriebskasten und einem beide Ständer oberhalb der Spindeln verbindenden Bett bzw. Balken, welcher das Gestell zu einem starren Rahmen gestaltet und die Führung des Längsschlittens übernehmen kann (Abb. 53). Es darf nicht verkannt werden, daß die Führungen der Querschlitten den freien Spänefall stets beeinträchtigen.

Neben diesem Rahmenaufbau ist die Bettausführung (Abb. 52) sehr häufig. Hierbei wird über den in der Wanne stehenden rechten und linken Ständern ein kräftiges Bett gelagert, welches die Führung und Lagerung der wichtigsten Teile

Abb. 54. Bullard-Sechsspindelhalbautomat mit senkrechter Hauptachse.

übernimmt. Es trägt links den Spindelstock, rechts den Antriebskasten, in der Mitte den Längsschlitten. Diese Bauart hat den Vorteil großer Starrheit, Unempfindlichkeit gegen Temperaturschwankungen, besonders auch gegen örtliche Erwärmung, gute Lagerung der Querschlitten und leichte Anbringungsmöglichkeit für Zusatzeinrichtungen. Sie ist deshalb überall da am Platz, wo mit geringerem Späneanfall zu rechnen ist und die Späne kurz brechen, wie beispielsweise bei Halbautomaten, auf denen vielfach gegossene Werkstücke mit geringen Bearbeitungszugaben und dadurch geringem Zerspanungsfaktor zur Verarbeitung kommen.

---

[1] Lit. Nr. 22 und DRP. 544604.

Bei senkrechter Anordnung der Maschinenhauptachse (Abb. 54 u. 55) wäre es das gegebene, die schwere Spindeltrommel mit den Spindeln unten anzuordnen, die Maschine also sozusagen auf den Spindelstock zu stellen. Dies wird bei ausgesprochenen Halbautomaten auch so gemacht. Die Werkzeugschlitten sind über den Spindeln angeordnet und wirken von oben nach unten (Abb. 54). Dabei liegt der leichtere Teil der Maschine, die Schlitten mit den Werkzeugen, oben, so daß der Schwerpunkt nicht zu hoch ist. Die Maschine hat eine gute Standfestigkeit.

Bei senkrechten Stangenautomaten[1] läßt sich diese Anordnung nicht beibehalten, da dann die langen Werkstoffstangen nicht unterzubringen sind. Notgedrungen wird deshalb der Spindelstock über die Werkzeuge gelegt, die von unten nach oben arbeiten (Abb. 55). Die Maschinen erhalten dadurch beträchtliche Bauhöhen und hohe Schwerpunktlage, die sich auf die Standfestigkeit und Starrheit ungünstig auswirkt. Hinzu kommt, daß die Verbindung von Antriebskasten und Schlittenführung mit dem Spindelstock aus Gründen der Zugänglichkeit nicht in Gußausführung zu machen

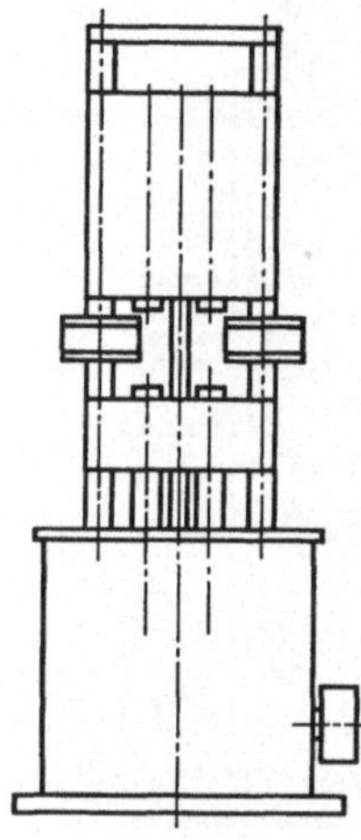

Abb. 55. Mehrspindel-Stangenautomat mit senkrechter Hauptachse.

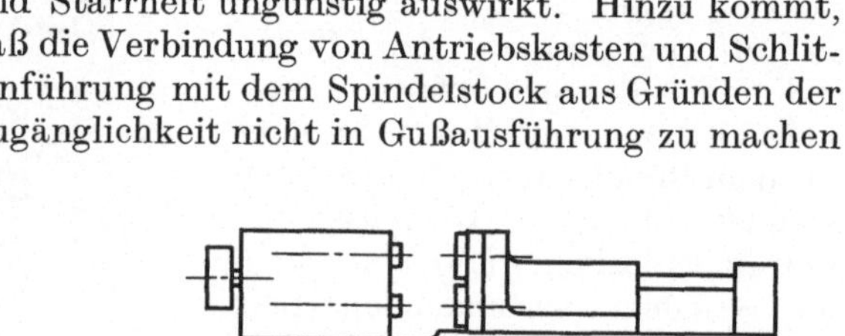

Abb. 56. Mehrspindel-Halbautomat mit feststehenden Werkstücken und waagerechter Hauptachse.

ist. Der schwere Spindelstock wird deshalb von runden Säulen getragen, ist also lange nicht so starr geführt, wie bei einer Maschine in liegender Bauweise.

Bei Mehrspindel-Halbautomaten mit feststehenden Werkstücken kann der Antrieb wegen des feststehenden Spindelstockes an der Spindelstockseite liegen (Abb. 56), während die andere lediglich die Führung des Revolverschlittens mit dem schaltenden Werkzeugträger sowie die Organe für dessen Bewegung und Schaltung trägt. Auch hierbei unterscheidet man Bett- und Portalmaschinen. Erstere haben aber besondere Bedeutung, da wegen der ausschließlichen Verwendung als Halbautomaten den anfallenden Spänen weniger Bedeutung zuzumessen ist. Andererseits verlangt der bei dieser Ausführung sehr schwere Längsschlitten mit der schaltbaren Trommel, den Werkstückspanneinrichtungen und Werkstücken eine außerordentlich kräftige Lagerung, die bei einem Bett besonders gut zu erreichen ist.

---

[1] Lit. Nr. 59, 62 d.

In der Wanne wird die Kühlflüssigkeit von den Spänen getrennt. Durch Einbau vieler Rippen mit Überläufen wird ein langer Flüssigkeitsweg vom Einlauf in die Wanne bis zum Pumpensaugraum erzwungen

Abb. 57. Kühlmittelpumpe auf dem Pumpenraum einer Wanne. Neben der Pumpe der Zentralschmierapparat.

(Abb. 58), damit aller Spänestaub mit Sicherheit ablagert, und die Flüssigkeit ausreichend gekühlt wird. Eine große Flüssigkeitsmenge begünstigt diesen Vorgang. Bei der Gestaltung der Wanne muß deshalb beachtet werden, daß eine ausreichende Flüssigkeitsmenge beim Stillstand der Maschine Platz hat, der Flüssigkeitsweg im Betrieb aber nirgends durch zu hohe Überläufe beim Absinken des Flüssigkeitsspiegels unterbrochen wird, da hierdurch ungleichmäßige Flüssigkeitsförderung und mangelhafte Kühlung bedingt ist. Über dem Pumpensaugraum ist eine Pumpenplatte mit der Flüssigkeitspumpe (Abb. 57) angeordnet. Mit dem Pumpenantrieb ist gleichzeitig ein Zentralschmierapparat gekuppelt, der alle Schmierstellen mit Drucköl versorgt.

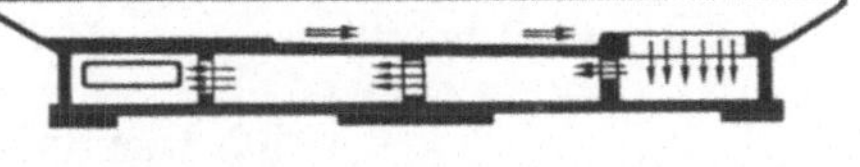

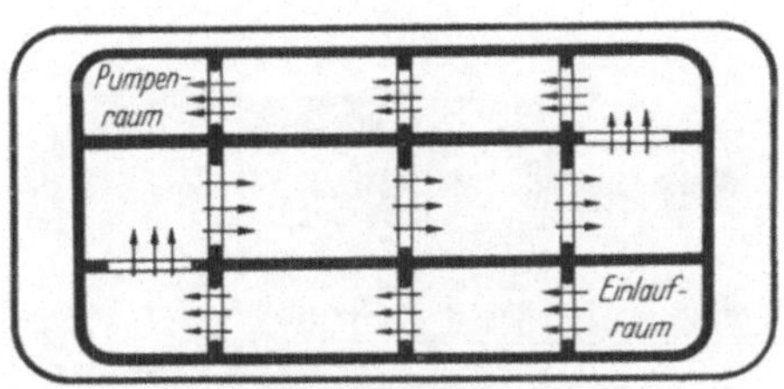

Abb. 58. Umlauf der Kühlflüssigkeit in der Wanne eines Mehrspindelautomaten.

Mehrspindelautomaten mit senkrechter Hauptachse haben entsprechend der kleineren Bodenfläche auch kleinere Spänepfannen, so daß der Spänetransport häufiger erfolgen muß, und die Kühlflüssigkeitsmenge sowie deren Rückkühlweg ungünstiger wird. Die Bereitstellung der bei Hochleistungsmaschinen erforderlichen großen Kühlflüssigkeitsmengen kann deshalb bei diesen Maschinen Schwierigkeiten bereiten, sofern nicht besondere Zusatzbehälter geschaffen werden, die neben der Maschine stehen oder unter ihr im Boden eingelassen sind. Um die Aufnahmefähigkeit des Spänesammelraumes zu erhöhen, kann bei großen Mehrspindelautomaten ein Spänebrecherwerk (Abb. 59) eingebaut werden, welches die anfallenden Späne stark zerkleinert in einen zweiten Raum fördert, wo sie einen wesentlich kleineren Platz einnehmen, da sie enger zusammen liegen. Das Brecherwerkzeug besteht aus einer Zahnwalze, welche die anfallenden Späne greift und mit Gewalt durch einen engen Spalt drückt, wobei die langen Späne zerkleinert werden. Eine Entleerung des Spänesammelraumes kann dann viel seltener stattfinden.

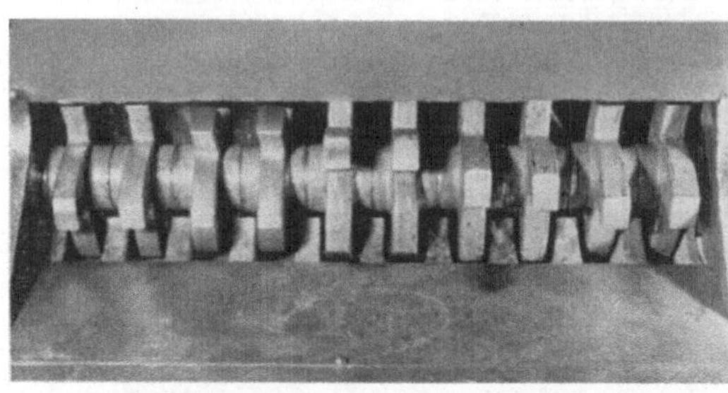

Abb. 59. Spänebrecher in der Wanne zur Zerkleinerung langer Späne, DRP.

Die im Maschinengestell gelagerte Steuerung wird in den Ständern unter dem Spindelstock und unter dem Antriebskasten angeordnet, da hier die Steuerbewegungen gebraucht werden. Es ist dabei gut für die Erhaltung der Maschine, wenn keine Steuerungsteile im Bereich der Späne offen liegen und außergewöhnlich großem Verschleiß ausgesetzt sind. Es ist aber auf gute Zugänglichkeit der Steuerungsteile großer Wert zu legen. Denn ein gut verwendbarer Mehrspindelautomat muß sich in kurzer Zeit von einem auf ein anderes Werkstück umstellen lassen, wobei Änderungen an der Steuerung erforderlich sind.

32. Der Spindelstock.

Spindeltrommel und Trommelgehäuse. Bei den Mehrspindelautomaten mit umlaufenden Werkstücken führen die Werkstückspindeln die Schaltbewegung aus. Sie lagern in einer walzenförmigen Spindeltrommel (Abb. 60), welche in einem Spindeltrommelgehäuse geführt ist. Die Genauigkeit der Werkstücke hängt ab

1. von der genauen Stellung der Spindeltrommel hinsichtlich ihrer Drehung, d. h. der genauen Einhaltung des

Abb. 60. Spindeltrommel eines Vierspindelautomaten mit Werkstückspindeln.

Schaltweges und der sorgfältigen Verriegelung (Abb. 61a);

2. von der genauen Lage der Spindeltrommel im Spindelstock, d. h.

der Fluchtung beider Achsen, die durch geringes Spiel zwischen Spindeltrommel und Trommelträger erreicht wird, da dann die Spindeltrommel nicht kippen kann (Abb. 61 b);

3. von der Lage der Spindeltrommelachse, die bei Verschleiß an der Unterseite ihrer Auflage parallel zu ihrer richtigen Lage tiefer zu liegen kommt (Abb. 61 c).

Um bei der Schaltbewegung der Spindeltrommel die Reibungsarbeit und damit Wärmeentwicklung und Verschleiß klein zu halten, ist zwischen Spindeltrommel und Trommelträger eine Lagerluft erforderlich, die wegen der aussetzend drehenden Bewegung mit dem steten Wechsel zwischen Reibung der Ruhe und der Bewegung mit leichtem Laufsitz nach DIN 20 auszuführen günstig ist. Hierbei ergeben sich die Werte der Tab. 9. Das mittlere Spiel wird sich nur schwer

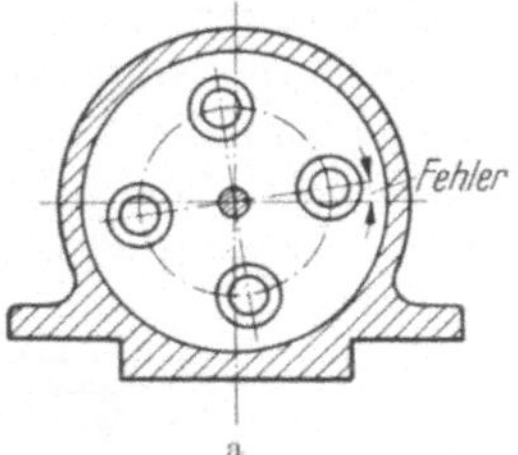
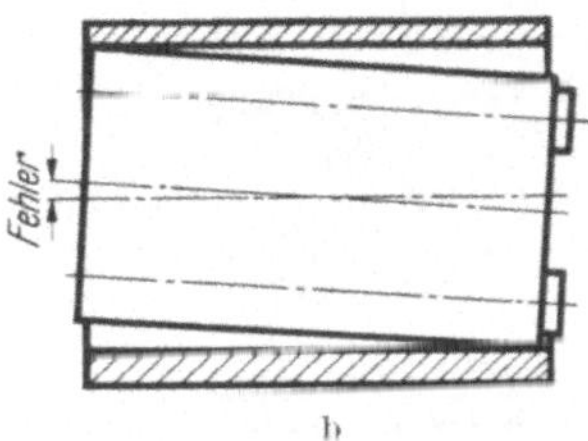
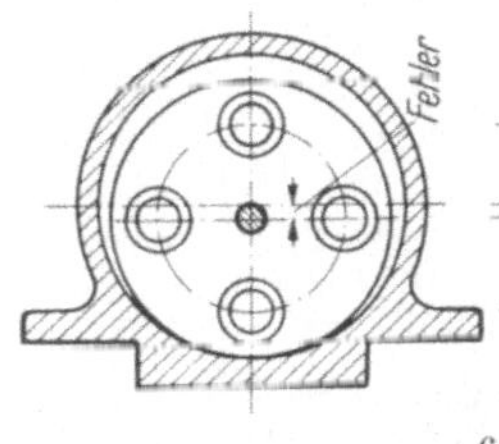
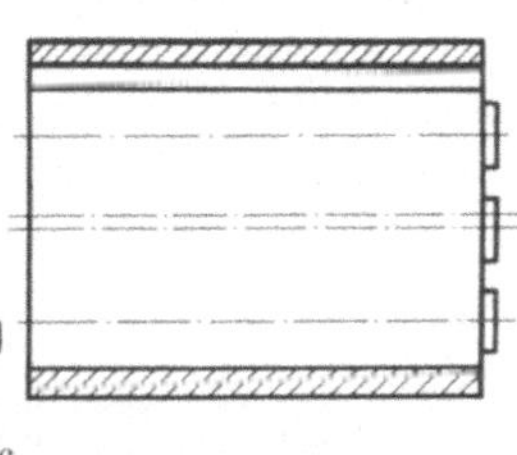

Abb. 61. Ungenauigkeiten in der Lage der Spindeltrommel in dem Trommelgehäuse.
a) Spindeltrommelschaltung ist nicht um den richtigen Winkel erfolgt.
b) Spindeltrommel stellt sich schief infolge zu weitem Spiel zwischen Trommel und Trommelgehäuse.
c) Spindeltrommel liegt zu tief infolge Verschleiß des Trommelgehäuses.

unterschreiten lassen, eine Unterschreitung wäre auch nicht günstig. Diese Lagerluft hat zur Folge, daß sich die Spindeltrommel unter dem Einfluß der Schnittkräfte, der Riegelkräfte und anderer Einwirkungen in dem Spindelstock bis zu den in Tab. 9 angegebenen Werten schief stellt. Dies ist unzulässig für eine Hochleistungsmaschine, bei welcher (Abb. 24) nur 0,02 mm/300 mm als Fehler zugelassen sind, so daß eine Abhilfe er-

Tab. 9. Zusammenhang zwischen Spindeltrommeldurchmesser, Lagerluft und Schiefstellung der Spindeltrommel bei verschiedenen Baugrößen.

Spindeltrommel		Durchmesserbereich (DIN)	Abmaße nach DIN 20			Lagerluft Annahme	Schiefstellung der Trommelachse in
Durchmesser	Länge		Bohrung B	Trommel LL	Mittleres Spiel		
mm	mm	mm	μ	μ	μ	mm	mm/300 mm
300	450	260—360	+ 0 +50	—100 —170	160	0,15	0,11
400	600	360—500	+ 0 +60	—120 —200	190	0,17	0,095
500	750	360—500	+ 0 +60	—120 —200	190	0,19	0,08

forderlich ist. Diese kann geschaffen werden durch eine Klemmvorrichtung, welche die Lagerluft für die Dauer der Bearbeitung unwirksam macht, indem sie die Spindeltrommel stets gegen die gleiche Seite des Trommelträgers drückt. Bei einer solchen Einrichtung kann dann die Lagerluft auch unbedenklich über das genannte Maß hinaus gesteigert werden. Für die Klemmung wird der Spindelstock geschlitzt und nach Beendigung der Trommelschaltung durch eine Gewindespindel zusammengezogen, so daß er sich fest um die Spindeltrommel legt. Bei einer anderen Ausführung (Abb. 62) ist über der Spindeltrommel eine Druckpuppe angeordnet, die ebenfalls nach der Schaltung durch eine Gewindespindel betätigt, die Trommel gegen die untere Lagerseite drückt. In diesem Fall bleibt also das volle Lagerspiel an der oberen Seite bestehen, ist aber unwirksam gemacht.

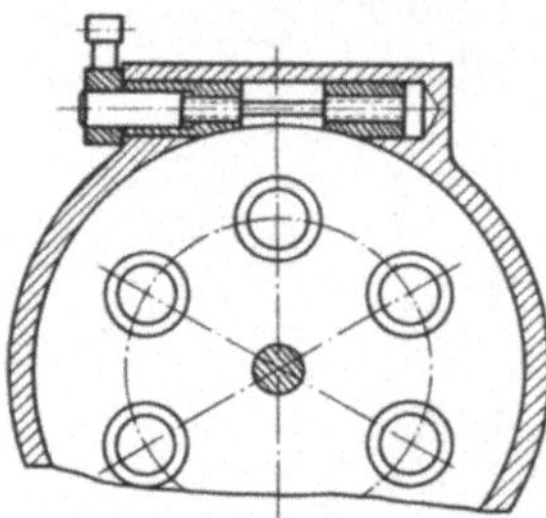

Abb. 62. Festklemmen der Spindeltrommel im Gehäuse nach der Schaltung mit Hilfe von Druckpuppe und Gewindespindel.

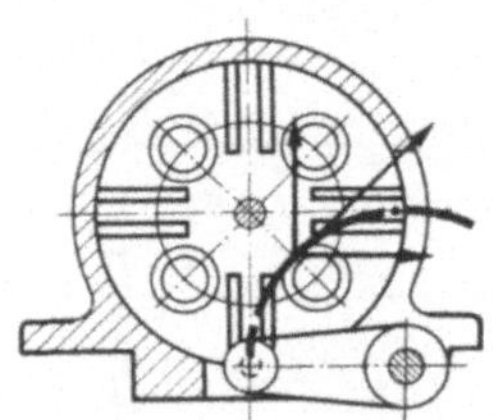

Abb. 63. Anordnung der Spindeltrommelschaltung zur Entlastung der unteren Gehäuseauflage. Der Schaltdruck hebt die Spindeltrommel an.

Um den Verschleiß der Lagerfläche an der Unterseite des Trommelträgers, die für die genaue Trommelstellung wichtig ist, klein zu halten, muß die Schaltung so erfolgen, daß die auf die Spindeltrommel wirkende Schaltkraft diese von der unteren Lagerseite weg anhebt (Abb. 63), so daß unten Raum für einen Ölfilm geschaffen ist und nur ganz geringe Reibung entsteht. Die Abnutzung an den oberen Stellen des Spindelstockes bleibt unwirksam, da ja die Auflage im Betrieb stets unten ist. Wichtig ist die sorgfältige Behandlung der Oberflächen von Spindelstockbohrung und Spindeltrommel, da nur bei Feinstflächen mit geringer Abnutzung zu rechnen ist[1]. Man wird deshalb die Spindeltrommel überschleifen, den Spindelstock ausschleifen oder feinstdrehen, um zylindrische Werkstücke mit guter Oberfläche zu erhalten. Um eine Verlagerung unter dem Einfluß der Schnittkräfte, ein Schwingen oder Drehen zu vermeiden, muß der Spindelstock in seiner Wandung kräftig sein und dem Trommelriegel ausreichenden Halt gewähren.

Spindeltrommel. Ebenso muß die Spindeltrommel kräftig sein. Sie besteht aus zwei Scheiben, je einer für die vordere und hintere Lagerung der Werkstückspindeln. Beide Scheiben sind durch eine hohlgebohrte Nabe und nach Möglichkeit durch Stege am Umfang miteinander verbunden, so daß sich die beiden Scheiben nicht gegeneinander verdrehen

---

[1] Lit. Nr. 40.

können (Abb. 60), wenn die große Belastung durch die Trommelschaltung, die nur in einer Ebene der Spindeltrommel angreift, Anlaß zu Verwindungen gibt. Denn dadurch würde die vordere und hintere Lagerstelle der einzelnen Drehspindeln nicht mehr fluchten und damit die Laufeigenschaft der Spindeln verschlechtert, wenn nicht gar Störungen hervorgerufen. Die starre Verbindung der beiden Scheiben der Spindeltrommel ist deshalb besonders wichtig. Allerdings läßt sie sich nicht immer durchführen. Wenn beispielsweise die Trommelschaltung durch ein in die Spindeltrommel unmittelbar eingreifendes Malteserkreuz vorgenommen wird (Abb. 171), braucht dieses soviel Platz zwischen den beiden Lagerscheiben der Spindeltrommel, daß für die Stege kein Raum mehr bleibt. Dann muß der Schaltangriff an der gleichen Scheibe wie die Verriegelung erfolgen, damit wenigstens nach der Schaltung die Spindeltrommel frei von Verwindungsbeanspruchungen ist. Zweckmäßig wird man für Schaltung und Verriegelung die vordere Lagerscheibe benutzen, um die Belastungen in nächster Nähe des vorderen Spindellagers und damit des Werkstückes wirken zu lassen.

Lagerung und Antrieb der Drehspindeln. Die Werkstückspindeln

vordere Seite				hintere Seite			
Bild	Schaltstellg.	Ort	Abmaß in μ	Bild	Schaltstellg.	Ort	Abmaß in μ
	I	1a			I	1a	
		4b				4b	
		2b				2b	
		3a				3a	
	II	2a			II	2a	
		1b				1b	
		3b				3b	
		4a				4a	
	III	3a			III	3a	
		2b				2b	
		4b				4b	
		1a				1a	
	IV	4a			IV	4a	
		3b				3b	
		1b				1b	
		2a				2a	

Abb. 64. Meßblatt für das Messen der Teilung der Spindeltrommel und Teilfehlerbestimmung.

müssen in der Spindeltrommel genau parallel zueinander und zu der Trommelachse stehen, auf einem Teilkreis liegen und untereinander gleichen Abstand haben. Nur so kann erreicht werden, daß die Werkzeuge trotz der Trommelschaltung an jeder Spindel Werkstücke gleicher Abmessungen herstellen. Die verlangte Genauigkeit (Abb. 24) bedingt große Sorgfalt in der Herstellung der Spindeltrommel und deren Lagerbohrungen. Die dabei fast unvermeidlichen geringen Fehler, die sich bei der Feineinstellung der Maschine zeigen, müssen dann durch Nacharbeiten an den Lagern ausgeglichen werden. Bei Gleitlagern ist dies durch einseitiges Schaben erreichbar. Bei Wälzlagern ist eine derartige nachträgliche Korrektur nicht möglich. Hier greift man zu dem Mittel die Wälzlager in der Spindeltrommel in Büchsen einzusetzen, die exzentrisch ausgeführt werden und durch Drehung die richtige Spindellage einzustellen ermöglichen. Diese Hilfsmittel erübrigen sich aber, wenn die Herstellungsgenauigkeit innerhalb der zulässigen Fehlergrenze bleibt. Die Prüfung der Teilung zeigt Abb. 64.

Wegen der hohen Genauigkeitsanforderungen an die Spindellagerung[1] kommt es darauf an, daß die Spindeln ständig gleichmäßigen Lauf zeigen, und zwar bei allen vorkommenden Drehzahlen, daß nur geringe Erwärmung eintritt und daß die Montage und evtl. Auswechselung einzelner Teile einfach ist. Die einwandfreie Schmierung der Spindellager bereitet bei Mehrspindelautomaten mit schaltenden Spindeltrommel ganz besondere Schwierigkeiten. Der Idealfall wäre die Unterbringung einer Druckpumpe in der Spindeltrommel selbst, er ist aber aus konstruktiven Gründen nicht durchführbar. Es muß also das Schmieröl von dem Spindeltrommelgehäuse auf die Spindeltrommel übergeführt werden. Dabei geht an dem unvermeidlichen Lagerspalt (Abb. 61 c) jeder Überdruck verloren und das Schmiermittel tritt als reines Tropföl in die Spindeltrommel und fließt den Lagerstellen nur durch Gefälle zu. Eine ausreichende Lagerschmierung, wie sie bei Gleitlagern nötig ist, kann deshalb mit Sicherheit nur an den jeweils oben liegenden Lagern angenommen werden. Diese Schwierigkeit spricht sehr für die Anwendung von Wälzlagern, die im Schmiermittelbedarf wesentlich anspruchsloser sind als Gleitlager. Es ist nur zu prüfen, ob die mit Wälzlagern erreichbare Lagerung den Forderungen des Automatenbetriebes entspricht.

Die Beurteilung muß nach der Rundlaufgenauigkeit und nach dem Arbeitsbild erfolgen. Die Rundlaufgenauigkeit ist nicht allein von der Genauigkeit des Wälzlagers, sondern auch von dessen Einbau abhängig. Vor allem soll die Gehäusebohrung, in der der Außenring des Lagers befestigt ist, nicht nur völlig rund, sondern auch zylindrisch sein. Auch ist der Passung der Lagerstelle besondere Bedeutung beizumessen. Bei Verwendung geeigneter Lager und bei einwandfreier Bearbeitung der Spindel und der Spindeltrommel kann man mit einem Rundlauf von 2—4 μ gemessen am fliegend gespannten, bearbeiteten Dorn rechnen.

Für das Arbeitsbild ist in erster Linie die Biegefestigkeit der Spindel selbst maßgebend. Die Impulse, die sowohl durch den Antrieb als auch durch den Schnitt auf die Spindel kommen, werden eine elastische Federung auswirken, die nicht über einem bestimmten Wert liegen darf. Erfahrungsgemäß beeinträchtigen bereits Relativbewegungen von mehr als 0,2 μ zwischen Arbeitsstück und Drehstahl das Drehbild. In zweiter Linie ist die Kinematik des Wälzlagers von Einfluß auf das Drehbild. Es müssen deshalb solche Lager verwendet werden, bei denen die Abwälzbewegung die Spindelmitte unverändert erhält, wobei die Lagerung im ganzen Drehzahlenbereich spielfrei sein muß.

Als Meßverfahren für die Rundlaufgenauigkeit kommt das von TÖRNEBOHN[2] aufgestellte Verfahren zur Prüfung der Laufgenauigkeit von Arbeitsspindeln unter Belastung in Frage. Die einzelnen Meßpunkte trägt man zweckmäßig in einem Polardiagramm auf. Für das Drehbild

<hr>

1 Lit. Nr. 38, 44, 56.
2 Werkstattstechnik, XXX. Jg. Heft 3.

braucht man eine Messung der Parallelität der Drehriefen als Urteil über die Standfestigkeit der Spindel in Längsrichtung und eine Messung über die Gleichmäßigkeit der Spanabnahme als Urteil über die Querfestigkeit der Spindel. Das erste Urteil gewinnt man aus einer Mikroaufnahme der Oberfläche mit etwa 40facher Vergrößerung, das zweite mit einem Lichtschnitt nach Professor SCHMALTZ.

Von den zur Verfügung stehenden Wälzlagern scheiden die Kugellager überall da aus, wo Belastungen auftreten, die bei der verhältnismäßig großen Federung der Lager bereits einen im Drehbild merkbaren Federweg auslösen, d. h. also bei allen Spindellagerungen von Mehrspindelautomaten, die fertige Arbeit liefern sollen. Zylinderrollenlager haben sich bestens bewährt. Auf Grund ihrer Herstellung sind sie die genauesten Lager. Es besteht zudem die Möglichkeit, die Laufbahn des Innenrings

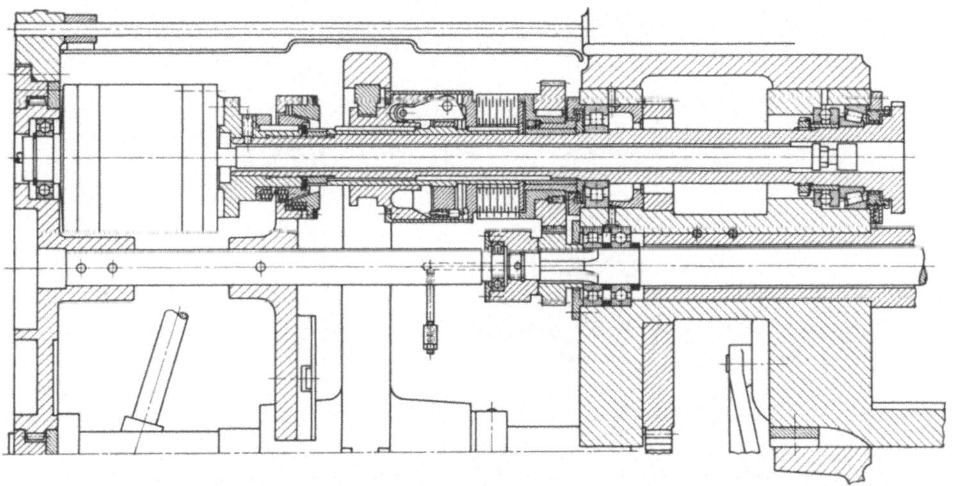

Abb. 65. Werkstückspindel eines Halbautomaten mit Rollen- und Kegelrollenlagern. Antrieb der Werkstückspindeln über ein Stirnrad und eine Lamellenkupplung von einer zentralen Welle aus.

auf der Spindel fertig zu schleifen, wodurch man eine Rundlaufgenauigkeit erhält, die einem Gleitlager keineswegs nachsteht. Auch kann man den Innenring mit kegeligem Sitz auf der Spindel befestigen und durch Aufdornen die Radialluft des Lagers beseitigen. Durch Anordnung mehrerer Zylinderrollenlager hintereinander (vier Stück als vordere und zwei als hintere Lagerung) erreicht man eine gute Spindellagerung, bei welcher der zusätzliche Einbau eines Drucklagers unnötig wird.

Kegelrollenlager haben gewisse Nachteile, die vor allem in der Schwierigkeit liegen, die Lager mit der verlangten Genauigkeit herzustellen. Ferner ist die Erwärmung der Lager etwas größer als bei Zylinderrollenlagern. Die Verwendung von Kegelrollenlagern ohne Längslager ist nicht möglich, da durch die starke Keilwirkung der Rollen Federungen auftreten würden, die eine Beeinträchtigung des Drehbildes zur Folge hätten.

Bei Kegelrollenlagern können diese Schwierigkeiten aber durch geeigneten Einbau der Lager behoben werden (Abb. 65). Man wählt für jede Belastungsstelle und Richtung ein besonderes Lager. Das Kegelrollenlager dient zur Aufnahme der Querbelastung, ein unmittelbar dahinter angeordnetes Längslager für die Längsbelastung. Das Kegelrollenlager kann dabei den Kupplungsdruck des Spindelantriebsrades am hinteren Spindelende aufnehmen, der entgegengesetzt dem Schnittdruck wirkt, während das Längslager die stärksten Bohrerdrücke aufnimmt. Die gleiche Lageranordnung wäre auch mit einem Zylinderrollenlager an Stelle des Kegelrollenlagers möglich.

Dagegen ist die Abdichtung der Spindel bei Verwendung des Kegelrollenlagers besonders einfach. Das Öl, zwischen dem Kegelrollenlager und der vorderen Deckmutter eingeführt, wird infolge der saugenden Wirkung des Kegelrollenlagers selbsttätig durch dieses hindurch und in das Längslager geführt. Ein Ölaustritt nach vorne ist somit schon durch

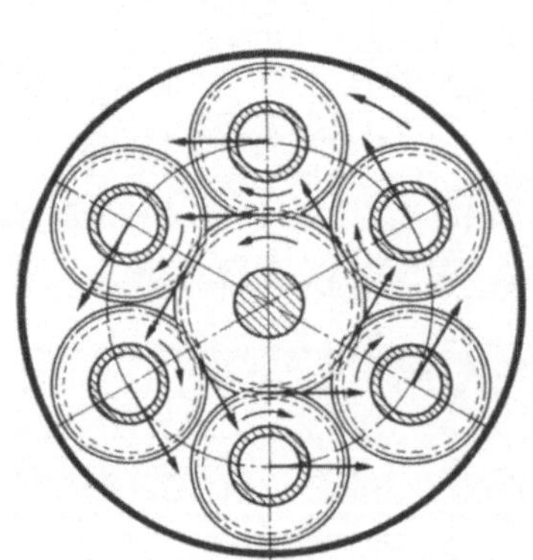

Abb. 66. Antrieb eines Sechsspindelautomaten durch eine zentrale Welle. Dreh- und Kraftrichtungen.

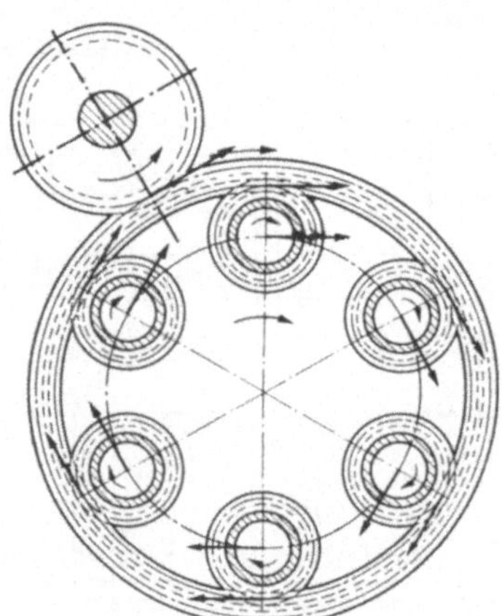

Abb. 67. Antrieb eines Sechsspindelautomaten durch einen innen und außen verzahnten Zahnkranz. Dreh- und Kraftrichtungen.

die Wälzlageranordnung vermieden, so daß platzraubende Abdichtungen nicht notwendig sind. Dagegen muß das hintere Spindelende gegen Ölaustritt geschützt werden, wozu eine Labyrinthdichtung dient. Überhaupt sollten bei schnellaufenden Automatenspindeln stets reibungsfreie Dichtungen verwendet werden, da die Betriebserfahrungen mit Labyrinthdichtungen äußerst günstig sind.

Betriebserfahrungen an Mehrspindelautomaten mit Wälzlagerung der Drehspindeln haben deren Eignung im jahrelangen störungsfreien Betrieb ohne Wartung bewiesen. Die Spindelgenauigkeit ließ dabei in keiner Weise nach.

Die Drehbewegung der Spindeln wird bei Mehrspindelautomaten mit umlaufenden Werkstücken von einer Welle über Stirnräder übertragen, wobei zur Erzielung eines ruhigen Spindellaufes und zahnmarkenfreien Drehbildes schrägverzahnte Räder wegen der günstigeren Eingriffverhältnisse vorzuziehen sind, obwohl hierdurch eine zusätzliche axiale Beanspruchung der Spindeln verursacht wird. Der Antrieb auf die einzelnen Spindeln kann auf zwei verschiedene Arten erfolgen[1].

1. Antrieb durch eine zentrale Welle zwischen den Spindeln, die ein Zahnrad trägt, welches unmittelbar in die Spindelantriebsräder greift (Abb. 66). Dies ist die häufigste Art des Spindelantriebs.

2. Eine Welle treibt einen auf der Spindeltrommel gelagerten innen- und außenverzahnten Zahnkranz, dessen innere Verzahnung die Spindelantriebsräder antreibt (Abbildung 67). Diese Anordnung findet man beispielsweise bei dem Davenport-Fünfspindelautomat.

Zur Vermeidung von Drehbeanspruchungen ist ein Drehantrieb in möglichster Nähe des vorderen Spindellagers anzustreben, also zwischen den beiden Scheiben der Spindeltrommel, sofern deren Gestaltung dies zuläßt (Abb. 68). Wird ein Mehrspindelautomat auch als Halbautomat entwickelt, so muß die Drehspindel von dem Antrieb abgeschaltet werden können. Zu diesem Zweck ist das Antriebsrad mit der Drehspindel über eine Kupplung (Abb. 65) verbunden. Diese Anordnung beansprucht aber soviel Raum, daß die Unterbringung innerhalb der Spindeltrommel nicht möglich ist, sondern außen erfolgen muß.

In vielen Bearbeitungsfällen kann es von Nutzen sein, wenn die Werkstückspindeln mit verschiedenen Drehzahlen umlaufen können, die wahlweise zur Verfügung stehen. Bekannt ist die (Abb. 69) Anordnung des Baird-Sechsspindelautomaten, bei welchem über Schieberäder drei verschiedene Spindelgeschwindigkeiten eingeschaltet werden können. Vorteilhafter ist noch eine Anordnung mit zwei Stufen, die wahlweise über eine doppelseitig wirkende Lamellenkupplung geschaltet wird, so daß die Umschaltung im Betrieb bei einem bestimmten Arbeitsgang möglich ist. Hierdurch ließe sich die Drehzahl

Abb. 68. Spindeltrommel eines Fünfspindelautomaten mit innenliegenden Antriebsrädern für die Werkstückspindeln.

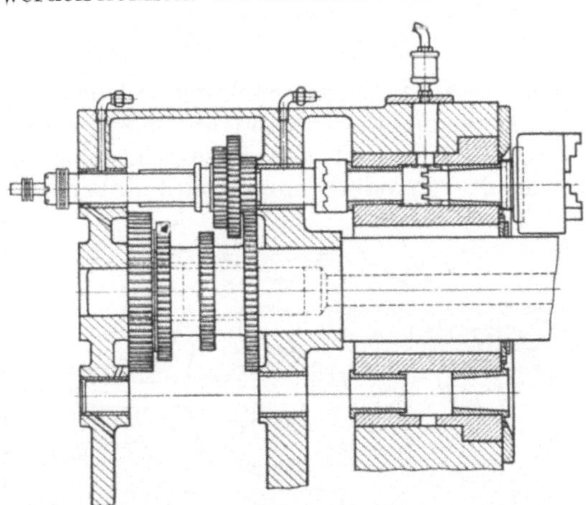

Abb. 69. Antrieb der Werkstückspindeln mit drei Geschwindigkeitsstufen beim Baird-Sechsspindelautomat.

---

[1] Lit. Nr. 14.

den veränderten Drehdurchmessern anpassen und günstigere Stückzeiten erzielen.

Trommelriegel. Die genaue Stellung der Spindeltrommel nach Beendigung der Trommelschaltung wird durch eine Verriegelung erreicht, bei der zwei grundsätzlich verschiedene Ausführungsformen, die offene und die geschlossene zu unterscheiden sind.

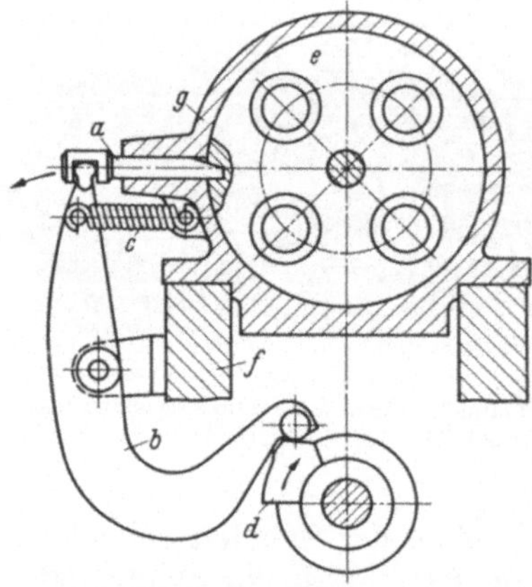

Abb. 70. Offene Verriegelung der Spindeltrommel eines Vierspindelautomaten.

a = Trommelriegel, b = Riegelhebel, c = Zugfeder, d = Kurve zum Entriegeln, e = Spindeltrommel, f = Maschinengestell, g = Spindelstock.

1. Die offene Verriegelung wird durch einen als Rund- oder Flachkeil ausgebildeten Riegel bewirkt, dessen Keilfläche die Spindeltrommel in die genaue Stellung drückt. Diese ist dadurch gegeben, daß ein in der Trommel liegendes gehärtetes Anschlagstück gegen den zylindrischen bzw. flachen Teil des Trommelriegels schlägt (Abb. 70). Diese Form der Verriegelung setzt voraus, daß die Spindeltrommel außerordentlich dicht in dem Trommelgehäuse führt, da sonst durch den einen Riegel keine ausreichende Sicherung der Spindeltrommel gewährleistet ist.

2. Bei der geschlossenen Verriegelung wird die Spindeltrommel ebenfalls durch einen als Keil ausgebildeten Riegel in ihre genaue Stellung gedrückt. Als Anschlag ist jedoch dem Riegel gegenüber ein besonderer Bolzen vorgesehen, der unter Federdruck steht und gegen ein gehärtetes Anschlagstück schlägt (Abb. 71). Die verriegelte Spindeltrommel wird dabei an zwei einander gegenüberliegenden Stellen gehalten und stets in gleicher Richtung, abwärts, gegen das Trommelgehäuse gedrückt.

Der Trommelriegel wird bei beiden Arten der Verriegelung durch ein Getriebe vor Beginn der Schaltung aus der Spindeltrommel herausgezogen, während bei der geschlossenen Ausführung der Anschlagbolzen durch eine entsprechende Formgebung

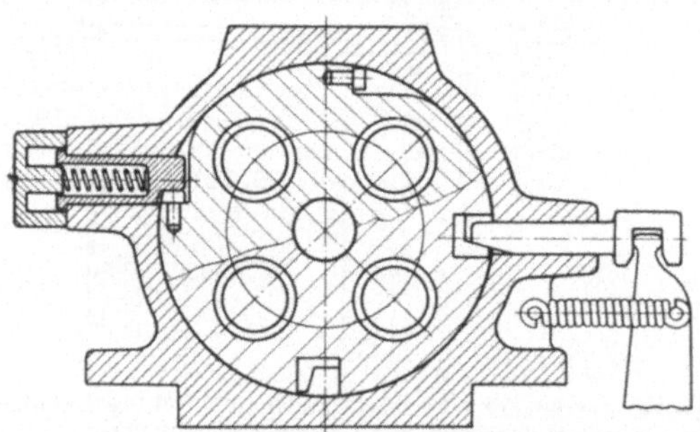

Abb. 71. Geschlossene Verriegelung der Spindeltrommel eines Vierspindelautomaten.

Links Anschlag, rechts Riegelbolzen.

seiner Bahn an der Spindeltrommel gegen seinen Federdruck aus dieser herausgedrückt wird, um in den nächsten Einschnitt wieder einzuspringen. Die günstigsten Lagen des Riegel- und des Anschlagbolzens bei verschiedenen Spindelzahlen zeigt Abb. 72.

Die Spindeltrommel führt unter der Wirkung des Riegels eine Restdrehung aus, um deren Betrag der Schaltweg größer (Überhub) oder kleiner (Unterhub) als die Trommelteilung sein muß, je nachdem die Restdrehung der Schaltrichtung entgegengesetzt oder gleichgerichtet ist. Ob mit Über- oder Unterhub geschaltet wird, richtet sich nach der Schaltrichtung der Spindeltrommel und der Drehrichtung des Spindelantriebs.

Denn dieser übt infolge der Reibung der Spindeln in ihren Lagern auf die Spindeltrommel ein Drehmoment in seiner Drehrichtung aus[1] (Abb. 66 und 67), das zur Unterstützung der Riegelwirkung mit herangezogen wird. Darum muß bei entgegengesetzter Drehrichtung von Spindeltrommelantrieb und Schaltrichtung mit Überhub, bei gleichsinniger Drehrichtung mit Unterhub (Abb. 73) geschaltet werden.

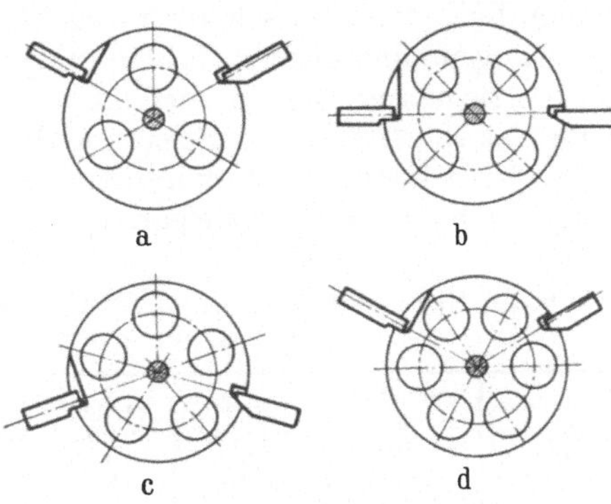

Abb. 72. Anordnung von Riegel und Anschlag bei geschlossener Verriegelung bei a) Dreispindelautomat; b) Vierspindelautomat; c) Fünfspindelautomat; d) Sechsspindelautomat.

Bei geschlossener Verriegelung wird die Spindeltrommel (Abb. 72) nach unten gedrückt, damit ihr Gewicht, Riegelkraft und Anschlagwirkung gleichgerichtet gegen die untere Unterstützungsfläche sind. Hierdurch wird ein stabiles Gleichgewicht der Trommel während der Arbeitsperiode erreicht. Um den Riegeldruck nach unten zu erreichen, ist der Riegel bei Schaltung mit Unterhub auf der abwärts drehenden Seite der Spindeltrommel anzu-

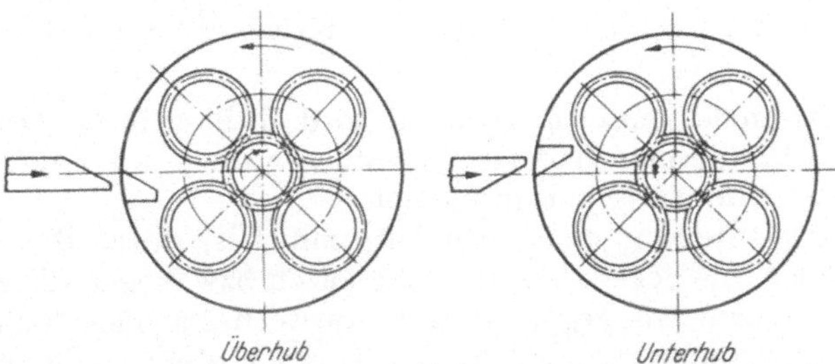

Abb. 73. Zusammenhang zwischen den Drehrichtungen des Spindelantriebs, der Spindeltrommelschaltung und Über- bzw. Unterhub.

ordnen, bei Überhub dagegen an der aufwärtsdrehenden Seite. Geht man auf den Spindelantrieb zurück und bezeichnet als Vorderseite, wenn der Spindelstock wie bei der Drehbank links liegt, so ist bei linker Drehrichtung des Spindelantriebs der Riegelbolzen an der Rückseite, bei rechter Drehrichtung dagegen an der Vorderseite des Spindelstockes anzuordnen. Die acht möglichen Fälle zeigt Tab. 10.

Bei geschlossener Verriegelung der Spindeltrommel ist Schaltung mit

---

[1] Lit. Nr. 14.

Überhub erforderlich, damit der Riegelbolzen in den nächsten Spindeltrommeleinschnitt und gegen seinen Anschlag gelangt (Abb. 71). Bei offener Verriegelung sind beide Schaltarten zulässig, es kann aber auch der genaue Winkel eingehalten werden, so daß der Riegel keine Restdrehung mehr bewirkt, sondern nur die Verriegelung übernimmt. In diesem Fall springt er schon im Augenblick der Beendigung der Trommelschaltung ein und unterstützt ein ruhiges Schaltungsende. Bei geschlossener Verriegelung dagegen erfolgt das Einspringen des Riegels erst am Ende der Nebenzeit, wenn deren andere Bewegungen schon alle beendet sind. Sonst könnte es vorkommen, daß eine an der Spindeltrommel wirkende Bewegung etwa der Spannmuffe durch den Druck des Spannsteines

Tab. 10. Spindeltrommelschaltung und Trommelverriegelung mit
Über- bzw. Unterhub.

Art des Antriebs der Werkstückspindeln	Drehrichtung der Werkstückspindeln	Drehrichtung des Spindelantriebs	Spindeltrommel Schaltrichtung	Verriegelung mit Über- oder Unterhub	Lage des Trommelriegels am Spindelstock	Anwendungsmöglichkeit
innen	links	rechts	rechts	Unterhub	vorne	Bei geschlossener Verriegelung nicht anwendbar
innen	rechts	links	links	Unterhub	hinten	
außen	links	links	links	Unterhub	hinten	
außen	rechts	rechts	rechts	Unterhub	vorne	
innen	links	rechts	links	Überhub	vorne	Allgemein anwendbar
innen	rechts	links	rechts	Überhub	hinten	
außen	links	links	rechts	Überhub	hinten	
außen	rechts	rechts	links	Überhub	vorne	

die Spindeltrommel einseitig belastet, so daß diese ihrer Restdrehung durch den Riegel einen Widerstand entgegensetzt, unter dem die Genauigkeit der Trommelschaltung leidet.

Die genaue Stellung einer Spindeltrommel ist durch die Anschlagstücke gegeben, die gegen den Anschlagbolzen bzw. gegen die Anschlagseite des Riegelbolzens liegen. Durch Auswechseln oder Nacharbeiten dieser Anschlagstücke kann jede Spindeltrommel stets genau auf Teilung eingestellt werden, nachdem die Teilungsfehler (Abb. 64) festgestellt sind.

Spindeltrommelschaltung. Der Schaltweg der Spindeltrommel beträgt bei

max ψ_s gesamter Schaltweg der Spindeltrommel,

D Spindeltrommeldurchmesser (mm),

z Zahl der Werkstückspindeln,

u Überhub (Vorzeichen $+$) oder Unterhub (Vorzeichen $-$) in mm am Trommelumfang,

$$\max \psi_s = \frac{2\pi}{z} \pm \frac{2u}{D} \quad \text{(Bogenmaß)}.$$

Dieser Winkel muß sehr genau geschaltet werden, damit die Spindeltrommel vor dem Einspringen des Trommelriegels stets die gleiche Lage hat.

Zur Erzielung einer stoßfreien Schaltung mit geringem Verschleiß zwischen Spindeltrommel und Trommelgehäuse ist ein stetiger Verlauf der Winkelgeschwindigkeit der Spindeltrommel wertvoll. Darüber hinaus ist die gleiche Anforderung auch an den Verlauf der Winkelbeschleunigung zu stellen, der ebenfalls stetig sein soll, damit die Bewegung ruckfrei ist. Endlich sind kleine Größtwerte der Winkelgeschwindigkeit wie auch der Winkelbeschleunigung notwendig, um eine Schaltung zu erreichen, die allen Anforderungen gerecht wird.

Die Schwierigkeit bei der Spindeltrommelschaltung liegt darin, daß sehr große Massen zu bewegen sind. Diese werden in kurzer Zeit auf die größte Winkelgeschwindigkeit gebracht, und dann die in der Spindeltrommel aufgespeicherte Bewegungsenergie max E_s wieder vernichtet. Letzteres bereitet große Schwierigkeiten, da die geschalteten Massen erheblich größer sind als diejenigen der Antriebselemente, da mit der Spindeltrommel beispielsweise bei einem Stangenautomaten auch noch die Einrichtungen für Materialspannung und Materialvorschub, die Materialführungsrohre und die langen Materialstangen (Abb. 7) gedreht werden. Die geringe Schwungmomentaufnahme der Antriebselemente hat bei Wahrung des Zwanglaufes bei der Schaltung zur Folge, daß die Winkelgeschwindigkeit der Steuerung vom letzten noch gleichförmig umlaufenden Triebswerksteil im Schaltgetriebe angetrieben sich vergrößern will, bis die Energie der geschalteten Massen verbraucht ist. Günstig wirkt dabei die Reibung aller bewegten Teile auf ihren Unterstützungen, durch welche zwar zu Beginn der Schaltung die Energieaufnahme vergrößert, beim Schaltungsende die Energieabgabe aber auch verkleinert wird. Bedeutet:

E_s Bewegungsenergie der Spindeltrommel,
Md_s Drehmoment zur Bewegung der Spindeltrommel,
J_s Trägheitsmoment der Spindeltrommel und aller mit ihr geschalteten Massen,
ε_s Winkelbeschleunigung der Spindeltrommel,
ω_s Winkelgeschwindigkeit der Spindeltrommel,
ψ_s Winkelweg der Spindeltrommel,
A_s Reibungsmoment der Spindeltrommel,

so wird

$$Md_s = J_s \varepsilon_s + A_s .$$

Aus dem durch den Antriebsmotor zur Verfügung stehenden Drehmoment läßt sich damit die größtmögliche Beschleunigung ε_s errechnen. Die Spindeltrommel erreicht die Bewegungsenergie

$$\max E_s = \frac{J_s \max \omega_s^2}{2} ,$$

welche vernichtet werden muß. Leistungsaufnahme und Leistungsabgabe einer Spindeltrommel bei sinoidischem Bewegungsgesetz zeigt Abb. 74.

Auf die aus diesen Überlegungen folgenden Anforderungen an die getriebliche Gestaltung der Schaltgetriebe sowie die Wege zur Erzielung eines gleichförmigen Antriebs wird noch eingegangen.

Bei der Einstellung eines Werkstückes ist es zur richtigen Anordnung der Werkzeuge unvermeidlich, mehrere Arbeitsgänge in der gleichen Spindelstellung einander folgen zu lassen, ohne daß dazwischen eine Schaltung erfolgt. Es ist deshalb eine Einrichtung nötig, die die Schaltbewegung auszuschalten gestattet, ohne dadurch die anderen selbsttätigen Steuerungsvorgänge zu beeinflussen und bei deren Einrücken stets der richtige Zwanglauf der Schaltbewegung unabhängig vom Augenblick der Einschaltung gegeben ist. Dies bedingt eine Zahnkupplung mit einer einzigen Einrückmöglichkeit auf einer Welle, die bei einem Takt der Maschine nur eine Umdrehung macht. Weiterhin ist zur Erleichterung der Einstellarbeit wertvoll, wenn die Spindeltrommel bei ausgerückter Trommelschaltung von Hand beliebig durchgeschaltet werden kann, so daß auch das Überspringen einer Spindelstellung oder ein Rückwärtsdrehen möglich ist. Die erwähnte Kupplung muß also zwischen Spindeltrommel und Schaltgetriebe angeordnet sein.

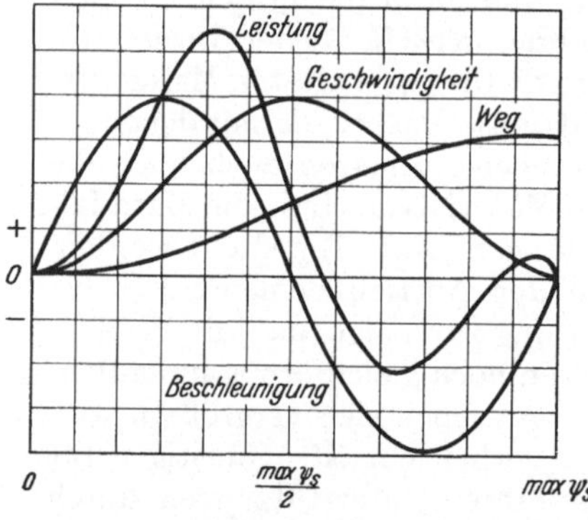

Abb. 74. Bewegungsablauf einer Spindeltrommelschaltung mit stoß- und ruckfreier Bewegung und Verlauf der Leistungskurve.

Spindelstock bei feststehenden Werkstücken. Bei Mehrspindelautomaten mit feststehenden Werkstücken wird die Schaltbewegung von einer Trommel im Revolverschlitten ausgeführt, während die im Spindelstock gelagerten umlaufenden Werkstückspindeln stets ihre Lage beibehalten. Dadurch ist die Bauweise wesentlich einfacher, da die rundlaufenden Spindeln keine Schaltbewegung ausführen und die Schmierung der Spindellager durch Druckleitungen möglich ist. Da im Spindelstock gleichzeitig auch der Antrieb der Maschine untergebracht ist, kann er auch als Antriebskasten angesprochen werden. Die Behandlung dieses Bauteils erfolgt deshalb im Abschnitt Antriebskasten, zumal die bezüglich des Spindellaufs und der Lagerung schon aufgeführten Gesichtspunkte hier ebenso gelten, während besondere Bemerkungen bezüglich des Antriebs zu machen sind.

33. Der Antriebskasten.

Die in die Maschine eingeleitete Drehbewegung muß sich ein- und ausschalten lassen und wird zum Spindelantrieb, Steuerungsantrieb sowie Antrieb von Werkzeugen verzweigt. Die Drehgeschwindigkeit jedes Zweiges ist dabei in Stufen regelbar, damit die bewegten Teile den Anforderungen der Bearbeitung angepaßt werden können. Die Notwendigkeit einer Regelung sowie die Zweckmäßigkeit ihrer Durchführung in Stufen ist schon geklärt (Abschnitt 24) und dabei der Zusammenhang zwischen Regelbereich und Arbeitsbereich sowie ein geeigneter Stufensprung festgelegt worden.

Zur Aufnahme der Drehbewegung und Weiterleitung dient ein Antriebskasten, dessen Gestaltung von der Bauart abhängt. Während bei Maschinen mit umlaufenden Werkstücken der Spindelantrieb für alle Spindeln gleichmäßig über eine zentrale oder außenliegende Welle erfolgt, werden bei feststehenden Werkstücken die Werkzeugspindeln mit verschiedenen Geschwindigkeiten gedreht. Dabei ist der Antriebskasten auch zugleich Spindelstock.

Die Einleitung der Drehbewegung erfolgt von einer Transmission oder einem Elektromotor aus über eine Einscheibe oder unmittelbar durch einen Flanschmotor in den Antriebskasten. Bei Benutzung eines Elektromotors ist dessen Aufstellung so vorzunehmen, daß die Übertragung von Motorschwingungen auf die Maschine vermieden werden. Wird deshalb der Motor am Maschinengestell oder gar auf dem Antriebskasten befestigt, so ist er sorgfältig federnd zu lagern, um Störungen auszuschließen. Die erste Getriebewelle, über die die Drehung eingeleitet wird, trägt eine Kupplung (Abb. 82b), durch welche die eingeleitete Drehbewegung auf das Getriebe übertragen oder von diesem abgeschaltet wird. Hierbei ist im Gegensatz zu anderen Werkzeugmaschinen nur eine Drehrichtung erforderlich, da stets alle Werkstückspindeln im gleichen Drehsinn umlaufen, während für Gewindeschneiden oder andere Sonderbearbeitungen überholend oder verzögernd laufende Werkzeugspindeln verwendet werden. Bei dieser Kupplung ist der Einbau einer Spindelbremse möglich, welche beim Ausrücken des Drehantriebes alle bewegten Teile abbremst und schnellen Stillstand bewirkt.

Der bei anderen Werkzeugmaschinen vielfach durchgeführte Ersatz der Antriebskupplung durch unmittelbare Schaltung des Elektromotors reicht bei den Betriebsanforderungen der Mehrspindelautomaten nicht aus. Denn zum Einrichten von Werkstücken oder Nachstellen von Werkzeugen ist es vielfach erforderlich, die Spindeln ganz langsam laufen oder gar Bruchteile einer Umdrehung ausführen zu lassen, was mit einer Reibungskupplung bei einiger Geschicklichkeit leicht möglich ist, während dies bei unmittelbarer Schaltung des Antriebsmotors nicht geht.

Von der Kupplungswelle aus erfolgt der stufenweise regelbare Antrieb der Antriebswelle für die Werkstückspindeln. Entsprechend der Dauereinstellung eines Mehrspindelautomaten, der oft wochen- und monatelang auf das gleiche Werkstück eingestellt bleibt, kommt zur Erzeugung der großen Stufenzahl lediglich ein Getriebe mit Wechselrädern in Frage, da Schieberäder bei einem vielstufigen Getriebe zu teuer oder gar undurchführbar werden, während der bei Wechselrädern erhöhte Zeitverbrauch bei Einstellung einer anderen Drehzahlstufe wegen der Seltenheit dieses Vorganges nicht ins Gewicht fällt.

Wechselrädergetriebe sind billig in der Herstellung und erzeugen viele Drehzahlen in der vorgeschriebenen Stufung. Beim Entwurf ist zu beachten:

1. daß die aus den Wechselrädern gebildeten Übersetzungen eine lückenlose geometrisch gestufte Reihe bilden,

2. daß die erforderliche Stufenzahl mit einer kleinen Räderzahl erreicht wird.

Da bei anderen Werkzeugmaschinen Wechselräder selten zur Erzeugung von Normdrehzahlen verwendet werden, sondern fast nur zur Erzielung bestimmter Übersetzungen, etwa für eine bestimmte Steigung beim Gewindeschneiden auf einer Drehbank, sind die Gesetzmäßigkeiten dieser Getriebeform unbekannt, so daß eine kurze Behandlung erforderlich ist.

Eine geometrisch gestufte Reihe von Drehzahlen kann dargestellt werden durch die Anfangsdrehzahl n_0 multipliziert mit dem Stufensprung φ^τ, dessen Exponent von Stufe zu Stufe um 1 steigt. Eine solche Drehzahlenreihe mit fünf Stufen wäre beispielsweise

$$n_0\,\varphi^0 - n_0\,\varphi^1 - n_0\,\varphi^2 - n_0\,\varphi^3 - n_0\,\varphi^4\,.$$

Wird nun eine mittlere Drehzahl, etwa $n_1 = n_0\,\varphi^2$ als Anfangs- bzw. Einleitungsdrehzahl genommen, so erscheint die Reihe in der Form

$$n_1\,\varphi^{-2} - n_1\,\varphi^{-1} - n_1\,\varphi^3 - n_1\,\varphi^1 - n_1\,\varphi^2\,.$$

Jede geometrische Reihe kann so geschrieben werden, daß jeder Exponent zweimal mit verschiedenen Vorzeichen erscheint. Eine Reihe mit gerader Gliederzahl hätte dann bei Einleitung der Drehzahl n die Form

$$n\,\varphi^{-1,5} - n\,\varphi^{-0,5} - n\,\varphi^{0,5} - n\,\varphi^{1,5}\,.$$

Dabei gibt der Stufensprung mit seinen Exponenten die Übersetzung an, welche durch ein Wechselräderpaar bzw. mehrere hintereinandergeschaltete Paare erreicht wird. Die Gesamtübersetzung ergibt sich durch Multiplikation der Einzelübersetzungen, der Gesamtexponent durch Addition der Einzelexponenten. Es wird also bei zwei hintereinandergeschalteten Räderpaaren mit der Gesamtübersetzung $\varphi^{1,5}$ eine Unterteilung in die Übersetzungen φ^1 und $\varphi^{0,5}$ möglich sein.

Jedes Wechselräderpaar mit einem von Null verschiedenen Exponenten kann nun ins schnelle oder ins Langsame treiben, je nachdem ob das kleine oder das große Rad treibend wirkt. Es lassen sich also mit einem Räderpaar zwei Drehzahlen erreichen, die sich nur durch das Vorzeichen des Exponenten zum Stufensprung unterscheiden. Ist beispielsweise

die Einleitungsdrehzahl $n = 100,$
der Stufensprung . . $\varphi = 2,$
der Exponent . . . . $\tau = 2,$

so wird

die Übersetzung des Räderpaares $\varphi^\tau = 4,$
die Zähnezahl des Räderpaares beispielsweise 72 : 18.

Die beiden Drehzahlen werden nun

$$n\,\varphi^{-\tau} = 100 \cdot 18/72 = 25,\quad \text{und}$$
$$n\,\varphi^{\tau} = 100 \cdot 72/18 = 400.$$

Die Reihendarstellung wird übersichtlicher, wenn an Stelle der vollständigen Reihe nur noch die Exponentenreihe tritt. Diese ist ausreichend für die Bezeichnung einer Drehzahlenreihe, da die Einleitungsdrehzahl nur deren Lage im Drehzahlenbereich angibt und auf die Wechselräderauswahl ohne Einfluß bleibt, während der Stufensprung erst bei Berechnung der Zähnezahlen der einzelnen Räderpaare in Erscheinung tritt, da er ein Maß für die absolute Übersetzungsgröße ist. Bei der reinen Exponentenreihe, die zunächst besprochen wird, sind zwei Arten möglich:

1. Die Reihe „mit Null", bei welcher die Einleitungsdrehzahl infolge der durch den Exponent 0 gegebenen Übersetzung auch wieder ausgeleitet wird. Bei dieser Reihe steht als Mittelglied der Exponent 0, nach beiden Seiten die je um 1 steigenden ganzzahligen Exponenten verschiedenen Vorzeichens. Diese Reihe mit stets ungerader Gliederzahl kann wie folgt aussehen:

$$-3, -2, -1, 0, 1, 2, 3.$$

2. Die Reihe „ohne Null", bei welcher als Mittelglieder die beiden Exponenten —0,5 und +0,5 stehen. Die Einleitungsdrehzahl wird also nicht wieder ausgeleitet. Auch hier steigen die Glieder nach beiden Seiten um je 1 an, die Reihe hat aber keine ganzzahligen Glieder und stets gerade Gliederzahl. Die Reihe hat folgendes Aussehen:

$$-2,5 \quad -1,5 \quad -0,5 \quad +0,5 \quad 1,5 \quad 2,5.$$

Mit welcher der beiden Reihen für bestimmte Aufgaben die größere Stufenzahl bei gleicher Wechselräderzahl erreicht wird, muß von Fall zu Fall an Hand der Tab. 11—19 ermittelt werden.

Sind mehrere Wechselräderpaare, beispielsweise drei hintereinandergeschaltet, und haben diese als Übersetzung den gleichen Stufensprung mit den Exponenten 0,5, 1 und 2, so lassen sich durch geeignete Kombination daraus acht verschiedene Drehzahlen einer geometrisch gestuften Reihe ohne Null erzeugen. Die Exponentenaufstellung sieht dann wie folgt aus:

$$+2 + 1 +0,5 = +3,5$$
$$+2 + 1 -0,5 = +2,5$$
$$+2 - 1 +0,5 = +1,5$$
$$+2 - 1 -0,5 = +0,5$$
$$-2 + 1 +0,5 = -0,5$$
$$-2 + 1 -0,5 = -1,5$$
$$-2 - 1 +0,5 = -2,5$$
$$-2 - 1 -0,5 = -3,5.$$

Die Zahl der theoretisch möglichen Stufen einer Getriebeform, die sich aus der Kombinationslehre errechnen läßt, wenn die Zahl der Wechselräderpaare und die Zahl der hintereinandergeschalteten Paare gegeben ist, kann nicht immer erreicht werden, wie es in dem vorstehend behandelten Beispiel der Fall war. Denn es läßt sich bei großen Wechselräderzahlen nicht vermeiden, daß die gleiche Stufe auf verschiedenen Wegen erreichbar ist, so daß einige der theoretisch möglichen Stufen zusammenfallen. Auch kommt es vor, daß bei den großen Exponenten nicht der vorgeschriebene Sprung 1 eingehalten bleibt, sondern daß Differenzen von 2 oder mehr auftreten. In solchen Fällen kann aber nach der Voraussetzung der geometrischen Reihe die Stufenzahl nur im Bereich der lückenlosen Reihe herangezogen werden, wodurch die brauchbare Stufenzahl ebenfalls kleiner als die theoretische wird. Die Abweichung der praktischen von der theoretischen Stufenzahl nimmt mit steigender Wechselräderzahl zu.

Für die weitere Behandlung sind die verschiedenen Bauformen der Wechselrädergetriebe wichtig. Es müssen hierbei unterschieden werden:

1. Getriebe, bei denen das treibende und das getriebene Wechselrad unmittelbar ineinandergreifen (Abb. 75—78). Die Summe der Teilkreisdurchmesser wird bei jedem Räderpaar gleichgroß, die Räder können also nur paarweise getauscht werden. Es lassen sich beliebig viele Räder-

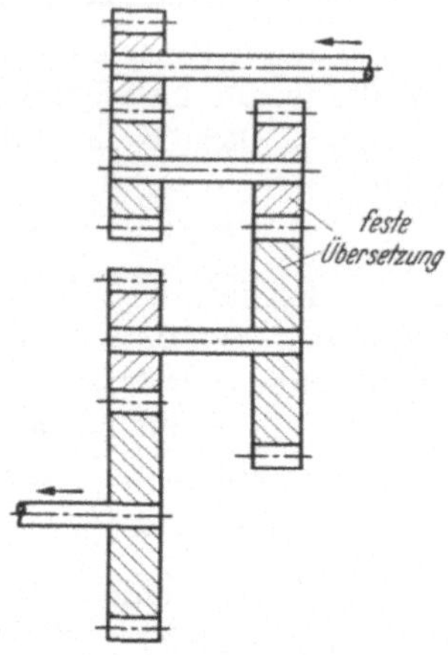

Abb. 76. Wechselrädergetriebe mit zwei Wellenpaaren, verschiedenem Achsabstand der Wellenpaare und direktem Eingriff. Verbindung der beiden Wellenpaare durch ein festes Räderpaar.

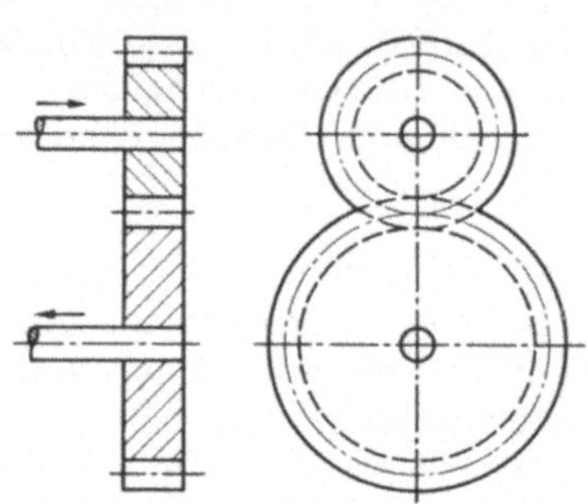

Abb. 75. Wechselrädergetriebe mit einem Räderpaar.

paare hintereinanderschalten. Diese Getriebe werden mit dem Zusatz „direkter Eingriff" gekennzeichnet.

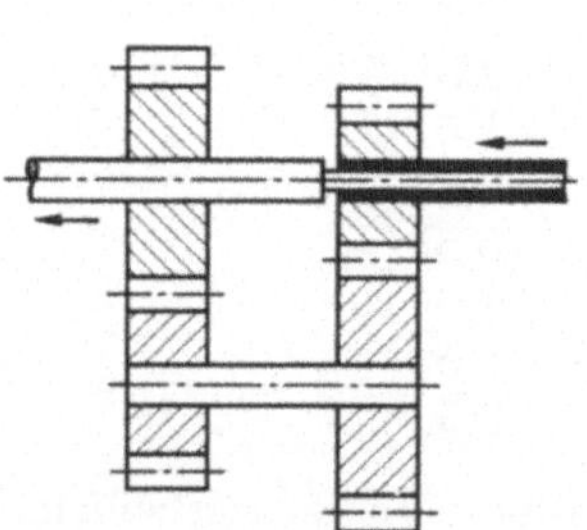

Abb. 77. Wechselrädergetriebe mit zwei Wellenpaaren, gleichem Achsabstand und direktem Eingriff, auf zwei Wellen angeordnet.

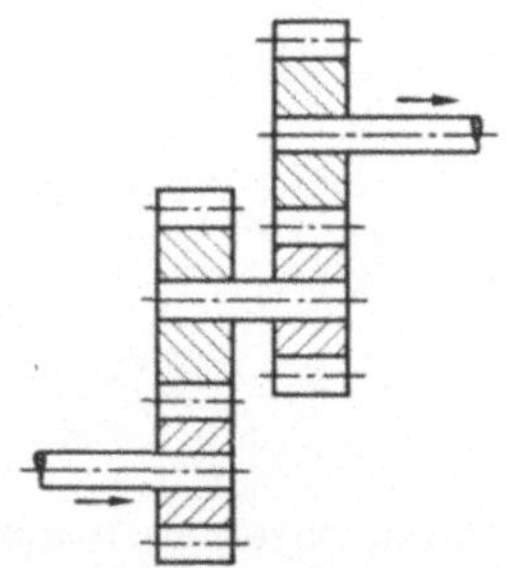

Abb. 78. Wechselrädergetriebe mit zwei Wellenpaaren, gleichem Achsabstand und direktem Eingriff, auf drei Wellen angeordnet.

2. Getriebe, bei denen das treibende und das getriebene Wechselrad über ein oder mehrere Zwischenräder mit lageveränderlicher Achse im Eingriff stehen (Abb. 79 u. 80). Eine andere Stufe wird durch den Austausch eines einzigen Rades erzielt. Dabei ist bei der einfachsten Form des einstufigen Getriebes (Abb. 79) das Zwischenrad ohne Einfluß auf die Übersetzung, während bei mehrstufiger Ausführung (Abb. 80) auch

die Zwischenräder die Übersetzung beeinflussen. Diese Getriebeform wird mit dem Zusatz „mit Zwischenrad" gekennzeichnet.

Die Wechselrädergetriebe mit direktem Eingriff eignen sich für die Übertragung großer Kräfte, da die einzelnen Getriebewellen fest gelagert sind. Ein bei dieser Getriebeform genannter Exponent kennzeichnet ein bestimmtes Wechselräderpaar, und zwar gibt der Stufensprung mit dem betreffenden Exponent die Übersetzung des Räderpaares an. Ein Exponent 2 kennzeichnet bei einem Stufensprung 1,41 beispielsweise ein Räderpaar mit der Übersetzung $1{,}41^2 = 2$, also eine Zähnezahl von beispielsweise 20:40.

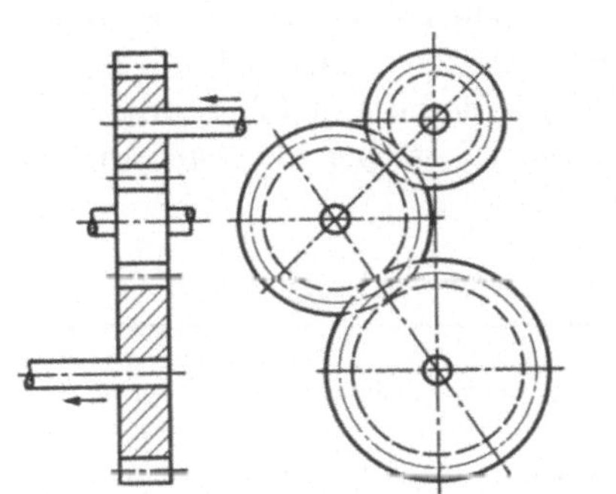

Abb. 79. Wechselrädergetriebe mit einem Wellenpaar und Zwischenrad.

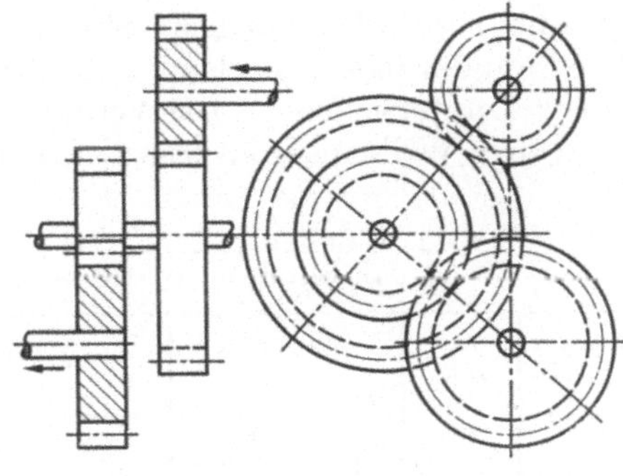

Abb. 80. Wechselrädergetriebe mit zwei Wellenpaaren und Zwischenrädern.

Wechselrädergetriebe mit Zwischenrad sind nur für leichtere Beanspruchung geeignet, da das Zwischenrad fliegend gelagert ist und wegen der Einstellbarkeit der Achse nicht mit Sicherheit auf einen einwandfreien Zahneingriff gerechnet werden kann. Da bei dieser Getriebeform einzelne Räder getauscht werden, gibt der Exponent die Größe eines bestimmten Wechselrades im Verhältnis zum kleinsten vorkommenden Rad an. Hat

Tab. 11. Wechselrädergetriebe mit direktem Eingriff und einem Wellenpaar.

Räderpaare	Zahl der Räder	Stufenzahl		Übersetzungen der einzelnen Räderpaare in Exponenten								
		theoretisch erreichbar	praktisch erreicht									
1	2	2	2	0,5								
2	4	4	4	0,5	1,5							
3	6	6	6	0,5	1,5	2,5						
4	8	8	8	0,5	1,5	2,5	3,5					
5	10	10	10	0,5	1,5	2,5	3,5	4,5				
6	12	12	12	0,5	1,5	2,5	3,5	4,5	5,5			
7	14	14	14	0,5	1,5	2,5	3,5	4,5	5,5	6,5		
8	16	16	16	0,5	1,5	2,5	3,5	4,5	5,5	6,5	7,5	
9	18	18	18	0,5	1,5	2,5	3,5	4,5	5,5	6,5	7,5	8,5

usw. mit jedem Räderpaar um 2 Stufen steigend, der Exponent jedes weiteren Räderpaares um 1 höher als der vorhergehende.

dieses beispielsweise 18 Zähne und ist der Stufensprung 1,41, so hat das durch den Exponent 2 gekennzeichnete Wechselrad $18 \cdot 1{,}41^2 = 36$ Zähne.

Bei einem Getriebe mit direktem Eingriff und einem Wellenpaar (Abb. 75) lassen sich mit jedem Wechselräderpaar zwei Übersetzungen erreichen, die Stufenzahl wird also doppelt so groß wie die Räderpaarzahl, wie Tab. 11 zeigt.

Beim Hintereinanderschalten mehrerer Wellenpaare mit verschiedenem Achsabstand (Abb. 76), wobei jedes Räderpaar nur bei einem bestimmten Wellenpaar verwendet werden kann, ergibt sich die Stufenzahl durch Multiplikation der Stufenzahlen der einzelnen Wellenpaare, da jedes mit seinen Wechselräderpaaren als einstufiges Getriebe angesehen werden kann. Die mögliche Stufenzahl erreicht einen Größtwert, wenn die Zahl der jedem Wellenpaar zugeordneten Räderpaare sich um höchstens 1 unterscheidet. Die Verhältnisse bei diesen Getrieben mit zwei und drei Wellenpaaren zeigen Tab. 12 und 13, wobei die Auswahl so

Tab. 12. Wechselrädergetriebe mit direktem Eingriff und verschiedenem Wellenabstand. Zwei Wellenpaare.

Räder-paare	Zahl der Räder	Stufenzahl theoretisch erreichbar	Stufenzahl praktisch erreicht	Übersetzungen der einzelnen Räderpaare in Exponenten für das 1. Wellenpaar					2. Wellenpaar			
2	4	4	4	0,5					1			
3	6	8	8	0,5	1,5				2			
4	8	16	16	0,5	1,5				2	6		
5	10	24	24	0,5	1,5	2,5			3	9		
6	12	36	36	0,5	1,5	2,5			3	9	15	
7	14	48	48	0,5	1,5	2,5	3,5		4	12	20	
8	16	64	64	0,5	1,5	2,5	3,5		4	12	20	28
9	18	80	80	0,5	1,5	2,5	3,5	4,5	5	15	25	35

Tab. 13. Wechselrädergetriebe mit direktem Eingriff und verschiedenem Wellenabstand. Drei Wellenpaare.

Räder-paare	Zahl der Räder	Stufenzahl theoretisch erreichbar	Stufenzahl praktisch erreicht	Übersetzungen der einzelnen Räderpaare in Exponenten für das 1. Wellenpaar			2. Wellenpaar		3. Wellenpaar	
3	6	8	8	0,5			1		2	
4	8	16	16	0,5	1,5		2		4	
5	10	32	32	0,5	1,5		2	6	8	
6	12	64	64	0,5	1,5		2	6	8	24
7	14	96	96	0,5	1,5	2,5	3	9	12	36

getroffen ist, daß der größte vorkommende Exponent jeweils so klein wie möglich bleibt. Beispielsweise kann ein Getriebe mit zwei Wellenpaaren und fünf Räderpaaren, welches 24 Stufen ergibt, auf zweierlei Art aufgeteilt werden:

	1. Wellenpaar			2. Wellenpaar		
1. Möglichkeit .	0,5	1,5	2,5	3	9	—
2. Möglichkeit .	0,5	1,5	—	2	6	10

Die erzielte Reihe ist in beiden Fällen gleich, ohne Null, von —11,5 bis +11,5. In die Tab. 12 ist aber nur die erste Möglichkeit eingetragen, da die größte Übersetzung dabei 9 beträgt, in dem anderen Fall aber 10. Mit 9 ist der Kleinstwert erreicht.

Wird bei Getrieben mit direktem Eingriff und mehreren Wellenpaaren deren Achsabstand gleich gemacht, so daß jedes Wechselräderpaar auf jedem Wellenpaar verwendbar ist, so erhöhen sich die Stufenzahlen teilweise beträchtlich. In den Tab. 14 und 15 sind die Stufenzahlen und die dazu erforderlichen Einzelübersetzungen angegeben, so daß die Anwendung dieser für die Praxis besonders wichtigen Getriebeform ohne Schwierigkeit erfolgen kann. Die Tabellen sind nur bis zu drei Wellenpaaren ausgedehnt, da höhere Paarungen selten vorkommen.

Tab. 14. Wechselrädergetriebe mit direktem Eingriff und gleichem Wellenabstand. Zwei Wellenpaare.

Räderpaare	Zahl der Räder	Stufenzahl theoretisch erreichbar	Stufenzahl praktisch erreicht	Übersetzungen der einzelnen Räderpaare in Exponenten									
2	4	4	4	0,5	1								
3	6	12	7	1	1	2							
3	6	12	8	0,5	1,5	2							
4	8	24	15	1	3	3	4						
4	8	24	16	0,5	1,5	2	6						
5	10	40	23	1	3	5	5	6					
5	10	40	24	0,5	1,5	2,5	3	9					
6	12	60	36	0,5	1,5	2,5	3	9	15				
7	14	84	51	2	6	10	10	11	12	13			
8	16	112	67	2	6	10	14	14	15	16	17		
9	18	144	83	2	7	12	17	17	18	19	20	21	
10	20	180	103	2	7	12	17	22	22	23	24	25	26

Tab. 15. Wechselrädergetriebe mit direktem Eingriff und gleichem Wellenabstand. Drei Wellenpaare.

Räderpaare	Zahl der Räder	Stufenzahl theoretisch erreichbar	Stufenzahl praktisch erreicht	Übersetzungen der einzelnen Räderpaare in Exponenten								
3	6	8	8	0,5	1	2						
4	8	32	27	1	3	4	8					
5	10	80	45	3	5	6	7	9				
6	12	160	81	3	9	11	12	13	15			
7	14	280	131	2	11	18	19	20	21	24		
8	16	448	185	2	11	20	27	28	29	30	33	

Bei Wechselrädergetrieben mit Zwischenrad wird die mit gleicher Räderzahl wie bei den vorher behandelten Getrieben erreichbare Stufenzahl erheblich größer, wie Tab. 16 und 17, die alle notwendigen Angaben enthalten, erkennen lassen.

Tab. 16. Wechselrädergetriebe mit Zwischenrad.
Ein Wellenpaar.

Zahl der Räder	Stufenzahl praktisch erreichbar	Größe der Einzelräder in Exponenten bezogen auf das kleinste vorkommende Rad (Index 0).									
3	3	0	0	1							
4	7	0	0	1	2						
5	13	0	0	1	4	6					
6	19	0	0	1	2	6	9				
7	27	0	0	1	2	6	10	13			
8	35	0	0	1	2	3	8	13	17		
9	43	0	0	1	2	3	4	10	16	21	
10	51	0	0	1	2	3	4	5	13	19	25

Tab. 17. Wechselrädergetriebe mit Zwischenrad.
Zwei Wellenpaare.

Zahl der Räder	Stufenzahl praktisch erreicht	Größe der Einzelräder in Exponenten bezogen auf das kleinste vorkommende Rad (Exponent 0).							
4	6	0	1	1,5	2				
5	25	0	2	3	5	9			
6	41	0	3	5	8	13	17		
7	69	0	4	7	9	16	21	31	
8	103	0	3	5	10	13	17	26	37

Die Zahl der erreichbaren Drehzahlstufen ist unendlich groß, da die Zahl der Räder- und Wellenpaare beliebig vermehrt werden kann. Eine praktische Begrenzung liegt aber darin, daß eine bestimmte größte Übersetzung nicht überschritten werden darf, wenn störungsfreier Betrieb gesichert werden soll. Tab. 18 zeigt den Zusammenhang zwischen Übersetzung, Stufensprung und Exponent, so daß für jeden Fall sofort angegeben werden kann, welcher Exponent noch zulässig ist, wenn eine bestimmte größte Übersetzung nicht überschritten werden darf.

Hinsichtlich der Wellenpaare ist eine

Tab. 18. Exponent zu verschiedenen genormten Stufensprüngen zur Erreichung verschiedener maximaler Übersetzungen.

Über- setzung	Stufensprung					
	1,06	1,12	1,26	1,58	1,41	2,00
1 : 2	12	6	3	2	2	1
1 : 3	19	10	5	—	3	—
1 : 4	24	12	6	3	4	2
1 : 5	28	14	7	—	—	—
1 : 6	31	16	8	—	5	—
1 : 7	34	17	—	—	—	—
1 : 8	36	18	9	4	6	3

Beschränkung durch den Getriebeaufbau gegeben, da die Anordnung zu vieler Paare auf Schwierigkeiten stößt, ganz abgesehen davon, daß der Wirkungsgrad zu schlecht wird. Praktisch wird man 1—3 Wellenpaare verwenden. Die bei verschiedenen Getrieben erreichbaren Stufenzahlen sind in Tab. 19 zusammengestellt und dabei angegeben, mit welcher Getriebeform und welcher Räderzahl dies möglich ist. Nicht genannte Stufenzahlen lassen sich nur durch die nächst höhere verwirklichen, selbst aber nicht. Fehlt bei einem Getriebe die Eintragung der Räderzahl für eine Stufenzahl, so ist diese nicht erreichbar, es muß eine andere Getriebeart oder die nächst höhere Stufenzahl benutzt werden. Mit dieser Tabelle ist eine Getriebeauswahl leicht möglich.

Ein Beispiel soll den Weg bei einer Getriebeberechnung verdeutlichen. Der Hauptantrieb eines Mehrspindelautomaten soll ein Drehzahlenbereich von 12,7 bei einem Stufensprung von 1,12 erhalten. Dem

Tab. 19. Räderzahl zur Erreichung von geometrisch gestuftem Drehzahlbereich bei den verschiedenen Bauformen der Wechselrädergetriebe.

Stufen-zahl	Zahl der Wechselräder						
	bei Getrieben mit direktem Eingriff. Zahl der Wellenpaare					bei Getrieben mit Zwischenrad	
	1	2 mit versch. Abstand	3 mit versch. Abstand	2 mit gleichem Abstand	3 mit gleichem Abstand	1 Wellen-paar	2 Wellen-paare
2	2						
3						3	
4	4	4		4			
6	6						4
7				6		4	
8	8	6	6	6	6		
10	10						
12	12						
13						5	
14	14						
15				8			
16	16	8	8	8			
18	18						
19						6	
20	20						
22	22						
23				10			
24	24	10		10			
25							5
26	26						
27					8	7	
28	28						
30	30						
32	32		10				
34	34						
35						8	
36	36	12		12			
38	38						
40	40						

entsprechen nach Abb. 22 genau 23 Stufen, zu deren Erzeugung zwei Wege führen.

1. Getriebe mit einem Wellenpaar und 12 Räderpaaren gemäß Tab. 11, also mit einem größten Exponenten 11,5 bzw. einer größten Übersetzung 3,76.

Abb. 81. Antriebskasten eines Vierspindelautomaten. Elektromotor auf dem Kasten, Keilriemenantrieb, ein Wechselräderpaar.

2. Getriebe mit zwei Wellenpaaren gleichen Abstandes und fünf Räderpaaren nach Tab. 14, mit einem größten Exponent 6 und einer größten Übersetzung 2,0.

Da die erstgenannte Getriebeform viele Räderpaare benötigt, davon eines mit einer sehr großen Übersetzung, durch welche das Getriebe verteuert wird, kommt die unter 2. genannte Form zur Ausführung. Abb. 76, 77, 78, 82a und 83 zeigen Anordnungsmöglichkeiten dieses Getriebes.

Alle verwendeten Räderpaare haben gleiche Zähnezahlsumme und die Abweichung der erreichten Übersetzung von der theoretischen soll sehr klein, mindestens unter 1,5% bleiben. Die Zähnezahlsummen lassen sich der Tabelle von GERMAR[1] entnehmen. In Tab. 20 sind die der Tab. 14

Tab. 20. Räderpaare mit verschiedenen Zähnezahlsummen zur Erzeugung der Spindeldrehzahlen sowie die Abweichung von der theoretischen Übersetzung bei einem Stufensprung von 1,12.

Exponent von 1,12	Größe der Übersetzung	Zähnezahlen	Abweichung %	Zähnezahlen	Abweichung %	Zähnezahlen	Abweichung %
1	1,12	34 : 38	0,4	51 : 57	0,4	52 : 59	—1,1
3	1,41	30 : 42	0,9	45 : 63	0,9	46 : 65	0,0
4	1,58	28 : 44	0,9	42 : 66	0,9	43 : 68	0,2
5	1,78	26 : 46	0,5	39 : 69	0,5	40 : 71	0,2
6	2,00	24 : 48	—0,2	36 : 72	—0,2	37 : 74	—0,2
Zähnezahlsumme		72		108		111	

entnommenen Exponenten der Wechselräderpaare eingetragen, die Übersetzungen ausgerechnet und verschiedene Rädermöglichkeiten nach der Tabelle von GERMAR mit Angabe der prozentualen Abweichung

---

[1] GERMAR, R.: Die Getriebe für Normdrehzahlen. Berlin: Julius Springer 1932.

Tab. 21. Übersetzungen, Zähnezahlen und Drehzahl-abweichungen bei einem Antriebskasten mit 23 Stufen.

Stufe	Exponent zum Stufensprung			Zähnezahlen der Wechselräder auf Welle				Abweichung
	1. Übersetzung	2. Übersetzung	Gesamte Übersetzung	I	II	III	IV	%
1	5	6	11	26	46	24	48	0,3
2	5	5	10	26	46	26	46	1,0
3	3	6	9	30	42	24	48	0,7
4	3	5	8	30	42	26	46	1,4
5	1	6	7	34	38	24	48	0,2
6	1	5	6	34	38	26	46	0,9
7	—1	6	5	38	34	24	48	—0,6
8	—1	5	4	38	34	26	46	0,1
9	—3	6	3	42	30	24	48	—1,1
10	—3	5	2	42	30	26	46	—0,4
11	—5	6	1	46	26	24	48	—0,7
12	—5	5	0	46	26	26	46	0,0
13	5	—6	—1	26	46	48	24	0,7
14	3	—5	—2	30	42	46	26	0,4
15	3	—6	—3	30	42	48	24	1,1
16	1	—5	—4	34	38	46	26	—0,1
17	1	—6	—5	34	38	48	24	0,6
18	—1	—5	—6	38	34	46	26	—0,9
19	—1	—6	—7	38	34	48	24	—0,2
20	—3	—5	—8	42	30	46	26	—1,4
21	—3	—6	—9	42	30	48	24	—0,7
22	—5	—5	—10	46	26	46	26	—1,0
23	—5	—6	—11	46	26	48	24	—0,3

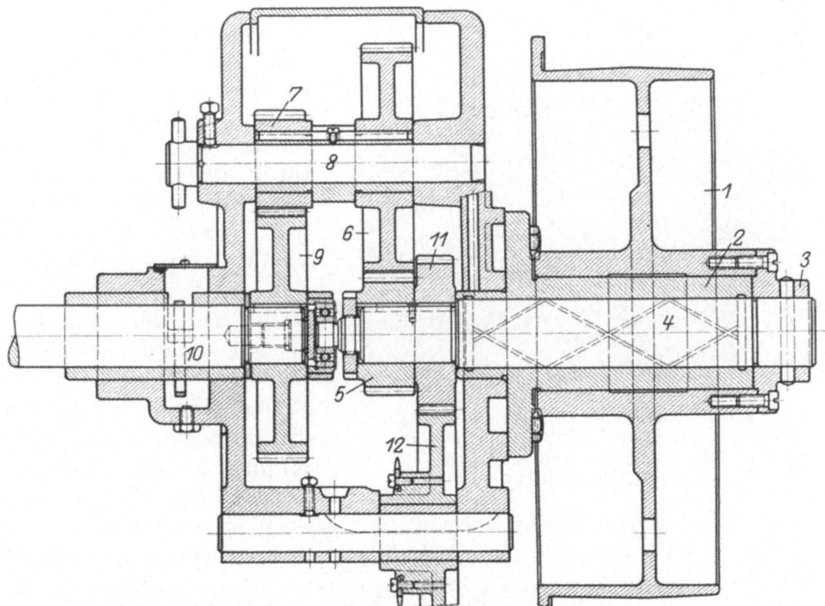

Abb. 82a. Antriebskasten mit zwei Wechselräderpaaren auf zwei Wellen in der Anordnung der Abb. 77. Antrieb von der Transmission aus.

1 = Antriebsscheibe, *2* = Antriebskasten, *3* = Mitnehmer, *4* = Antriebswelle, *5, 6, 7* u. *9* Wechselräder, *8* = Vorgelegewelle, *10* = zentrale Spindelantriebswelle, *11* u. *12* = Räder z. Vorschubantrieb.

aufgeführt. Da eine geringe Zähnezahlsumme im Interesse billiger Herstellung liegt, wird die Reihe mit der Summe 72 gewählt, zumal bei dieser alle Abweichungen unter 1% bleiben. Die dabei erforderliche Anord-

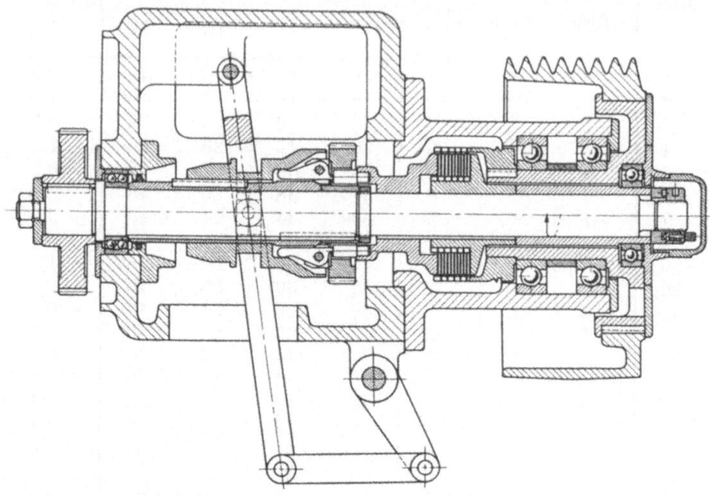

Abb. 82b. Lamellenkupplung mit Bremse im Antriebskasten eines Mehrspindelautomaten.

nung der Zahnräder für die 23 Stufen zeigt Tab. 21, welche auch erkennen läßt, daß der größte Gesamtfehler in der Einhaltung der geometrischen Stufung nur 1,4% bei den Stufen 4 und 20 beträgt.

Abb. 83. Antriebskasten mit zwei Wechselräderpaaren auf vier Wellen in der Anordnung der Abb. 76. Das feste Räderpaar liegt im Kasten und ist nicht sichtbar.

Die Ausbildung der Antriebskästen in der Praxis ist sehr verschieden. Abbildung 81 zeigt einen Kasten mit aufgesetztem Motor, Keilriemenantrieb und Getriebe mit einem Wellenpaar, während Abb. 82a zwei Wellenpaare in der Anordnung der Abb. 77 darstellt, bei der nur drei Wellen erforderlich sind, deren erste zugleich die Riemenscheibe trägt. Soll die Bewegung über eine Kupplung mit Spindelbremse eingeleitet werden, so muß die Riemenscheibe lose auf der ersten Welle laufen (Abb. 82b) und wird mit dieser durch eine Lamellenkupplung verbunden. Abb. 83 endlich zeigt zwei hintereinander angeordnete Wechselräderpaare, die durch ein festes Räderpaar verbunden sind. Durch Wahl der Übersetzung dieses festen Räderpaares ist es beim Zusammenbau der Maschine möglich, den Drehzahlenbereich zu beeinflussen, je nachdem die Maschine als Stangenautomat oder langsamlaufender Halbautomat hergestellt wird.

Von dem Antriebskasten aus erfolgt auch der Antrieb der Steuerung, über deren richtige Ableitung und Stufung an anderer Stelle gesprochen wird. Die Ableitung der Drehbewegung für Werkzeuge wie Gewindeschneid- oder Schnellbohreinrichtungen wird bei den Werkzeugen behandelt. Diese Bewegungen werden von der Antriebswelle der Werkstückspindeln abgenommen werden, da sie im festen Verhältnis zur Spindeldrehzahl stehen müssen.

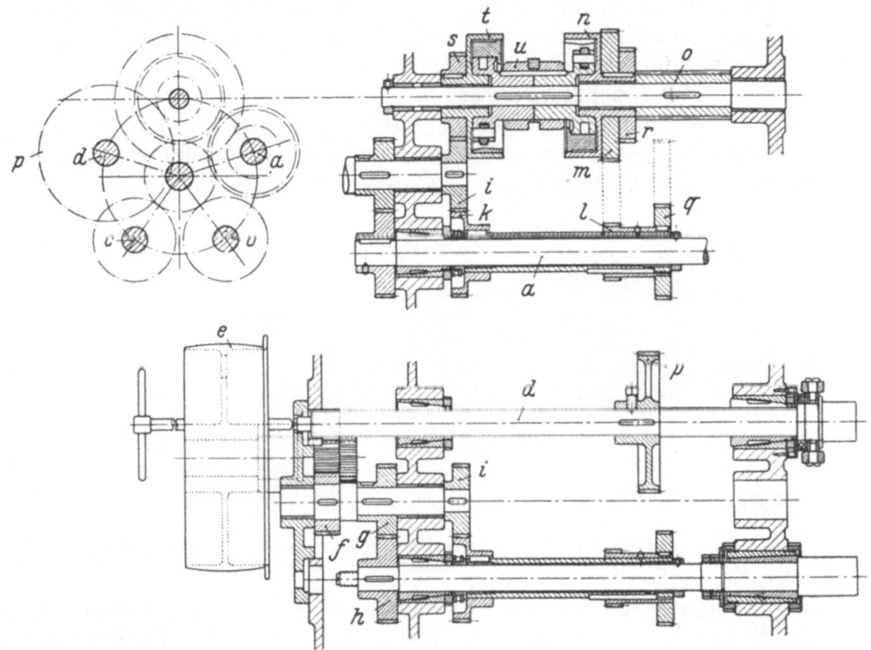

Abb. 84. Antrieb der Spindeln eines Halbautomaten mit feststehenden Werkstücken, ein Wechselräderpaar *f*.

Bei Mehrspindelautomaten mit feststehenden Werkstücken sind Werkzeugspindeln in den Spindelstock eingebaut, so daß dieser gleichzeitig als Antriebskasten anzusehen ist. Abb. 84 zeigt eine solche Ausführung, die sich dadurch auszeichnet, daß jede Spindel eine besondere Drehzahl erhalten kann.

Der Antrieb der Spindeln *a—c* erfolgt von der Antriebsscheibe *e* über die Zahnräder *f* und *g* auf die Zahnräder *h* der Werkzeugspindeln. Das Räderpaar *f* ist ein Wechselräderpaar, durch welches die Drehzahlgröße gestuft wird, während die Übersetzung *g—h* bei jeder Spindel anders wählbar ist, wenn die einzelnen Räderpaare seitlich so gegeneinander versetzt sind, daß sie aneinander vorbei drehen. Die Ableitung des Steuerungsantriebes erfolgt auch bei dieser Ausführung vom Antriebskasten. Die in ihm weiterhin untergebrachte Steuerung für die Gewindespindel wird später behandelt.

34. Die Werkzeugträger.

Während bei Halbautomaten mit feststehenden Werkstücken die Werkzeuge an den Köpfen der Werkzeugspindeln befestigt werden, dienen zu deren Aufnahme bei allen anderen Mehrspindelautomaten Werkzeugschlitten, Schwinghebel oder Pinolen.

Es sind zwei Arten von Werkzeugbewegungen zu unterscheiden, die durch Bewegungen der Träger erzielt werden müssen.

1. Bewegung in Richtungen der Drehachse des Werkstückes, die stets geradlinig sind.

2. Bewegungen in einer Ebene senkrecht zur Drehachse des Werkstückes, die geradlinig durch einen Schlitten bzw. Schieber oder bogenförmig durch Schwinghebel ausgeführt werden.

Bewegungen in der Längsrichtung werden durch sog. Längsschlitten erreicht, die je nach der Ausführung auf dem Bett stehen oder an dem Querbalken hängen oder auf einem die Verlängerung der Spindeltrommel bildenden Rohr gleiten. Letztere werden als vielseitige Stahl-

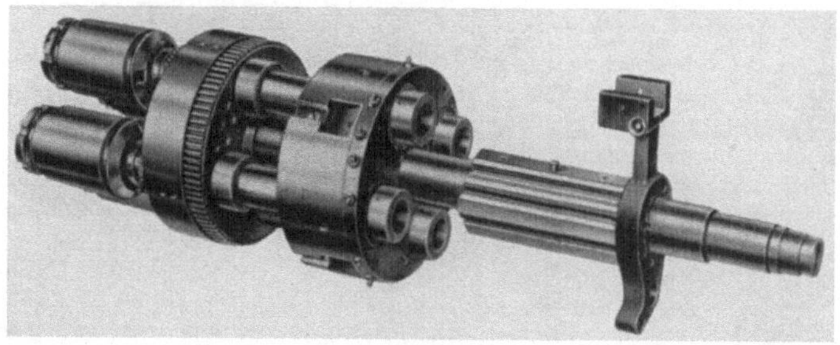

Abb. 85. Längsschlittenblock eines Vierspindelautomaten mit Haltearm. Der Block gleitet auf einem Rohr, das die Verlängerung der Spindeltrommel bildet.

prismen ausgeführt (Abb. 85), die jeder Werkstückspindel eine mit Spann-Nuten versehene Fläche zuwenden, auf welcher Stahlhalter oder Böcke für Bohrwerkzeuge aufgeschraubt werden. Die Länge des Stahlblockes, der unter dem Namen Gridley Block bekannt ist, richtet sich nach der Drehlänge der Maschine. Es muß die Möglichkeit bestehen am vorderen und hinteren Ende eines Werkstückes von größter zulässiger Länge zu drehen, ohne daß die Werkzeuge überhängen. Die Länge der Spannflächen des Blockes muß also mindestens gleich der Vorschublänge (Abb. 21) werden. Um ein Verdrehen auf dem Führungsrohr zu vermeiden, trägt der Längsschlittenblock am hinteren Ende einen langen Arm, mit dem er am Gestell geführt ist. Der große Vorteil dieser Bauweise liegt darin, daß das Führungsrohr stets mit der Spindeltrommel fluchtet, da es ein Teil von ihr ist. Eine Verlagerung des Längsschlittenblockes gegen die Spindeltrommel ist unmöglich. Das Führungsrohr stützt sich zudem an seinem freien Ende im Antriebskasten ab.

Die auf dem Bett stehenden (Abb. 53) oder an dem Balken hängenden Längsschlitten (Abb. 54) sind kastenförmig und werden aus Guß gefertigt. Sie haben jeder Werkstückspindel gegenüberliegend und mit ihr fluchtend

eine Bohrung zur Aufnahme der Werkzeuge, Stahlhalter oder Sondereinrichtungen, die zunächst in Aufnahmebüchsen gesetzt werden, die
ihrerseits in die Längsschlittenbohrungen kommen. Mit Hilfe dieser
Werkzeugaufnahmebüchsen wird erreicht, daß die Werkzeuge dicht am
Längsschlitten oder weit von diesem ab schneiden. Zusätzlich wird an
die Stirnfläche vielfach noch ein kleiner Block angeschraubt, um weitere
Stahlhalter ansetzen zu können, die dann dem Werkstück in ihrer Längsanordnung angepaßt werden.

Die Werkzeugschlitten verändern bei langer Benutzung ihre Stellung
zu der Spindeltrommel, da die Führungsbahnen sich abnutzen. Man bemüht sich, diese Abnutzung durch gehärtete Zwischenleisten klein zu
halten, damit die Genauigkeit lange Zeit den Forderungen der Abb. 24
genügt.

Die Ausrüstung eines Automaten mit einem einzigen Längsschlitten
hat den Nachteil, daß alle Werkzeuge stets den gleichen Weg zurücklegen, unabhängig davon, wie lang der
notwendige Arbeitsweg ist. Dies hat
Verlängerungen der Arbeitszeit zur Folge.
Weiterhin darf nicht übersehen werden,
daß die an einem gemeinsamen Werkzeugträger angesetzten Werkzeuge sich gegenseitig insofern beeinflussen, als Erschütterungen von Schruppstählen auch
auf Schlichtstähle übertragen werden, so
daß die Oberflächengüte gering wird. Es
ist deshalb zweckmäßig, den Längsschlitten zu unterteilen. Soll dabei mit
Rücksicht auf die kräftige Lagerung auf
Schlitten nicht verzichtet werden, so

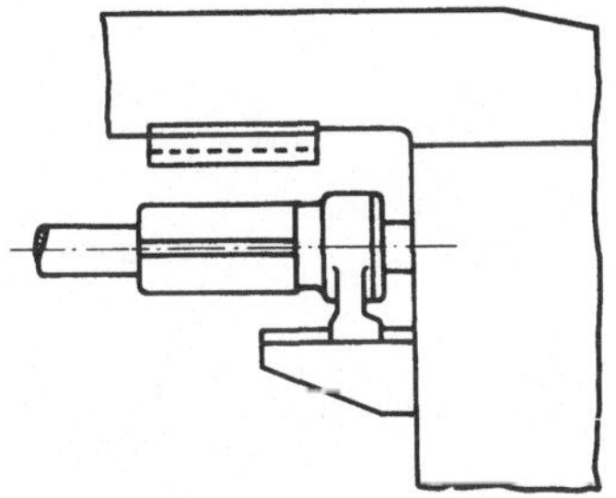

Abb. 86. Anordnung von zwei Längsschlitten. Ein Block entsprechend
Abb. 85, ein Schieber, der an dem
Balken hängt. Beide Schlitten unabhängig voneinander längsverschieblich.

lassen sich wenigstens zwei Stück[1] (Abb. 86) anordnen, von denen einer
als Block und einer als hängende Spannplatte für die oberen Spindeln
ausgebildet wird. Es ist dann bei der Aufstellung des Werkzeugplanes
darauf zu achten, daß der eine Schlitten nur für Schrupparbeit, der andere
nur für Schlichtarbeit herangezogen wird.

Für Maschinen mit vorwiegend geringer Spanleistung und kurzen
Werkstücken kann die Unterteilung der Längsschlitten noch weiter
durchgeführt werden, indem jeder Werkzeugspindel eine unabhängige,
längsbewegliche Werkzeugpinole zugeordnet wird (Abb. 87), so daß jedes
Längswerkzeug mit besonderem Weg bewegt wird. Diese Pinolen führen
sich in einem feststehenden Körper, der je nach der Werkstücklänge in
seiner Längsrichtung eingestellt wird, damit die Werkzeugpinolen nicht
unnötig weit überhängen.

Die Bewegungsübertragung auf die Werkzeugträger mit Längsbewegung soll im Angriffspunkt der resultierenden Kraft aus Schnittdruck
und Reibungskräften erfolgen, damit keine Kippmomente auftreten, die
ein Ecken und Klemmen zur Folge haben. Der Kraftangriff muß also

---

[1] DRP. 634 374.

innerhalb des Spindelkreises liegen, wenn der Schlitten Träger der Werkzeuge für mehrere Spindeln ist. Eine solche Anordnung ist in Abb. 88

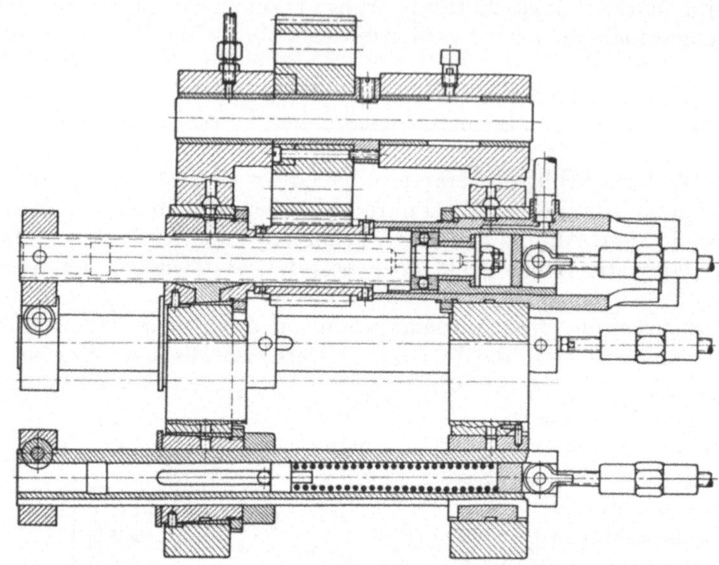

Abb. 87. Pinolen als Ersatz für einen Längsschlitten. Für jede Werkstückspindel ist eine besondere Pinole vorgesehen, die in einem Gehäuse unabhängig längsverschieblich gelagert sind. Die obere Pinole wird zusätzlich gedreht.

dargestellt. Die Bewegung wird von einer Kurvenscheibe auf einem geradlinig bewegten Hilfsschieber übertragen, dessen Kippmomente durch zwei Rundführungen aufgenommen werden. Dieser Hilfs-

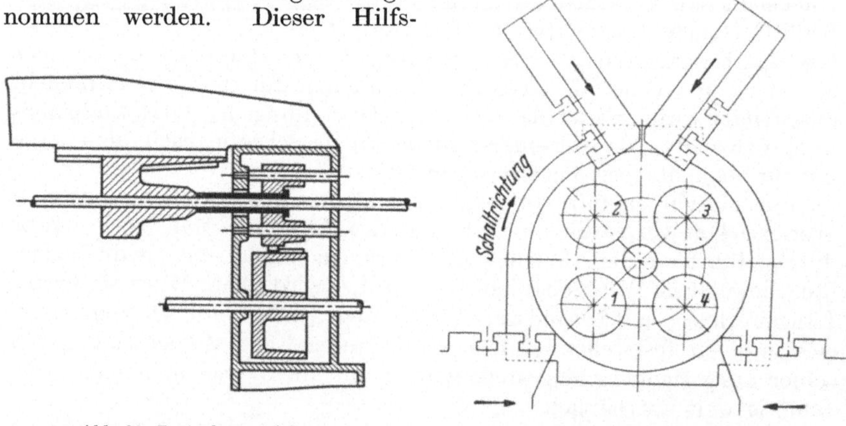

Abb. 88. Zentral angetriebener Längsschlitten.

Abb. 89. Anordnung der vier Querschlitten an einem Vierspindelautomaten.

schieber überträgt die Bewegung über ein zentrales Rohr auf den Längsschlitten. Die Anordnung bietet Gewähr für geringe Abnutzung der Gleitbahn sowie für saubere Drehflächen bei Bearbeitung mit dem Längsschlitten, da dieser durch den günstigen Kraftangriff ruhig läuft.

Bei der Anwendung von Einzelpinolen (Abb. 87) ist der zentrale Bewegungsangriff schon gegeben, da jede einzelne Pinole ihre Bewegung von einem Schwinghebel zugeführt bekommt. Dagegen sind viele Ausführungen besonders mit Längsschlitten nach Abb. 53 und 54 bekannt, bei denen der Schlitten sehr ungünstig angetrieben wird.

Die Bewegungen senkrecht zur Drehachse können von Querschlitten ausgeführt werden, die am Maschinengestell sitzen und sich radial zu den Werkstücken bewegen (Abb. 89). Um günstige Werkzeugunterteilungen möglich zu machen, ist zu jeder Werkstückspindel ein be-

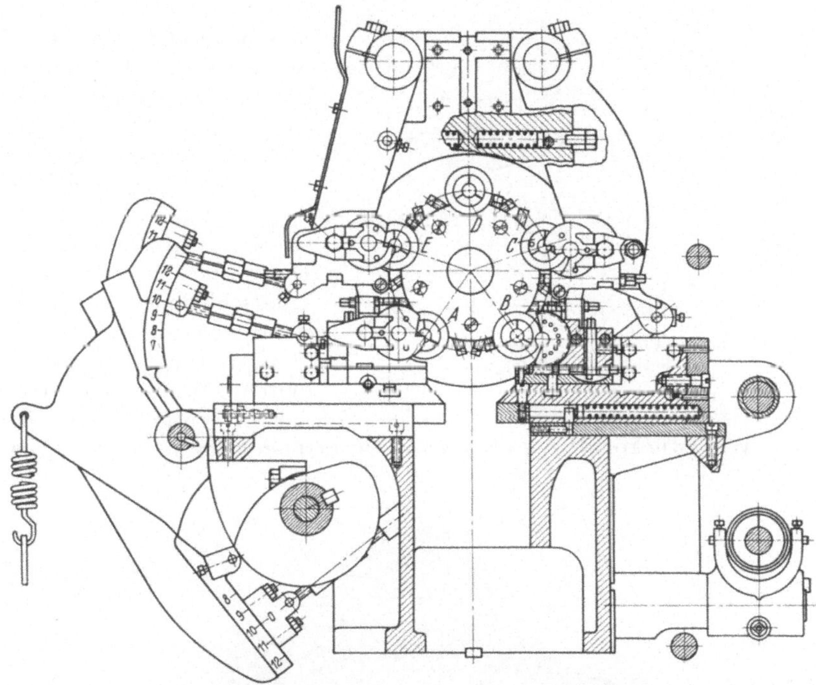

Abb. 90. Querschlitten und Schwinghebel an einem Fünfspindelautomaten.

sonderer Querschlitten wünschenswert. Allerdings stehen dem große bauliche Schwierigkeiten entgegen, da bei größeren Spindelzahlen der Platz kaum ausreicht. Als Ersatz für Querschlitten werden dann Schwinghebel angewendet (Abb. 90), die die Werkzeuge ebenfalls radial zu den Werkstücken führen. Bei vielen Maschinen hat man jedoch auf die Anwendung von Schwinghebeln verzichtet und nur einen Teil der Spindeln mit Querschlitten ausgerüstet (Abb. 91). Die anderen Spindeln werden dann durch Aufbauwerkzeuge (Abb. 188) erreicht, d. h. ein Querschlitten führt die Werkzeuge zu zwei Spindeln. Diese Werkzeuge sind dann aber in ihrer Bewegung nicht mehr unabhängig voneinander.

Für die Anordnung der Querschlitten sind drei Gesichtspunkte maßgebend:

1. die Querschlitten dürfen den freien Spänefall von den Werkstücken in die Wanne nicht beeinträchtigen. Sie sitzen deshalb dicht am Spindelstock. Hochgestellte Schlitten (Abb. 92) sind hierfür besonders günstig;

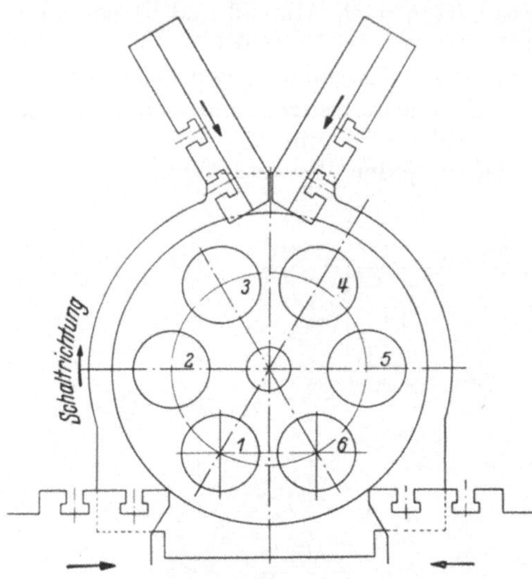

Abb. 91. Vier Querschlitten an einem Sechsspindelautomat.

2. die Querschlitten sollen die Werkzeuge in nächster Nähe ihrer Arbeitsstelle unterstützen, die aber an jeder Stelle des Werkstückes im Bereich der Drehlänge liegen kann. Die Schlitten müssen zu diesem Zweck weit in den Späneraum hineinragen und eine große Breite haben (Abb. 93);

3. die Querschlitten sind in ihren Baumaßen und ihrer Stellung zu den Werkstücken so anzuordnen, daß Querwerkzeuge an allen Querschlitten gleichzeitig verwendet werden können.

Zwischen den beiden ersten Forderungen muß eine Zwischenlösung gefunden werden, die davon ausgeht, daß nur selten Werkstücke sehr großer Länge verarbeitet werden. Die Quer-

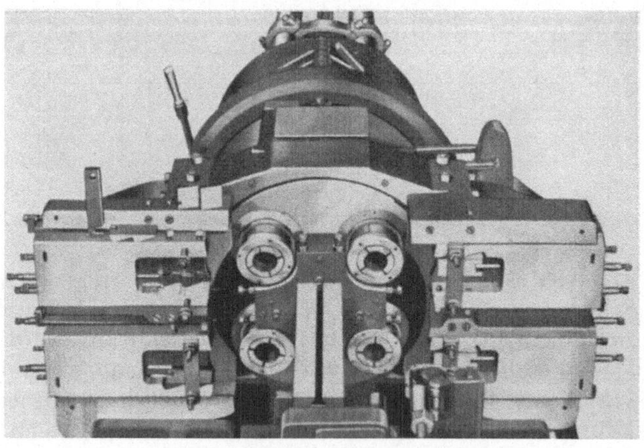

Abb. 92. Hochgestellte Querschlitten für die Bearbeitung kurzer Werkstücke.

schlitten erfassen deshalb zweckmäßigerweise einen großen Teil, aber nicht die ganze Drehlänge. Senkrecht stehende Schlitten (Abb. 92) sind dagegen nur für kurze Werkstücke oder dicht am Spindelkopf zu verwenden, ebenso wie Schwinghebel, die als Abstechschlitten sehr gute Dienste leisten. Für überhängende Werkzeuge und schwere Schnitte sind beide Ausführungen nicht zu brauchen, da die Führung nicht ausreicht, die Werkzeuge sicher zu halten.

Querschlitten wurden früher und teilweise auch jetzt noch mit Prismenführung ausgerüstet. Neuerdings geht man allgemein zu Schmalführungen über, die unter Verwendung gehärteter und geschliffener Leisten einen ausgezeichneten Schlittenlauf ergeben.

Der Wunsch nach Einheitlichkeit der Schlitten für alle Spindeln führt dazu, die Querschlitten mit ihren Führungen als unabhängiges Element auszubilden, welches nach Bedarf an jeder gewünschten Stelle des Bettes oder Balkens angesetzt werden kann. Man kann dann die Querschlitten schmal halten, da sie stets da angeschraubt werden, wo das Werkzeug angreifen soll, so daß zentraler Angriff des Schnittdruckes erreicht würde. Der Antrieb der Schlitten ist bei dieser Ausführung allerdings schwieriger, da die Bewegung durch die Drehung einer Welle übergeleitet werden müßte. Bei den bekannten Mehrspindelautomaten mit festem Querschlitten werden die unteren Schlitten von einer Kurve unmittelbar oder über einen einzigen Hebel angetrieben, die oberen dagegen über ein

Abb. 93. Führung und Anordnung breiter Querschlitten.

System von Hebeln, sofern sie nicht durch eine über der Maschine liegende Steuerwelle ihre Bewegung erhalten. Einen solchen Hebelantrieb von einer unten liegenden Steuerung aus zeigt Abb. 94.

Einen bemerkenswerten Antrieb haben die Querschlitten eines Sechsspindelautomaten[1], der längere Zeit in Deutschland gebaut wurde (Abb. 95). Am vorderen Ende des Spindelstockes ist um diesen herum ein Antriebsring v gelagert, der durch ein Ritzel u eine hin und her drehende Bewegung erhält, und zwar die eine Drehrichtung langsam als

---

[1] DRP. 466 913.

Arbeitsgang, die andere schnell als Eilrücklauf. In dem U-förmigen nach den Querschlitten zu offenem Antriebsring v ist für jeden Querschlitten ein Kurvenstück x eingesetzt, welches um den Punkt y drehbar ist und mit der Spindel z eingestellt werden kann. In der Nute jedes Kurvenstückes liegt ein Gleitstein 3, der fest mit dem Querschlitten verbunden ist.

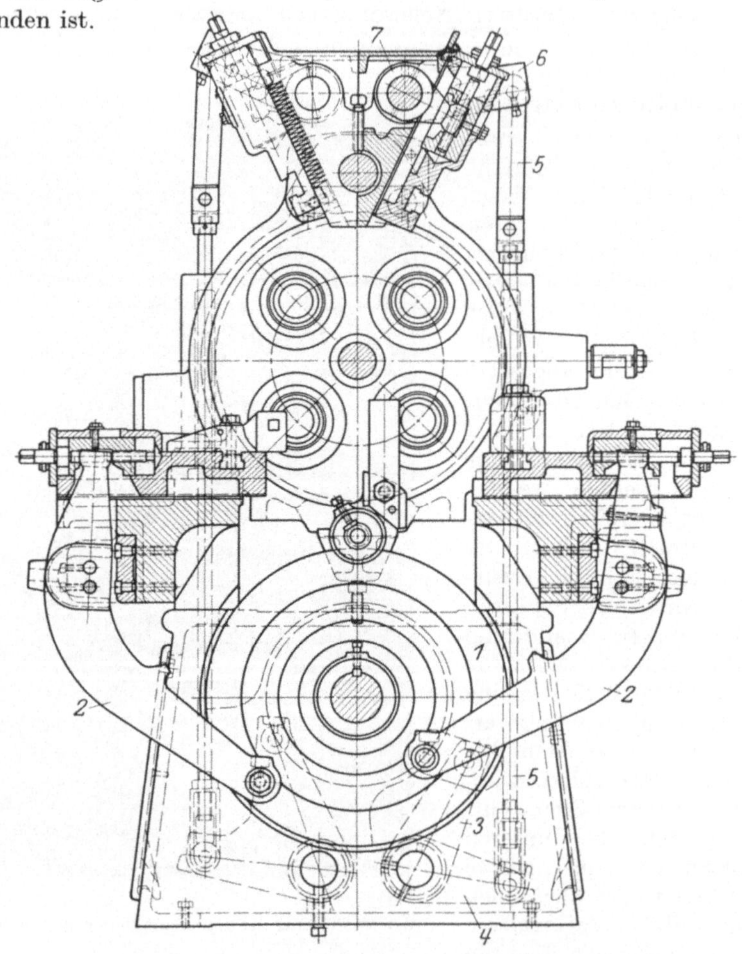

Abb. 94. Antrieb der Querschlitten durch Schwinghebel und Stoßstangen.
1 = Kurvenscheibe, 2 = Hebel für Unterschlitten, 3 u. 4 = Hebel zum Oberschlitten, 5 = Stßostange, 6 u. 7 = Hebel zum Oberschlitten.

Bei der hintersten Stellung der Querschlitten steht der Gleitstein 3 über dem Punkt y des Kurvenstückes x. Wird nun der Antriebsring v gedreht, und liegt die Bahn des Kurvenstückes x exzentrisch zu dem Antriebsring v, so bewegt sich der Gleitstein 3 radial zu dem Werkstück, und damit auch der Querschlitten. Die Länge des Schlittenweges kann durch die Gewindespindel z eingestellt werden, und zwar wird kein Weg erzielt, wenn die Kurve x und der Antriebsring v konzentrisch verlaufen.

Auswechselbare Kurven sind also nicht erforderlich. Dieser Schlittenantrieb zeichnet sich durch den unmittelbaren Antrieb unter Vermeidung von Zwischengliedern aus.

Die Eilbewegungen der Schlitten verursachen große Beschleunigungsdrücke, da die Rücklaufwege in sehr kurzer Zeit erledigt sein müssen. Zur Verringerung dieser Drücke, die nicht allein in dem Drehmomentbedarf und der Beanspruchung der Getriebeglieder, sondern nicht minder in ihrer Rückwirkung auf das Maschinengestell unerwünscht sind, ist die Verwendung leichter Baustoffe, wie Elektron, ins Auge zu fassen. Setzt man mit Rücksicht auf die geringere Festigkeit dieses Materials eine um 70% höhere Masse gegenüber Gußeisen voraus, so verringert sich das Gewicht der bewegten Teile immer noch um etwa 40% und die Beschleunigungsdrücke auf den gleichen Betrag. Eine Rechnung soll die auftretenden Beanspruchungen verdeutlichen.

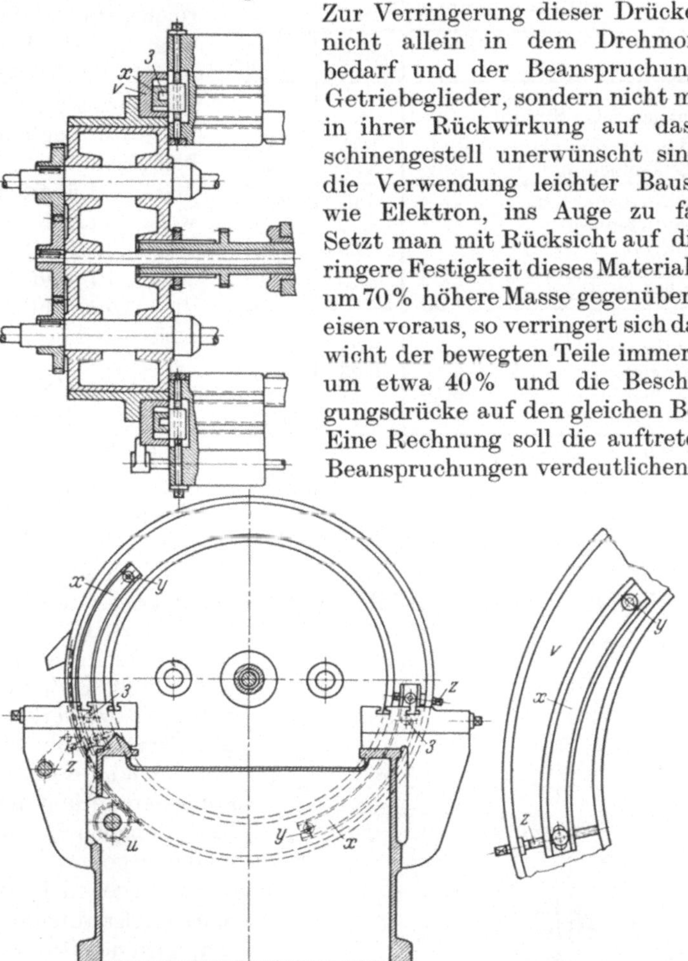

Abb. 95. Antrieb der Querschlitten durch einen Kurvenring.

Der Rücklauf aller Schlitten eines kleinen Vierspindelautomaten soll in kurzer Zeit nach einem sinoidischen Bewegungsgesetz erfolgen. Die einzelnen Zahlenwerte der Tab. 22 lassen erkennen, daß hierzu eine Leistung von 1,7 PS aufgewendet werden muß, die sich bei Verwendung von Leichtbaustoffen auf 0,65 PS verringern würde. Neben dieser Leistungsersparnis tritt aber auch ein ruhigerer Gang der Schlitten ein, der sich auf deren Lebensdauer und Arbeitsgenauigkeit günstig auswirkt.

Die Arbeitswege der Werkzeugträger setzen sich zusammen aus dem Arbeitsweg, der je nach dem Werkstück verschieden ist und sein Größtmaß bei voller Ausnutzung des Arbeitsbereiches der Maschine erreicht, und einem Leerweg, um die Werkzeuge bis in Arbeitsstellung vorzubringen. Der Leerweg wird möglichst kurz bemessen. Die notwendigen Längsschlittenwege liegen je nach Maschinengröße zwischen 10 und 150 mm, die Querschlittenwege zwischen 25 und 50 mm.

Tab. 22. Beschleunigungskräfte beim Rücklauf der Werkzeugträger eines Mehrspindelautomaten.

		Gußeisen	Leichtbaustoff
Bewegungsgesetz: Sinoide			
Größtgeschwindigkeit. .	S/T	1,75	1,75
Größtbeschleunigung . .	S/T²	5,88	5,88
Längsschlittengewicht . .	kg	120	45
Längsschlittenweg	m	0,12	0,12
Rücklaufzeit	s	0,25	0,25
Rücklaufbeschleunigung .	m/s²	10	10
Beschleunigungskraft . .	PS	1,6	0,6
Querschlittengewicht . .	kg	150	60
Querschlittenrückweg . .	m	0,05	0,05
Rücklaufzeit	s	0,25	0,25
Rücklaufbeschleunigung .	m/s²	0,47	0,47
Beschleunigungskraft . .	PS	0,1	0,05
Summe der Beschleunigungskräfte	PS	1,7	0,65

35. Der Werkstückträger.

Entsprechend dem Werkzeugträger wird bei Maschinen mit feststehenden Werkstücken ein Werkstückträger gebraucht, während die Werkzeuge an den Spindeln befestigt sind (Abb. 23). Dieser Werkstückträger wird als Schlitten ausgeführt, welcher gehäuseartig den Revolverkopf mit den Spanneinrichtungen für die Werkstücke umschließt sowie die Lager für die Revolverkopfschaltung trägt (Abb. 15). Die Verriegelung des Revolverkopfes entspricht der schon beschriebenen Spindeltrommelverriegelung. Damit diese Riegel nicht den Arbeitsdruck aufnehmen müssen, wird der Revolverkopf im Längsschlitten festgespannt (Abb. 96). Revolverkopf und Gehäuse besitzen an der mit Pfeilen bezeichneten Stelle einen Konus.

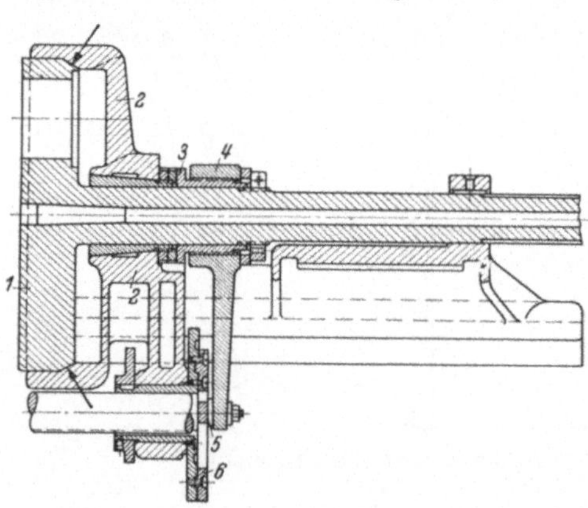

Abb. 96. Lagerung und Verriegelung des Revolverkopfes eines Halbautomaten mit feststehenden Werkstücken.

Auf dem Schaft trägt eine Gewindebüchse (3) die Bremsmutter (4) und diese an ihrem unteren, hebelartig ausgebildeten Ende eine Rolle (5). Die Bremsmutter (4) führt nun vermittels einer Kurve (6) eine hin und her gehende Bewegung aus und verblockt dadurch den Revolverkopf mit dem Gehäuse (2) in dem mit Pfeilen gekennzeichneten Bremskonus oder löst ihn wieder. Auf diese Weise ist ein in der Revolverkopflagerung vorhandenes Spiel unschädlich gemacht. Der Antrieb des Längsschlittens entspricht demjenigen der schon beschriebenen Ausführungen. Die Notwendigkeit der Anordnung mehrerer Längsschlitten ist hier nicht gegeben und auch wegen der Aufnahme des schaltenden Revolverkopfes nicht möglich. Die Spanneinrichtungen auf dem Revolverkopf zur Aufnahme der Werkstücke entsprechen den Spanneinrichtungen der Halbautomaten mit umlaufenden Werkstücken und werden mit diesen behandelt.

36. Materialspannung.

Die Materialspanneinrichtung hält die Werkstücke während der Bearbeitung. Hierzu paßt sie sich weitgehend dem zur Verarbeitung kommenden Material hinsichtlich dessen Form, Oberflächenbeschaffenheit und Empfindlichkeit gegen Verformung an. Das Material, welches als Stangen, Schmiedestücke, Gußstücke oder vorgedrehte Teile vorkommen kann, ist so fest zu halten, daß es sich unter dem Einfluß der Schnittkräfte nicht verschiebt, und zwar weder in axialer noch in radialer Richtung. Dies bedingt einen während der Bearbeitungsdauer gleichmäßigen Spanndruck, der von der jeweiligen Stellung der Spannbacken unabhängig ist. Diese dürfen nicht selbsthemmend gegen das Material gedrückt werden. Denn wenn sich das Werkstück infolge der Erschütterungen bei der Bearbeitung bewegen will da die Spannzähne sich in die Oberfläche eindrücken, würde sich das Werkstück bei selbsthemmender

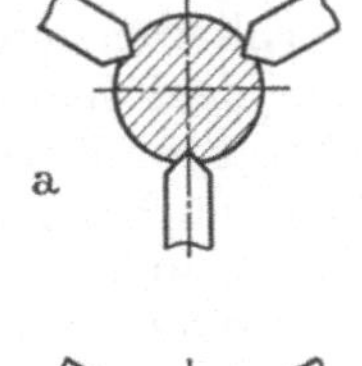

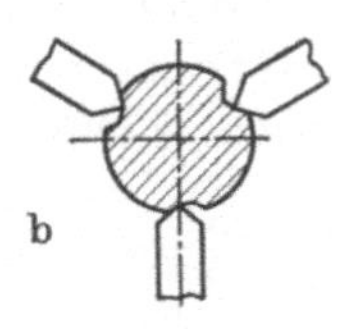

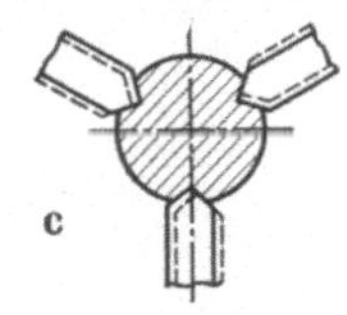

Abb. 97. Spannung einer Werkstoffstange

a) Spannung vor der Bearbeitung.
b) Spannung während der Bearbeitung bei selbsthemmenden Spannbacken. Das Werkstück kann sich lockern.
c) Spannung bei Dauerdruckeffekt. Die Spannbacken dringen tiefer in das Werkstück ein.

Spannung lockern und schließlich ganz herausgerissen werden (Abb. 97). Bei gleichmäßigem Spanndruck dagegen werden sich bei dem geschilderten Vorgang die Spannzähne allseitig tiefer in die Oberfläche eindrücken und das Stück trotzdem mit gleichem Druck festspannen.

Die Spanneinrichtung ist so zu gestalten, daß die Werkstücke nach dem Spannen

Abb. 98. Spannpatronen für Druckspannung. Massive Patrone und Patrone mit Einsätzen.

stets die gleiche Lage haben. Einmal müssen die Teile axial gleich weit vorragen, damit nach der Bearbeitung ein Stück wie das andere ausfällt, sie müssen aber auch schlagfrei gespannt werden, ohne daß noch ein langwieriges Ausrichten erforderlich ist.

Endlich soll die Spanneinrichtung einen so großen radialen Weg machen, daß die materialüblichen Durchmesserunterschiede mit Sicherheit überbrückt werden.

Bei Mehrspindel-Stangenautomaten werden die Materialstangen in geschlitzten gefederten Spannpatrone n[1] (Abb. 98) gehalten, deren Bohrung dem Spanndurchmesser angepaßt ist, oder in welche auswechselbare Spannbacken eingesetzt werden. Die Spannpatronen, die am hinteren Ende in der Spindel geführt werden, tragen vorn eine Kegelfläche, welche im Zusammenwirken mit einer Gegenfläche im Spindelkopf die Klemmwirkung erzielt. Je nachdem dies durch Hineindrücken oder Hineinziehen der Spannpatronen erreicht wird, unterscheidet man Druck- oder Zugspannung (Abb. 99). Die Spannpatronen sind an Spann-

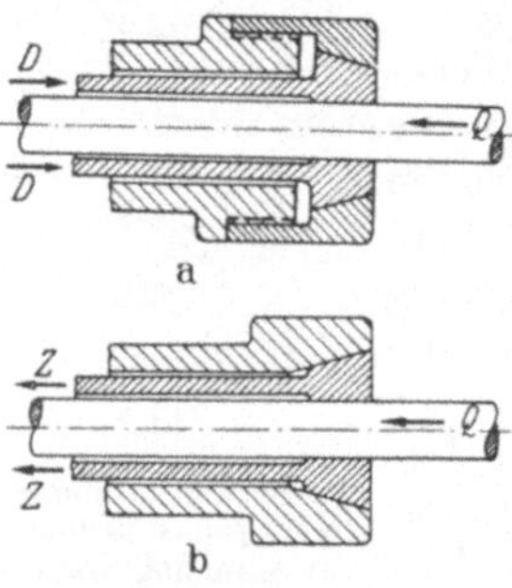

Abb. 99. Anordnung der Spannpatronen. a) Druckspannung; b) Zugspannung.

rohren befestigt, welche vom Spindelende aus durch eine Spannmuffe bewegt werden. Um den notwendigen Spanndruck zu erhalten, wird der Weg der Spannmuffe über ungleicharmige Hebel, sog. Spannfinger, übertragen (Abb. 100). Diese wirken auf ein Federkissen, welches den Spanndruck auf das Spannrohr weiterleitet und bewirkt, daß dieses dauernd unter der Krafteinwirkung bleibt. Die Spannmuffe kann von einem Spannschieber bewegt werden, der einen Spannstein trägt (Abb. 130), so daß nur jeweils eine Spanneinrichtung betätigt wird. Der Spannschieber erhält seine Bewegung über ein von der Steuerwelle bewegtes Getriebe, über dessen Gestaltung später zu sprechen ist.

Bei der Wahl zwischen Zug- und Druckspannung, die in ihrer Spannwirkung annähernd gleichwertig sind, entscheiden Konstruktions- und Festigkeitsgründe. Bei Druckspannung wird die Spannpatrone in einen auf den Spindelkopf aufgeschraubten Deckel hineingedrückt, so daß die ganze Kraft von dem Gewinde des Deckels gehalten werden muß (Abb. 99a). Auch steht das lange Spannrohr unter Druckbeanspruchung, die stets ungünstiger als Zugbeanspruchung ist. Bei Zugspannung ist der Gegenkegel zur Spannpatrone im Spindelkopf selbst, also ein günstigerer Belastungsfall. Berücksichtigt man weiter noch, daß bei Druckspannung die Materialstange durch die axiale Restbewegung beim Schließen der Spannpatrone gegen den Anschlag gedrückt wird, so daß dieser bei seiner Rückbewegung die Reibung unter diesem Druck überwinden muß, während bei Zugspannung die Materialrestbewegung die Stange von dem Anschlag abzieht, so daß dieser druckfrei ist, so erkennt man eine ganze Reihe Vorteile der Zugspannung, die sich in der Praxis immer mehr durchsetzt.

Ein Wort ist noch über die Anordnung der Spannfinger zu sagen. Während das Zuspannen unter Einwirkung der Spannmuffe vor sich geht (Abb. 100), muß dafür gesorgt werden, daß auch das Öffnen beim

---

[1] Haupt: Masch.-Bau Bd. 5 (1926) S. 371 ff.

Zurückziehen der Spannmuffe mit Sicherheit erfolgt, da sonst die Vorschubeinrichtung die Materialstange nicht vorbewegen kann. Die Spannfinger werden bei hohen Spindeldrehzahlen durch Zentrifugalkraft ihr schweres Ende von der Spindel abspreizen. Diese Eigenschaft zieht man zum Öffnen der Spannung heran, so daß durch Zusammendrücken der langen Fingerseite durch die glockenartige Spannmuffe die Spanneinrichtung geschlossen und durch die Zentrifugalkraft geöffnet wird, wenn die Spannmuffe zurückgeschoben ist. Die Kraft zur Bewegung des Spannschiebers setzt sich zusammen aus der

1. Reibungskraft der bewegten Teile auf ihren Unterstützungsflächen, also des Spannschiebers auf dem Maschinengestell, der Spannmuffe auf dem Spindelende, der Spannfinger in der Spannmuffe, auf ihrem Drehbolzen und an dem Federpaket, dem Spannrohr in der Spindel und dem Gegenkegel;

2. Kraft zur Beschleunigung der bewegten Teile, also des Spannschiebers, der Spannmuffe, Spannfinger und Spannrohr mit Spannpatronen;

3. Kraft zum Zusammendrücken der Federn im Federpaket zur Erzielung eines gleichbleibenden Spanndruckes. Dessen Größe ist dadurch gegeben, daß die Zugkraft im Spannrohr während der Bearbeitung mindestens der axialen Werkstückbelastung bei Einrechnung der Reibungswinkel das Gleichgewicht halten muß.

Bedeutet Z_{sp} = die Zugkraft im Spannrohr,

Q = die axiale Werkstückbelastung,

α = den Steigungswinkel der Spannpatronen-Keilfläche,

ϱ_1 = den Reibungswinkel zwischen Spannpatrone und Werkstück,

ϱ_2 = Reibungswinkel zwischen Spannpatrone und Gegenkegel,

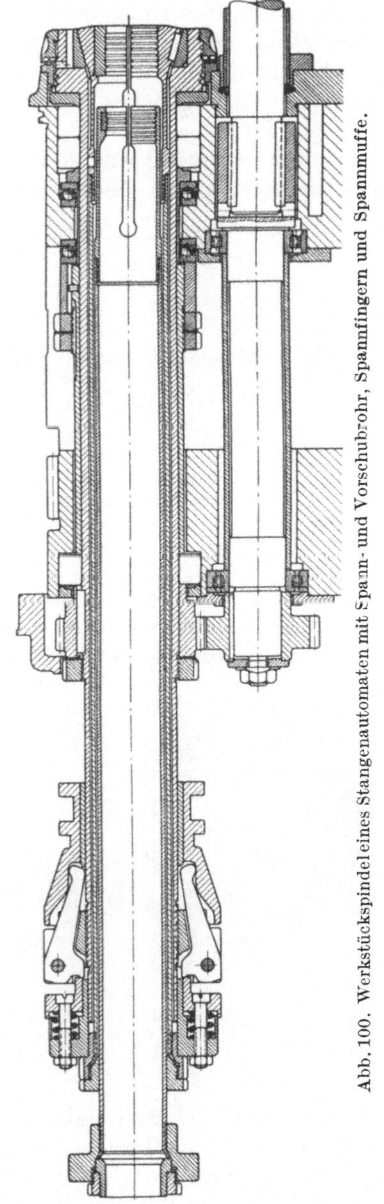

Abb. 100. Werkstückspindel eines Stangenautomaten mit Spann- und Vorschubrohr, Spannfingern und Spannmuffe.

so wird

$$Z_{sp} \geqq \frac{Q \, \mathrm{tg}\,(\alpha + \varrho_2)}{\mathrm{tg}\,\varrho_1}\,.$$

Diese Zugkraft wird erreicht, sobald das Federpaket unter voller Spannung steht. Setzt dann mit der Zerspanung die axiale Komponente Q des Schnittdruckes ein, so unterstützt diese die Zugkraft des Spannrohres, da sie in gleicher Richtung wirkt. Auch darin liegt ein Vorteil der Zugspannung.

Durch Versuche wurde die Zugkraft im Spannrohr bestimmt, die erforderlich ist, um eine bestimmte axiale Werkstückbelastung abzu-

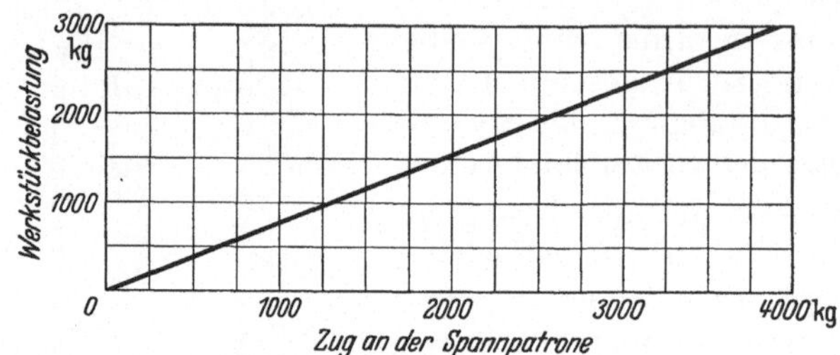

Abb. 101. Zusammenhang zwischen Zugkraft in Spannrohr und Werkstückbelastung.

stützen. Das Ergebnis zeigt Abb. 101 für gut gearbeitete Spannpatronen auf gezogenem Stangenmaterial handelsüblicher Stahlsorten.

Bei den Magazinautomaten werden die Spanneinrichtungen der Werkstückform angepaßt. In den weitaus meisten Fällen lassen sich auch hierbei Spannpatronen besonderer Form, etwa nach außen spannend als Spreizdorn (Abb. 44) verwenden, die allerdings ihren Gegenkegel nicht im Spindelkopf selbst haben, sondern in einem auf diesen aufgesetzten Körper, da bei Magazinautomaten Spannpatronen sehr großen Durchmessers Anwendung finden. Die

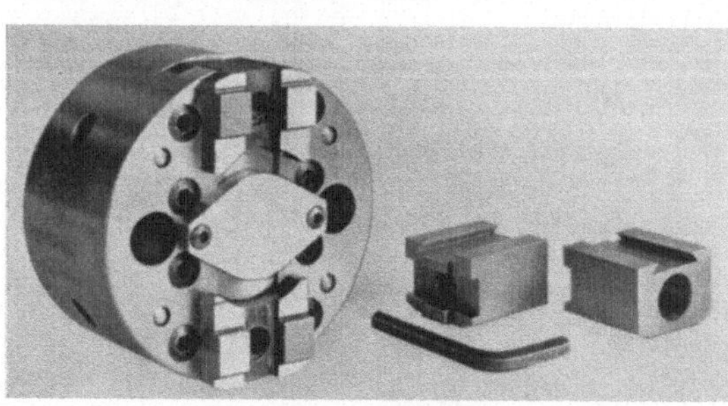

Abb. 102. Zweibackenfutter für Halbautomaten. Die Aufsatzbacken werden dem Werkstück angepaßt. Jedes Spannfutter kann für verschiedene Aufsatzbackensätze verwendet werden.

Betätigung dieser Spanneinrichtungen ist die gleiche wie bei Stangenautomaten und wird auch aus den gleichen Bauteilen zusammengesetzt.

Ganz anders gestaltet sind die Spanneinrichtungen der Halbautomaten. Hier muß unterschieden werden zwischen den Spannfuttern selbst, die sich in den Grundformen ähneln, aber weitgehend den Arbeitsstücken angepaßt werden, und den Spannern und ihren Organen, die zur Maschine gehören, und als Teil von ihr stets daran bleiben.

Es besteht aber auch in der Spannaufgabe bei Halbautomaten ein Unterschied gegenüber den bisher behandelten Maschinen, der in der Art der Werkstücke begrün-
det ist. Bei Stangen-
automaten wird das
Werkstück von der fest-
gespannten Material-
stange abgestochen, so
daß die Spannkraft
keinen Einfluß auf die
Werkstückgenauigkeit
hat. Bei Magazinauto-
maten werden vorwie-
gend recht starre Werk-
stücke verarbeitet, die

Abb. 103. Dreibackenfutter mit herausgebautem Spannkolben und Grundbacken.

wegen der meist runden Form widerstandsfähig gegen Verformung sind. Das ist bei den Werkstücken für Halbautomaten vielfach anders.
Es kommen hier dünn-
wandige Teile vor, die
an ungünstigen Stellen
gespannt werden, so daß
bei starker Spannwir-
kung mit einer Verfor-
mung zu rechnen ist.
Werden solche Teile nun
an den ersten Spindel-
stellungen geschruppt,
wobei sie sehr fest ge-
spannt sind, und in den
letzten Spindelstellun-

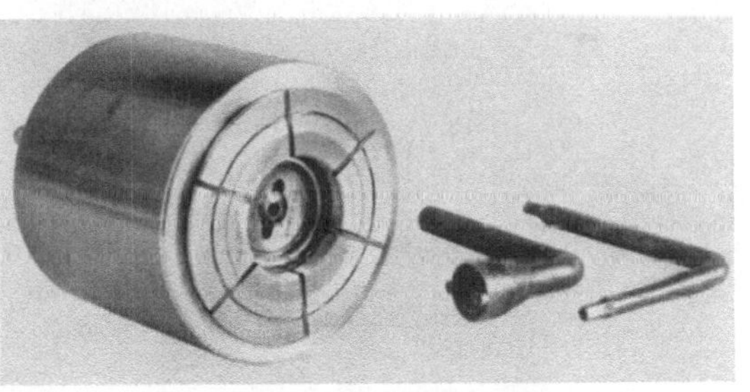

Abb. 104. Spannfutter mit Patrone zur Außenspannung gedrehter Werkstücke.

gen fertig geschlichtet, so wird zwischen diesen beiden Bearbeitungs-
vorgängen die Spannkraft verringert, damit die Teile nach dem
Schlichten formrichtig
von der Maschine kom-
men. Das bedeutet also
eine Zweidruckspan-
nung, bei der der Über-
gang von dem einen zum
andern Druck selbst-
tätig erfolgt. Zur Über-
windung der Selbst-
hemmung des Spann-
futters kann dabei ein
über das Maß der zwei-
ten Spannung hinaus-
gehendes Lockern der

Abb. 105. Spanndorn für die Aufnahme von Werkstücken in einer fertigen Bohrung.

Einrichtung und folgendes Spannen mit dem zweiten Druck vorteilhaft sein, wobei das Werkstück gegen Herausfallen zu halten ist.

Die Spannfutter selbst nehmen so verschiedene Formen an, daß nur einige Beispiele gezeigt werden[1]. Man findet Zwei- und Dreibackenfutter (Abb. 102 und 103), welche mit Grundbacken ausgerüstet sind, auf welche die verschiedenen Aufsatzbacken aufgeschraubt werden. Die Futter kommen auch als Spannzangen (Abb. 104) oder Spanndorne (Abb. 105) vor, um Ringe und ähnliche Teile innen oder außen spannen zu können. Das Futter kann auch mit Fingern ausgerüstet sein, welche hinter einem Bund das Werkstück, beispielsweise einen Motorkolben fassen und diesen

Abb. 106. Spanneinrichtung für Kolben. Spannfinger umfassen den Kolbenbolzen und ziehen den Kolben gegen das Futter.

gegen einen Anschlag festziehen (Abb. 106). Dies ist nur ein Ausschnitt aus der Vielgestaltigkeit der Spannfutter, die sich für fast jedes Werkstück entwickeln lassen.

Bei den Spannern, welche dem Spannfutter die notwendige Spannkraft und Spannbewegung vermitteln, unterscheidet man nach den Spannmitteln

1. Handspanner,
2. Druckluftspanner und Druckölspanner,
3. Elektrospanner.

---

[1] Lit. Nr. 70 c.

Da die Ausführungsformen sich für die beiden Halbautomatenarten unterscheiden, müssen diese getrennt besprochen werden. Bei den Automaten mit umlaufenden Werkstücken kommen Handspanner nur noch vereinzelt vor. Sie sind aufgebaut wie die Spanneinrichtungen bei Stangenautomaten, nur das der Spannschieber seine Bewegung nicht von der Steuerung, sondern von einem Handhebel erhält, der vom Bedienungsmann im gegebenen Zeitpunkt betätigt wird.

Bei dem Druckluftspanner wird die Druckluft dem Zylinder über ein Regelventil zugeführt, durch welches die Luft vor oder hinter den Kolben geleitet werden kann, je nachdem geöffnet oder geschlossen werden soll. Bei geschlossener Spannung wirkt der Druck dauernd auf den Kolben, so daß ein Dauerdruckeffekt erzielt ist und der Kolben durch eine starre Stange mit dem Zug- bzw. Druckorgan des Spannfutters verbunden werden kann. Der Kolben wird mit Manschetten versehen, die selbsttätig durch den Luftdruck abdichten. Als Preßluftzylinder wurden zu-

Abb. 107. Druckluftzylinder und Verteilerstück einer Spanneinrichtung. Der Zylinder bildet das hintere Ende der Werkstückspindel.

nächst einfache Zylinder verwendet. Infolge der durch den Spindelabstand der Maschinen bedingten Durchmesserbeschränkung reichten diese Zylinder bald nicht mehr aus. Es wurden deshalb die Tandemzylinder mit zwei Kolben entwickelt, die die doppelte Zugkraft liefern. Sind die Spindelabstände noch kleiner bzw. reicht die so erzielte Zugkraft immer noch nicht für die Spannaufgaben aus, so werden die Zylinder mit einer innenliegenden Übersetzung ausgestattet, so daß sie eine gegenüber dem einfachen Zylinder vielfache Zugkraft haben. Dabei ist es möglich, die Außenmaße der Zylinder nicht zu vergrößern. Jede Werkstückspindel ist mit einem eigenen Druckluftzylinder (Abb. 107) ausgerüstet, deren Leitungen in einem Verteilerstück in Verlängerung der Spindeltrommelachse zusammenlaufen. Dieses Verteilerstück regelt die Luftzufuhr zu den einzelnen Zylindern, da es die Schaltbewegung der Spindeltrommel mitmacht, so daß nur die Spannspindel bei Betätigung des Regelventils gesteuert wird (Abb. 108). Der geringere Druck in den Spannern der Schlichtspindeln kann dabei auf zweierlei Art erreicht werden. Entweder erhalten die betreffenden Spindeln ihre Druckluft vom Verteilerstück her mit geringerem Druck. In diesem Fall hat das Verteilerstück drei Zuleitungen (Abb. 109).

Abb. 108. Druckluftverteilung auf die sechs Spann-zylinder eines Sechsspindelautomaten.

1. Vom Windkessel unmittelbar für die Schruppspindeln (Leitung I).

2. Vom Windkessel über ein Druckmindererventil für die Schlichtspindeln (Leitung II).

3. Vom Windkessel über ein Regelventil (A) für die Spannspindel (Leitung III bzw. IV).

Eine andere Möglichkeit besteht darin, die Druckluftzylinder mit Stufenkolben auszurüsten. Dann steuert das Verteilerstück bei den Schruppspindeln die Druckluft auf die große Stufe, bei den Schlichtspindeln dagegen auf die kleine Stufe.

Die Drucköspanner sind im Prinzip diesen Ausführungen gleich, bauen aber kleiner, da mit höheren Drük-ken gearbeitet wird. Ihr Nachteil liegt in der besonderen Drucköl-pumpe, die die Anlage wesentlich verteuert, während Druckluft in fast jedem Betrieb vorhanden ist.

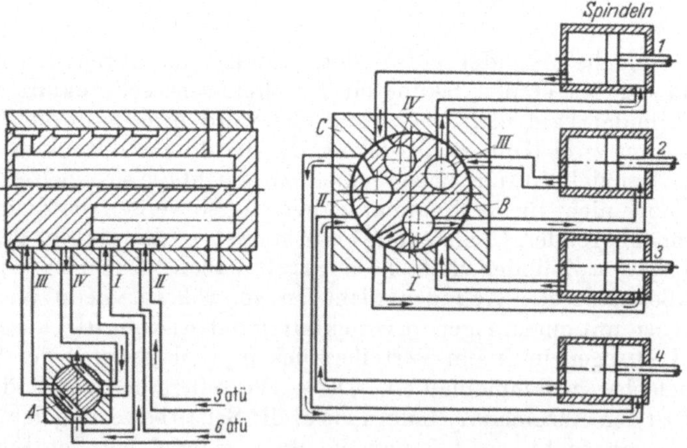

Abb. 109. Weg der Druckluft bei einer Zweidruckspannung eines Vierspindelautomaten mit Zugspannung.
A. Handventil zum Spannen und Entspannen. B. Feststehender Steuerkolben. C. Steuergehäuse, mit der Spindeltrommel schaltend.

Ein in Eigenschaften und Betriebssicherheit gleichwertiger Spanner ist der Elektrospanner (Abb. 110). Der Elektromotor treibt eine Gewindespindel, welche eine Spannmutter verschiebt und so das Schließen der Spanneinrichtung bewirkt. Da der zum Schließen des Futters verwendete Motor aus elektrischen Gründen nach Beendigung der Schließbewegung ausgeschaltet werden muß, wird die Aufrechterhaltung des konstanten Druckes durch ein elastisches Zwischenglied, das sog. Federpaket, besorgt, das zwischen Spanner und Futter in der Maschinenspindel untergebracht ist. Die Längenänderung dieses Federpaketes wirkt in der Weise auf die Steuerung des Motors ein, daß beim Absinken des Spanndruckes um ein bestimmtes Maß der Motor selbsttätig nachspannt, bis der eingestellte Spanndruck wieder hergestellt ist. Zum Zweck der Umschaltung auf einen anderen niedrigeren Druck können mehrere Kontakte vorgesehen werden. Wird nun eine Zweidruckspan-

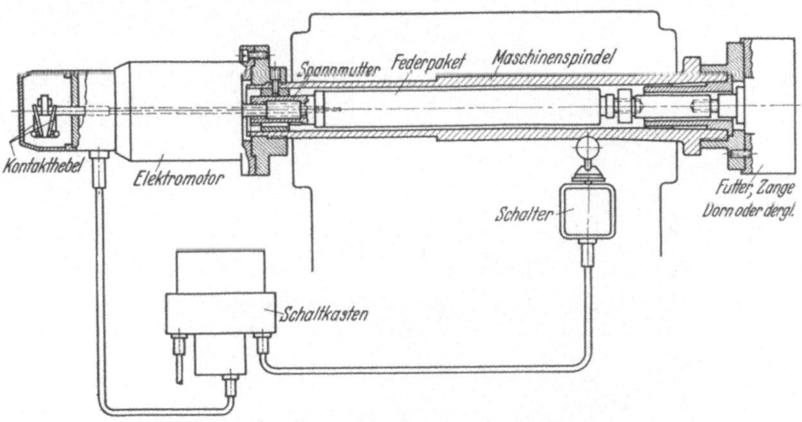

Abb. 110. Elektrospanner mit Dauerdruckeffekt.

nung verlangt, so wird durch die Spindeltrommelschaltung an der betreffenden Spindel ein anderer Stromkreis eingeschaltet, der über andere Kontakte geht. Der Motor wird nun eine rückdrehende Bewegung ausführen, bis die Spannung im Federpaket der neuen Kontaktstellung entspricht, und dann diesen Spanndruck konstant erhalten. Die Umschaltung der Stromkreise für Schrupp- oder Schlichtspindeln erfolgt wieder von einem Verteilerstück auf der Spindeltrommelachse, welches auch den Stromkreis der Spannspindel an einen handbetätigten Schalter anschließt.

Neben dieser Ausführungsform der Druckluft- und Elektrospanner, bei welcher jede Spindel mit einem eigenen Spanngerät ausgerüstet ist, wird auch noch die Einrichtung gebaut, daß nur ein einziger Spanner fest am Maschinengestell angebaut ist. Dieser kann in seiner Größe unabhängig von der Spindeltrommel beliebig gewählt werden. Der Spanner ist mit der jeweiligen Spannspindel gekuppelt, die bei der nächsten Spindeltrommelschaltung von dem Spanner abläuft, der dann mit der nächstfolgenden Spindel zusammen wirkt. In der Spannstellung wird das Spannfutter gegen eine den Dauerdruckeffekt bewirkende Feder geöffnet und durch sie wieder geschlossen. Allerdings ist bei dieser Anordnung (Abb. 111) keine Zweidruckspannung durchführbar.

Vergleicht man die verschiedenen Spannmöglichkeiten bei Halbautomaten, so muß man zu dem Schluß kommen, daß Handspanner und Druckluft- oder Elektrospanner mit einem Spanner gegenüber der Mehrspannerbauarten unterlegen sind. Bei der Auswahl zwischen Luft- oder Elektrospanner spielt der wesentlich höhere Preis des letzteren eine große Rolle. Sein Vorteil liegt darin, daß elektrischer Strom überall, Druckluft aber nicht immer zu haben ist. Ein Nachteil des Elektrospanners liegt darin,

Abb. 111. Anordnung eines Elektrospanners mit einem Motor für alle vier Spindeln.

daß es nicht möglich ist, von hinten der Arbeitsspindel Kühlflüssigkeit zuzuführen, was bei Druckluftspannern möglich gemacht werden kann.

Bei den Mehrspindelhalbautomaten mit feststehenden Werkstücken können ebenfalls Hand-, Druckluft- oder Elektrospanner verwendet werden, und es kann ebenso jede Spindel mit einem eigenen Spanner oder alle zusammen mit einem einzigen ausgerüstet sein. Der wesentliche Unterschied liegt nur darin, daß die Spannfutter keine Drehbewegung ausführen, wodurch die Einrichtung viel einfacher wird. Hier findet man daher häufiger die Handspanner, die zu leistungsfähigen Schnellspannern unter Ausschluß der Möglichkeit von Fehlschaltungen entwickelt sind, wie ein Beispiel zeigt. Auf dem Revolverschlitten (Abb. 112) mit dem schaltbaren Revolverkopf sitzt der Schnellspannbock b. Die am Spannende mit Kupplungszähnen e versehene Spindel c wird durch die Feder d stets in die Gegenkupplung der Anzugsspindel m gedrückt. Der Bügel f

ist mit der Spannspindel c und den beiden Indexbolzen g befestigt. Geht der Revolverschlitten aus der Arbeitsstellung zurück, so entriegelt Kurve h durch Hebel i die beiden Indexbolzen g und damit wird der Bügel f auch gleichzeitig die Spannspindel c aus den Kupplungszähnen der Anzugsspindel entkuppeln. Der Revolverkopf kann nun schalten, die beiden Indexbolzen verriegeln ihn mittels Druckfedern und gleichzeitig werden auch die Kupplungszähne der Spannspindel c mittels Feder d mit der Anzugsspindel m gekuppelt. Handrad K mit dem Kegelrad i überträgt die Bewegung auf die in Spannstellung befindliche Spannspindel. Während an den anderen Spindeln gearbeitet wird, ist Zeit vorhanden, mit dem Handrad die Spannung zu öffnen und nach

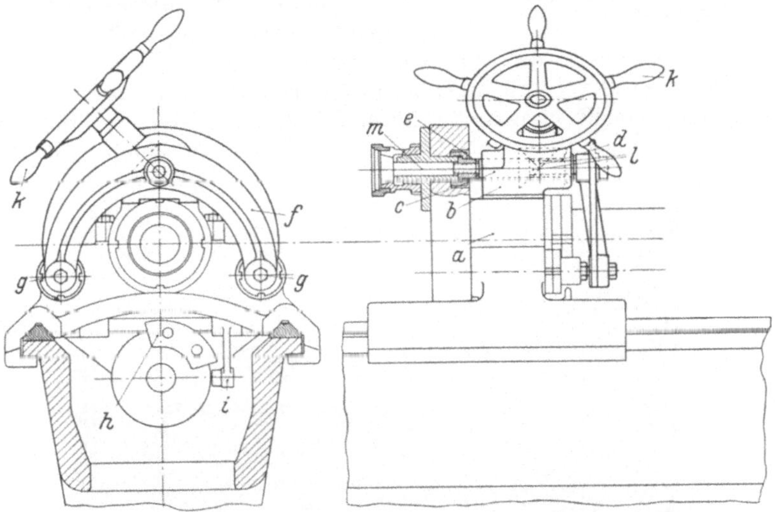

Abb. 112. Schnellspanneinrichtung eines Halbautomaten mit feststehenden Werkstücken.

Wechsel des Arbeitsstückes wieder zu schließen. Zur Erzielung eines Dauerdruckes müßte hier wieder eine Spannfeder zwischengeschaltet werden.

Die Anwendung der Druckluft- oder Elektrospanner entspricht der schon beschriebenen Art, ebenso gelten die gleichen Gesichtspunkte für die Auswahl des Spanners.

37. Materialzuführung.

Das Material wird bei Mehrspindel-Stangenautomaten in Form von Materialstangen zugeführt[1], die gewöhnlich eine Länge von 3—3,5 m haben. Diese werden von federnden Vorschubpatronen (Abb. 113) umfaßt, deren Klemmkraft so bemessen ist, daß die Materialstange bei geöffneter Spannung durch eine Bewegung der Vorschubpatrone mitgenommen wird, ohne in ihr zu gleiten, während sie bei geschlossener Spannung auf ihr gleiten muß. Diese Vorschubpatrone sitzt ange-

---

[1] Lit. Nr. 2.

schraubt an einem Vorschubrohr, welches in dem Spannrohr gleiten kann
und an seinem Ende eine Vorschubmuffe trägt, über welche die Bewegung
des Vorschubrohres erfolgt (Abb. 100).

Abb. 113. Vorschubpatrone für
Stangenautomaten.

Die Vorschubmuffe erhält ihre Bewegung ähnlich wie die Spannmuffe über
einem Vorschubschieber (Abb. 130), welcher
einen Vorschubstein trägt, so daß stets nur
eine Vorschubmuffe bewegt wird. Der Vorschubschieber wird von der Steuerwelle aus
über Getriebe, meistens einem Kurventrieb,
in Bewegung gesetzt.

Die Länge des Vorschubweges wird dem
jeweiligen Werkstück angepaßt. Dies kann
dadurch geschehen, daß das Getriebe zur Bewegung des Vorschubschiebers verändert wird, also beispielsweise die Kurve ausgewechselt.
Eine andere recht praktische Lösung besteht darin, die Bewegung
über eine Kulisse (e in Abb. 114) auf den Vorschubschieber zu leiten,

Abb. 114. Spann- und Vorschubteile an einem Stangenautomaten.
a) Spannschieber. b) Spannmuffe. c) Ausgleichfutter. d) Vorschubschieber. e) Vorschubkulisse.

wobei die vom Getriebe erzeugte stets gleichgroße Bewegung an der
Kulisse auf das nötige Maß eingestellt wird (Abb. 114). Bei der Berechnung des Materialvorschubes ist der längste zulässige Vorschubweg
eingesetzt, da dieser den ungünstigsten Fall darstellt.

Die Materialstange wird zuerst beschleunigt, dann verzögert und
endlich durch den Materialanschlag in ihrer Bewegung begrenzt. Die
Stange darf bei der Vorschubbewegung nicht in der Vorschubpatrone

gleiten, sie darf deshalb eine größte Beschleunigung max b_v nicht überschreiten. Diese wird

$$\max b_v \leq \frac{\text{Haftkraft}}{\text{Stangenmaße}} \leq \frac{g \cdot P_v \cdot \text{tg } \varrho_3}{q \cdot L_{St} \cdot \gamma}\,.$$

Dabei bedeutet

$\quad P_v\ =$ Klemmkraft der Vorschubpatrone,
$\quad \varrho_3\ =$ Reibungswinkel zwischen Vorschubpatrone und Materialstange
$\quad g\ \ =$ Erdbeschleunigung,
$\quad q\ \ =$ Stangenquerschnitt,
$\quad L_{St}\ =$ Stangenlänge,
$\quad \gamma\ \ =$ Spez. Gewicht des Stangenmaterials.

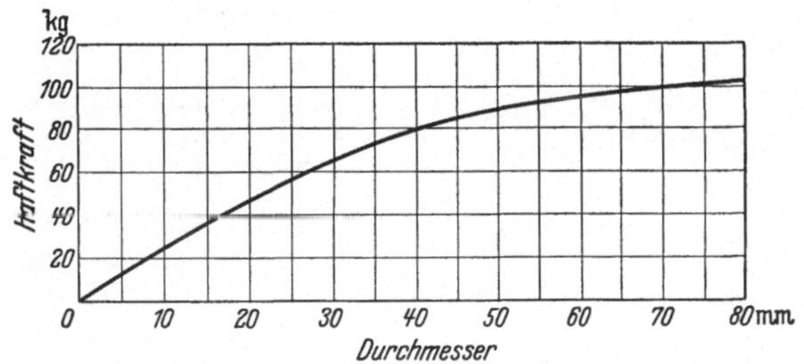

Abb. 115. Zusammenhang zwischen Haftkraft der Vorschubpatrone und Werkstückdurchmesser.

Bei der Bestimmung des Bewegungsgesetzes für das Vorschubrohr muß auf die Erzielung einer kurzen Vorschubzeit geachtet werden. Da die

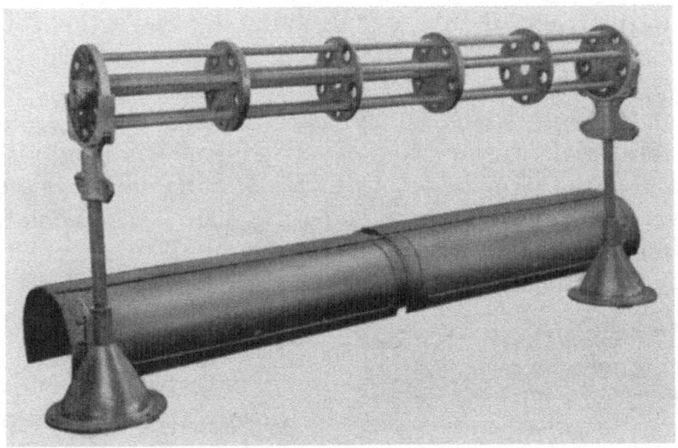

Abb. 116. Stangenhalter eines Fünfspindelautomaten.

Beschleunigung den Wert max b_v nicht überschreiten darf, wird die kürzeste Vorschubzeit erreicht, wenn die Beschleunigung dauernd ihren Höchstwert hat, der nach dem halben Vorschubweg von dem positiven auf den negativen Wert springt (Abb. 146). Bei einem solchen, später behandelten parabolischen Bewegungsablauf ergibt sich für den Vorschubweg S_v bei einem Sicherheitszuschlag von 30% zu max b_v, der eine Abnutzung der Vorschubpatrone berücksichtigt, die erforderliche Vorschubzeit T_v zu

$$T_v = 2 \sqrt{\frac{S_v}{0,75 \, \text{max} \, b_v}}\,.$$

Die Größe der Haftkraft $P_v \cdot \text{tg}\,\varrho_3$ der Vorschubpatrone auf Materialstangen kann der Abb. 115, dem Ergebnis vieler Versuchsreihen, entnommen werden.

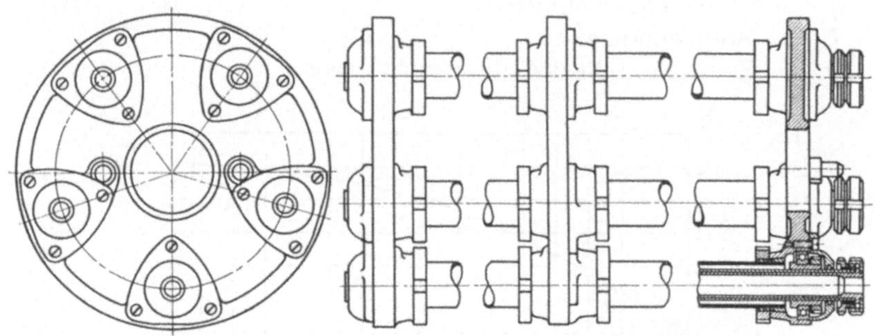

Abb. 117. Stangenhalter mit festen Außenrohren und kugelgelagerten Innenrohren.

Die zur Bewegung des Vorschubschiebers nötige Kraft setzt sich zusammen aus einer

1. Kraft zur Beschleunigung der Materialstange;

2. Kraft zur Beschleunigung der Vorschuborgane, also des Vorschubrohres mit Patrone, und des Vorschubschiebers;

3. Kraft zur Überwindung der Reibung der bewegten Teile auf ihren Unterstützungsflächen, also vorwiegend des Vorschubschiebers auf dem Maschinengestell und des Vorschubrohres in dem Spannrohr.

Die am hinteren Ende der Spindel aus den Vorschubrohren herausragenden Materialstangen werden in einem Stangenhalter geführt. Dieser hat zu jeder Spindel je ein Führungsrohr, die in je einer Scheibe am vorderen und hinteren Ende und bei großer Länge auch in der Mitte gelagert sind (Abb. 116). Das ganze System muß so starr sein, daß keine

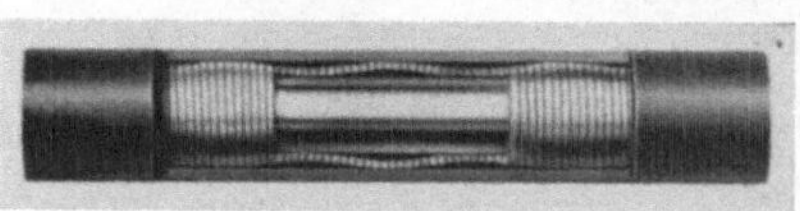

Abb. 118. Federeinlage in einem Material-
führungsrohr zur Geräuschminderung (DRP.).

Verwindungen auftreten. Die vordere Lagerscheibe wird mit der Spindeltrommel gekuppelt, so daß der Stangenhalter deren Schaltbewegung mitmachen muß und die einzelnen Führungsrohre stets genau in der Achse der Drehspindeln liegen. Die Führungsrohre selbst werden so gestaltet, daß die umlaufenden Materialstangen geräuscharm geführt und an ihrer Oberfläche besonders bei Profilmaterial nicht verletzt werden. Zu diesem Zweck können die Rohre in den Lagerscheiben drehbar angeordnet werden (Abb. 117), so daß sie die Bewegungen der Materialstangen mitmachen. Zusätzlich sind sie innen mit einer Isoliermasse ausgefüttert. Oder es wird in den Führungsrohren eine Schraubenfeder besonderer Formgebung unter-

Abb. 119. Stangenhalter mit herausziehbaren Einzelrohren zum Ausbau der Vorschubrohre.

gebracht, durch welche Schläge der Materialstangen aufgefangen und Geräusche vermindert werden (Abb. 118).

Abb. 120. Zählwerk am Stangenhalter zur Verkürzung der Verlustzeiten.

Um zu vermeiden, daß zum Herausnehmen der Vorschubrohre für Arbeiten an der Vorschubpatrone der ganze Stangenhalter abgebaut werden muß, hat man die Führungsrohre in Federrollenlagern großen Durchmessers gelagert und so eingerichtet, daß man sie einzeln von Hand zurückschieben kann (Abb. 119). Durch die freigewordene Lagerstelle lassen sich die Vorschubrohre leicht zurückziehen.

Zum Zuführen des Materials gehört auch das Nachfüllen von Materialstangen nach Verarbeitung der in den Maschinen befindlichen Stangen[1]. Um diesen Vorgang, der einen Stillstand der Maschine bedingt, kurz zu halten, hat man eine besondere Hilfseinrichtung am Stangenhalter geschaffen. Ein Licht-

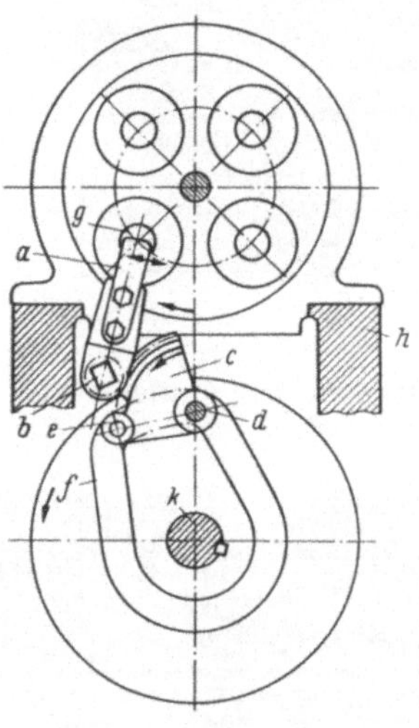

Abb. 121. Materialanschlag. Der Anschlag wird durch ein kurvenbetätigtes Zahnsegment gedreht. a) Materialanschlag. b) Anschlagwelle mit Ritzel. c) Zahnsegment. d) Drehzapfen des Zahnsegments. e) Kurvenrolle. f) Kurvenscheibe. g) Werkstückspindel. h) Automatenbett. k) Steuerwelle.

Abb. 122. Kettenmagazin für Bolzenzuführung.

zeichen flammt auf, sobald die letzte der annähernd gleich langen Materialstangen so weit verbraucht ist, daß der Stangenhalter der Maschine vollkommen frei ist. Während nun die in den Arbeitsspindeln noch vorhandenen Stangenreste verarbeitet werden, hat der Bedienungsmann reichlich Zeit, den Stangenhalter von der Schaltung mit der Spindeltrommel durch einen Handgriff abzukuppeln, die gegen die Maschine gerichteten Enden der Führungsrohre mit einer Sperrscheibe zu schließen und vom hinteren Ende aus neue Materialstangen einzuführen, wobei es keinerlei Vorsicht bedarf, da der Stangenhalter nicht mehr mitschaltet, und die Stangen durch die Sperrscheibe auf-

---

[1] Lit. Nr. 24.

gehalten werden und nicht in den Bereich der Drehspindeln gelangen können. Gleichzeitig mit dem ersten Lichtzeichen setzt sich ein auf Werkstücklänge einstellbares Zählwerk (Abb. 120) in Tätigkeit, welches in dem Augenblick ein zweites Lichtsignal aufflammen läßt und die ganze Maschine stillsetzt, in dem die Werkstoffstangen so weit verbraucht sind, daß sie nicht mehr zuverlässig gespannt werden. Nunmehr lassen sich mittels einer Ladevorrichtung die neuen Materialstangen im Stangenhalter vom Bedienungsplatz aus in kürzester Zeit in die Spindeln einführen, wobei die alten Stangenreste herausgestoßen werden. Gleichzeitig wird der Stangenhalter mit der Spindeltrommel gekuppelt und macht die Schaltbewegung wieder mit.

Zur Begrenzung der Vorschubbewegung ist ein Materialanschlag erforderlich, der während des Materialvorschubes vor diejenige Spindel geführt wird, an welcher der Vorschub erfolgt. Hierfür kann der Anschlag eine Bewegung in einer Ebene senkrecht zur Drehachse ausführen, und zwar geradlinig hochgeschoben oder durch eine Drehbewegung hochgeschwenkt werden (Abb. 121). Er erhält seine Bewegung von der Steuerwelle meistens über einen Kurventrieb.

Abb. 123. Rutschenmagazin.

Abb. 124. Magazin mit Spiralrutsche.

Der Anschlag ist so eingerichtet, daß die Materialvorschublänge eingestellt werden kann.

Abb. 125. Magazin mit Drehscheibe.

Bei den Magazin-Mehrspindelautomaten erfolgt die Materialzuführung von einem Magazin, in das die Werkstücke eingelegt werden. Sie

Alb. 126. Magazin mit besonders langer Rutsche.

rutschen der Spanneinrichtung zu, und werden durch eine Einstoßvorrichtung eingeführt.

Magazin- und Einstoßeinrichtung lassen sich nicht einheitlich zur Maschine entwickeln, sondern müssen von Fall zu Fall dem Werkstück angepaßt werden. Eine Behandlung an dieser Stelle ist deshalb nicht möglich. Einige Beispiele von ausgeführten Magazinen zeigt Abb. 122 bis Abb. 126. Bei der Steuerung muß auf die notwendigen Bewegungen Rücksicht genommen werden, damit für diese bei der Konstruktion des Magazins die erforderlichen Ableitstellen zur Verfügung stehen. Bei Halbautomaten erfolgt die Zuführung des Materials von Hand.

Der Anschlag wird bei Magazin- und Halbautomaten in die Spanneinrichtung hineinverlegt, sei es nun, daß das Werkstück an die Backen, oder gegen einen im Innern angeordneten Anschlagbolzen stößt. Damit fällt auch der Anschlag für die Werkstücke in das Gebiet der Einzelkonstruktion.

4. Die Steuerung der Mehrspindelautomaten.

41. Aufgaben der Steuerung.

Die Steuerungseinrichtung eines Mehrspindelautomaten hat den Zweck, alle für die Herstellung eines Werkstückes erforderlichen periodisch wechselnden Bewegungen zu bewirken, sofern diese selbsttätig, also ohne menschliches Zutun ablaufen. Dabei muß die Steuerung eine doppelte Aufgabe lösen.

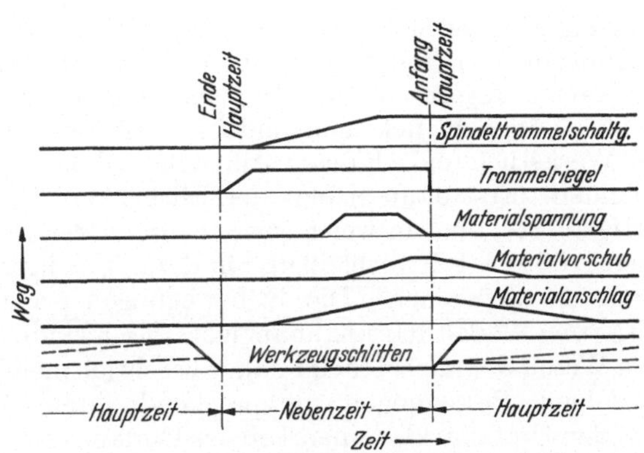

Abb. 127. Bewegungsschaubild eines Stangenautomaten.

1. Die Bewegungen sind in dem Zeitpunkt einzuleiten, der durch die technologischen Forderungen der Maschine bedingt ist. Dabei ist die genaue Einhaltung jeder Bewegung sowie deren Reihenfolge von lebenswichtiger Bedeutung.

2. Die Bewegungen sollen in der erforderlichen Größe, Richtung, sowie der zur Verfügung stehenden Zeit ablaufen.

Wir kennen die Bewegung solcher Maschinenteile, die zur Bearbeitung eines Werkstückes dienen und nach Größe, Dauer und Folge diesem angepaßt werden müssen, damit für jedes Werkstück die kürzeste Bearbeitungszeit erzielt wird. Es sind dies die Bewegungen der Hauptzeit. Davon zu unterscheiden sind die Bewegungen solcher Maschinenteile, die zur Vorbereitung der Bearbeitungsperiode dienen, die Nebenzeitbewegungen. Bei diesen ist der Ablauf jeder einzelnen Bewegung sowie deren Reihenfolge unabhängig von dem jeweiligen Werkstück, und für eine Automatenbauart und Größe unveränderlich und genau vorherbestimmbar.

Als Grundlage für den Aufbau der Steuerung dient ein Bewegungs-Zeit-Schaubild (Abb. 127), welches die einzelnen Bewegungen, deren Beginn, Verlauf und Ende bzw. bei veränderlichen Bewegungen die Grenzen dieser Werte zeigt. Zur Aufstellung eines solchen Schaubildes ist genaue Kenntnis der einzelnen Bewegungen erforderlich.

42. Die Bewegungen der Hauptzeit.

Die Bewegungen der Hauptzeit umfassen in erster Linie die Werkzeugträger, soweit sie zur Bearbeitung eines Werkstückes nötig sind. Bei Mehrspindelautomaten mit umlaufenden Werkstücken sind dies die Bewegungen eines oder mehrerer Längsschlitten oder Pinolen, der Querschlitten oder Schwinghebel, sowie besonderer Werkzeugträger, die zusätzlich am Maschinengestell angesetzt werden, während bei Maschinen mit feststehenden Werkstücken lediglich die Bewegung des die Werkstücke tragenden Revolverschlittens in Frage kommt. Denn die Erzeugung der Planflächen sowie alle Radialbewegungen werden von den Werkzeugen ausgeführt, wozu diese ihren Antrieb von der Revolverschlittenbewegung ableiten.

Die aufgeführten Werkzeugträger müssen aus der Anfangsstellung heraus in langsamer, regelbarer Vorschubgeschwindigkeit den Arbeitsweg wechselnder Länge zurücklegen und im vordersten Punkt für die Dauer einiger Werkstückumdrehungen still stehen, damit die Werkzeuge sich frei schneiden. Erst dann erfolgt der Eilrücklauf der Schlitten in ihre rückwärtigste Stellung, in welcher sie während der Nebenzeit bzw. während deren größtem Teil verbleiben, um dann im Eilgang wieder bis in Arbeitsstellung vorzugehen. Die Eilbewegungen erfolgen dabei in stets gleicher, vom Werkstück unabhängiger Geschwindigkeit.

Es liegt im Wesen der nachstehend näher beschriebenen Steuerungen, daß die einzelnen Bewegungen entsprechend ihrem Zeitschaubild (Abb. 127) auf den Umfang oder einen Teil des Umfangs einer Steuerwelle entsprechend ihrem prozentualen Zeitbedarf verteilt werden. Das bedingt aber für die Bewegungen der Werkzeugträger, daß die Vorschubgeschwindigkeit bei gleichlangem Arbeitsweg durch Regelung der Drehgeschwindigkeit erfolgt, während die wechselnde Länge des Arbeitsweges durch die von der Steuerung beeinflußten Getriebe erreicht wird. Da als solche, wie später noch gezeigt wird, vorwiegend Kurventriebe verwendet werden, erfolgt die Regelung der Arbeitswege durch Auswechseln der Kurvenstücke, deren verschiedene Höhe bei gleicher Länge bzw. gleichem Umfassungswinkel um die Steuerwelle ein Maß für die Weglänge ist. Würde man dagegen Kurvenstücke gleicher Steigung verwenden, so bedingt ein längerer Arbeitsweg eine längere Kurve, d. h. die Kurve würde die Steuerwelle weiter umfassen. Das bedeutet aber, daß bei jeder Änderung eines Arbeitsweges die Aufteilung der Steuerwelle, kurzum die ganze Steuerung geändert werden muß, was zwar bei einer Einzweckmaschine durchführbar ist, nicht aber bei einem Mehrspindelautomaten, der in kurzer Zeit von einem Werkstück auf ein anderes umstellbar sein soll.

Es kommen also für die Arbeitswege stets Kurven gleicher Länge bzw. gleichen Umfassungswinkels in Frage, die bei verschiedener Höhe verschiedene Steigungen aufweisen. Bei gleicher Ablaufgeschwindigkeit bzw. gleicher Steuergeschwindigkeit sind für solche Kurven verschiedene Vorschubgeschwindigkeiten, bezogen auf die Zeiteinheit oder die Werkstückumdrehung nötig. Die Vorschubgeschwindigkeit wird also nicht allein durch die Geschwindigkeit der Steuerwelle, sondern ebenso durch die Steigung der Arbeitskurve bedingt, während ihre Regelung lediglich durch eine Regelung der Steuerwellengeschwindigkeit erfolgt.

Die Erzeugung verschiedener Steuerwellengeschwindigkeiten bedingt ein Räderwechselgetriebe im Antrieb, welches ebenso wie das Getriebe für die Spindeldrehzahlen eine geometrische Stufung erhält, um die Geschwindigkeitsdifferenz zwischen aufeinanderfolgenden Stufen gleichzuhalten. Auch hier ist eine feine Stufung mit einem Sprung von etwa 1,12 und ein großer Regelbereich am Platz, um einen großen Arbeitsbereich zu erhalten. Die Ableitung der Drehbewegung für den Vorschub kann entsprechend der Drehbank von der Spindeldrehung erfolgen, so daß diese Bewegungen miteinander gekuppelt sind. Dies bedingt aber einen schwierigen Aufbau des Getriebes, da gleichzeitig eine gleichförmige Drehbewegung für die Nebenzeit von der Antriebswelle abgeleitet werden muß. Da nun, wie schon gezeigt, der Vorschub nicht allein von der Steuerwellengeschwindigkeit abhängt, sondern ebenso von den benutzten Kurvenstücken, erscheint es günstiger und wirtschaftlicher, alle Bewegungen von der Antriebswelle abzuleiten und damit von der Spindeldrehzahl unabhängig zu machen. Dabei wird erreicht, daß mit einer Steuergeschwindigkeitseinstellung, unabhängig von Werkstück und Kurvenstücken, die Stückzeit gegeben ist, und diese auch bei jeder Spindeldrehzahl gleich ist. Die einzelnen schon erwähnten Stufen des regelbaren Vorschubgetriebes werden dann nicht mehr mit einer Drehzahl oder einer Geschwindigkeit, sondern unmittelbar mit der erreichten Stückzeit bezeichnet. Dies hat so viele Vorteile für Bau und Betrieb der Maschine, daß es bei den meisten Bauarten angewendet wird, da die bei der Drehbank durch die Ableitung von der Spindeldrehzahl gegebenen Vorteile gleichbleibender Vorschubgröße je Spindelumdrehung bei einem Mehrspindelautomaten doch nicht vorhanden sind.

Da nach den vorstehenden Überlegungen der Regelbereich identisch mit dem Stückzahlbereich ist, wird dieser mit 1:50 angestrebt, da hierbei alle vorkommenden Möglichkeiten erfaßt sind. Dem Regelbereich von 50 entspricht bei dem Sprung 1,12 die Stufenzahl 35. Für das Getriebe ist zu beachten, daß bei der Stückzeiteinstellung nur schwer ohne schnelle Umstellung auszukommen ist. Bei neuem Material, welches einer anderen Charge oder Lieferung entstammt, ist vielfach wegen geringfügiger Änderung der Zerspanungseigenschaften eine andere Stückzeit nötig, damit die Standzeit der Werkzeuge erhalten bleibt. Auch lehrt die Praxis, daß bei Betriebsbeginn mit kalter Maschine die Einstellung einer längeren Stückzeit vorteilhaft ist, um erst nach Erreichung der Betriebstemperatur die kürzeste Stückzeit gefahrlos im Dauerbetrieb einzuhalten. Diese Überlegungen lassen es angebracht erscheinen, eine Regelung im engen Rahmen durch ein Stufengetriebe vorzunehmen, während die Grobeinstellung im Hinblick auf billige Maschinenherstellung durch Wechselräder erfolgt. Eine Aufteilung des 35stufigen Getriebes ist in fünf Stufen durch ein Stufengetriebe und sieben Stufen durch ein Wechselrädergetriebe durchführbar.

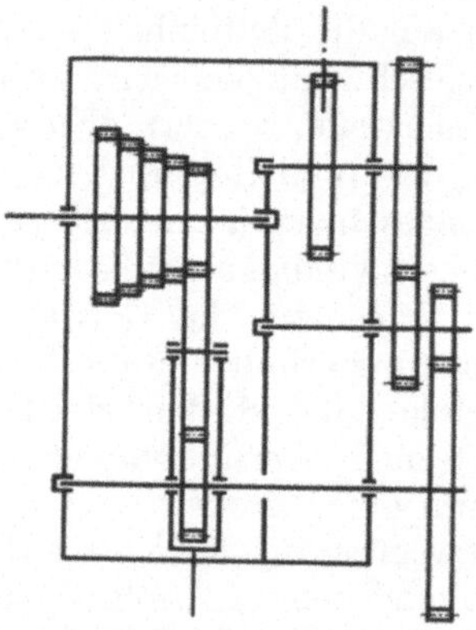

Als Stufengetriebe kann ein Nortongetriebe (Abb. 128) verwendet werden, welches mit nur sieben Rädern die verlangten fünf Stufen bringt. Die Stufung entspricht dem Stufensprung, wäre also mit 1,12 auszuführen, während das Wechselrädergetriebe wegen der verlangten Grobeinstellung den Sprung $1,12^5 = 1,78$ hat.

Ein Beispiel soll die Festlegung der Räder eines solchen Vorschubgetriebes verdeutlichen. Das Nortongetriebe zeigt die Übersetzungen 1,00 bis 1,58. Die Zahnradpaare haben alle ein Rad mit gleicher Zähnezahl gemeinsam, welches als Grundrad in der Schwinge angeordnet ist und im Hinblick auf guten Zahneingriff nicht weniger als 20 Zähne haben soll. Die nach den Tabellen von GERMAR[1] in Frage kommenden Räderübersetzungen für verschiedene Grundräder zeigt Tab. 23, in der auch die Abweichung der wirklich erreichten Übersetzung von der theoretischen angegeben ist. Es zeigt

Abb. 128. Schema eines Vorschubräderkastens mit Nortongetriebe.

Tab. 23. Zähnezahlen des Räderblocks und Abweichungen der erzielten von der theoretischen Übersetzung bei einem 5stufigen Nortongetriebe mit einem Stufensprung 1,12 bei verschiedenen Zähnezahlen des Schwingenrades.

Exponent von 1,12	Größe der Übersetzung	Zähnezahl	Abweichung %	Zähnezahl	Abweichung %	Zähnezahl	Abweichung %	Zähnezahl	Abweichung %
0	1,00	22	0,0	23	0,0	24	0,0	25	0,0
1	1,12	25	—1,3	26	—0,7	27	—0,3	28	0,2
2	1,26	28	—1,1	29	—0,2	30	0,7	31	1,5
3	1,41	31	0,2	32	1,5	34	—0,3	35	0,9
4	1,58	35	—0,4	36	1,3	38	0,1	40	—0,9
Zähnezahl des Schwingenrades		22		23		24		25	

[1] Siehe Anmerkung Seite 84.

sich, daß die Reihe mit einem Grundrad von 24 Zähnen zu besonders fehlerarmen Übersetzungen führt, so daß diese Reihe zur Anwendung kommt.

Für das 7stufige Vorschubgetriebe sind nach Tab. 14 und 19 bei Ausführung mit zwei Wellenpaaren und gleichem Wellenabstand drei Räderpaare mit den Übersetzungen 1,78; 1,78 und $1{,}78^2 = 3{,}16$ erforderlich. Die Tab. 24 läßt erkennen, daß hierbei die Zähnezahlsumme 75 besonders

Tab. 24. Räderpaare mit verschiedenen Zähnezahlsummen und die entsprechende Abweichung von der theoretischen Übersetzung bei einem Stufensprung von 1,12 für das Wechselrädergetriebe im Vorschubantrieb.

Exponent von 1,12	Größe der Übersetzung	Zähnezahlen	Abweichung %	Zähnezahlen	Abweichung %	Zähnezahlen	Abweichung %
5	1,78	25 : 45	—1,2	27 : 48	0,0	29 : 51	1,1
10	3,16	17 : 53	1,4	18 : 57	—0,1	19 : 61	—1,5
Zähnezahlsumme		70		75		80	

fehlerarme Ergebnisse hat, so daß die sechs Wechselräder die Zähnezahlen 18, 27, 27, 48, 48 und 57 haben. Die Verwirklichung der 35 Stufen mit den beiden hintereinandergeschalteten Getrieben ist aus Tab. 25 zu erkennen, es tritt ein größter Fehler von nur 0,8% Abweichung von der theoretischen Übersetzung auf.

Bei Mehrspindelautomaten mit feststehenden Werkstücken wird von der Steuerwelle aus nur der Revolverschlitten bewegt, während alle von der axialen Richtung abweichenden Bewegungen zwischen Werkzeug und Werkstück von dem umlaufenden Werkzeug ausgeführt werden müssen. Die Ableitung dieser Bewegung erfolgt von dem Längsschlitten. Dieser

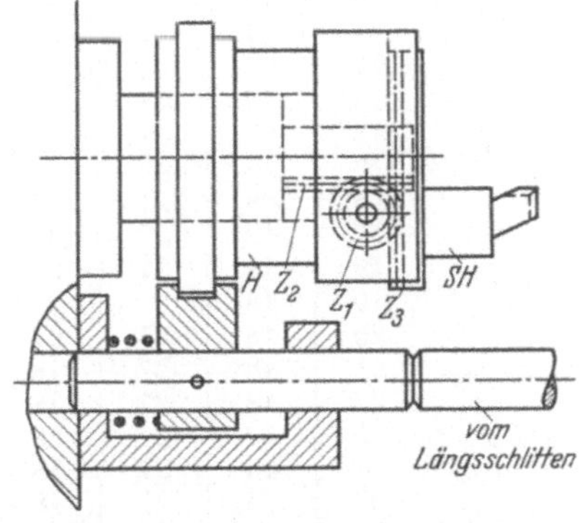

Abb. 129. Plandrehwerkzeug eines Halbautomaten mit feststehenden Werkstücken. Die Bewegung wird vom Längsschlitten eingeleitet.

drückt bei seinem Arbeitsgang über eine Schubstange (Abb. 129) eine um das umlaufende Werkzeug herum angeordnete axialverschiebliche Haube zurück, welche die Bewegung über Keilflächen oder Zahnstangen und Zahnrad auf das notwendige Maß verkleinert und in der Richtung umsetzt. Bei dem Werkzeug nach Abb. 129 ist mit der Haube H das Zahnrad Z_1 fest verbunden, welches bei axialer Bewegung der Haube an der im Werkzeugkörper gelagerten Zahnstange Z_2 abrollt. Rad Z_1 kämmt auch mit der Zahnstange Z_3, welche in der Haube H verschieblich gelagert ist und den Stahlhalter mit Stahl SH trägt. Im Bewegungsschaubild können die Vorgänge dieser Planwerkzeuge mit den Querschlittenbewegungen zusammen behandelt werden, da sie diesen genau entsprechen.

Die Hauptzeitbewegungen von Werkzeugeinrichtungen stellen inso-

Tab. 25. Zähnezahlen und Abweichung von der theoretischen Drehzahl bei einem 35 stufigen Vorschubgetriebe, zusammengesetzt aus einem 7 stufigen Wechselrädergetriebe mit Zähnezahlsumme 75 für jedes Räderpaar und einem 5 stufigen Nortongetriebe mit einem Schwingrad von 24 Zähnen.

Stufe	Zähnezahlen der Wechselräder auf Welle				Zähnezahl des arbeitenden Rades am Räderblock	Abweichung %
	I	II	III	IV		
1	48	27	57	18	24	0,1
2	48	27	57	18	27	—0,2
3	48	27	57	18	30	0,8
4	48	27	57	18	34	—0,2
5	48	27	57	18	38	0,2
6	48	27	48	27	24	0,0
7	48	27	48	27	27	—0,3
8	48	27	48	27	30	0,7
9	48	27	48	27	34	—0,3
10	48	27	48	27	38	0,1
11	27	48	57	18	24	0,1
12	27	48	57	18	27	—0,2
13	27	48	57	18	30	0,8
14	27	48	57	18	34	—0,2
15	27	48	57	18	38	0,2
16	48	27	27	48	24	0,0
17	48	27	27	48	27	—0,3
18	48	27	27	48	30	0,7
19	48	27	27	48	34	—0,3
20	48	27	27	48	38	0,1
21	48	27	18	57	24	—0,1
22	48	27	18	57	27	—0,4
23	48	27	18	57	30	0,6
24	48	27	18	57	34	—0,4
25	48	27	18	57	38	0,0
26	27	48	27	48	24	0,0
27	27	48	27	48	27	—0,3
28	27	48	27	48	30	0,7
29	27	48	27	48	34	—0,3
30	27	48	27	48	38	0,1
31	27	48	18	57	24	0,1
32	27	48	18	57	27	—0,2
33	27	48	18	57	30	0,8
34	27	48	18	57	34	—0,2
35	27	48	18	57	38	0,2

fern eine besondere Gruppe dar, als Anfang, Ende und Verlauf stets verschieden sind, so daß sich auch der dafür erforderliche Winkel an der Steuerwelle stets ändert. Es ist deshalb nötig, daß die Bewegungsableitung mit dem Werkzeug zusammen und zu einem bestimmten Werkstück passend entworfen wird, während an der Steuerwelle eine Möglichkeit zur

Ableitung etwa in Form einer Kurventrommel vorzusehen ist. Im Bewegungsschaubild ist einzutragen, in welchem Bereich die Bewegungen liegen.

Der Eilrücklauf der Werkzeugträger sowie deren Eilvorlauf bis in Arbeitsstellung sind keine eigentlichen Hauptzeitbewegungen mehr. Sie werden aber trotzdem in diesem Zusammenhang behandelt, da sie meistens von den gleichen Getrieben wie die reinen Hauptzeitbewegungen gesteuert werden. Es sind aber auch andere Lösungen bekannt und werden später behandelt, welche die Einordnung dieser Bewegungen in die Nebenzeit rechtfertigen. Ein grundsätzlicher Unterschied ist durch die Art der Einordnung nicht gegeben.

43. Die Nebenzeitbewegungen[1].

Die allen Mehrspindelautomaten gemeinsame und sie kennzeichnende Bewegung der Nebenzeit ist die Schaltung der Spindeltrommel bzw. des Revolverkopfes. Dieser Vorgang wird eingeleitet durch den Rückzug der Verriegelung und Lösung vorhandener Klemmeinrichtungen. Dies kann noch mit dem Rücklauf der Schlitten in ihre rückwärtige Stellung zusammenfallen, da dann die Werkzeuge schon nicht mehr arbeiten, so daß evtl. kleine Lageänderungen der Werkstücke ohne Einfluß bleiben.

Daraufhin setzt die Schaltbewegung ein, durch welche die Werkstücke zu den Werkzeugen der nächsten Bearbeitungsstufe geführt werden. Die Drehung des Werkstückträgers erfolgt dabei um genau den vorgeschriebenen Betrag. Nach Bewegungsende bleibt der Werkstückträger ruhig stehen bis der Trommelriegel einspringt und die genaue Arbeitsstellung in der schon beschriebenen Art bewirkt.

Nach dem Verriegeln werden Klemmeinrichtungen des Werkstückträgers, wenn solche vorhanden sind, festgezogen, und zwar zunächst für die axiale und dann erst für die radiale Klemmung, da erstere noch eine axiale Trommelbewegung zur Folge haben kann.

Außer der Werkstückschaltung muß während der Nebenzeit die Versorgung der Werkstückspindeln mit neuem Material erfolgen. Diese Vorgänge unterscheiden sich bei den verschiedenen Mehrspindelautomaten-Arten so erheblich, daß sie getrennt behandelt werden müssen.

Materialzuführung bei Mehrspindel-Stangenautomaten. Bei Mehrspindel-Stangenautomaten sind für die Versorgung mit neuem Material drei Bewegungsgruppen erforderlich.

1. Betätigung der Materialstangen-Spanneinrichtung,
2. Betätigung der Materialstangen-Vorschubeinrichtung,
3. Betätigung des Materialstangen-Anschlages.

Als erste Bewegung erfolgt das Öffnen der Stangenspanneinrichtung durch Verschieben eines Spannsteines. Da jede Werkstückspindel eine Spannmuffe trägt, von denen beim Vorschub an einer Spindel nur jeweils eine bewegt werden darf, muß diese bei der Schaltung auf einen Spannstein auflaufen, nachdem diesen die Spannmuffe der vorhergehenden Spindel verlassen hat (Abb. 130). Nach diesem Wechsel kann der

---

[1] Lit. Nr. 6, 7, 11.

Spannschieber mit dem Spannstein und der Spannmuffe seinen Weg ausführen, und zwar wird dies stets noch mit dem letzten Teil der Bewegung der Spindeltrommel zusammenfallen. Die Größe des bereits zurückgelegten Trommelweges wird für jeden einzelnen Fall zeichnerisch genau bestimmt.

Für den Beginn der Rückbewegung des Spannschiebers ist, da die Spanneinrichtung stets weiter als der Stangendurchmesser geöffnet ist, der Leerweg entscheidend, den die Spannpatrone zurücklegen muß, bevor sie das Material faßt. Um diesen Betrag, der bis zu 30 % des gesamten Spannweges ausmachen kann, darf die Rückbewegung des Spannschiebers mit dem Materialvorschub zusammenfallen. Dagegen wird der gleiche Leerweg beim Öffnen der Spannpatrone nicht für den Materialvorschub benutzt, da die Spannbacken noch auf den Materialstangen kleben können, so daß der Vorschubwiderstand größer als die Haftkraft der Vorschubpatrone wäre, d. h. daß der Materialvorschub nicht voll ausgeführt würde.

Der Materialvorschub setzt nach voller Öffnung der Spannung ein. Der Rückzug der Spannpatrone, während dem die Materialstange in der Spanneinrichtung gehalten wird und sich nicht axial bewegt, erfolgt nach Beendigung der Schließbewegung der Spanneinrichtung und kann zeitlich mit den wieder vorgehenden Werkzeugträgern oder gar mit der Bearbeitung zusammenfallen.

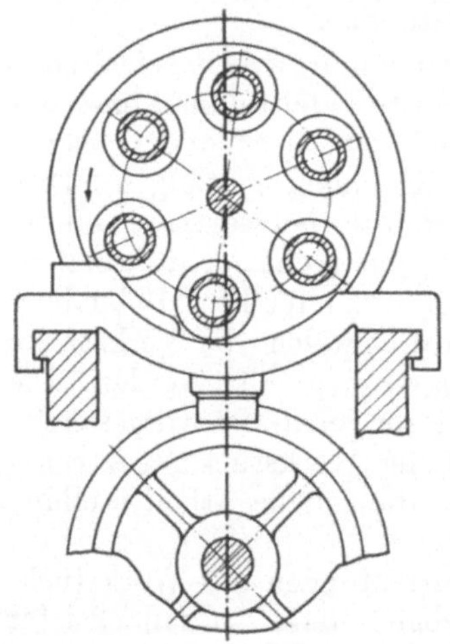

Abb. 130. Wechsel der Spannmuffen auf dem Spannstein eines Stangenautomaten bei der Spindeltrommelschaltung. Der halbe Schaltweg ist zurückgelegt und der Wechsel gerade erfolgt.

Eine besonders genaue Einhaltung der Vorschublänge durch die Vorschubeinrichtung ist nicht erforderlich, da der Materialanschlag die Begrenzung der Länge vornimmt. Nur muß der Vorschubweg mindestens so lang sein wie der Vorschub verlangt wird, damit die Materialstange auch mit Sicherheit gegen den Anschlag zu liegen kommt.

Der Materialanschlag wird kurz vor Beendigung des Vorschubes vor die betreffende Spindel geführt und bleibt dort stehen, bis nach geschlossener Spannung eine Endbewegung des Materials nicht mehr erfolgen kann. Der Beginn der Anschlagbewegung kann mit dem Rückgang der Werkzeugträger zusammenfallen, sein Ende muß erreicht sein, ehe die Werkzeuge wieder in vorderster Stellung angekommen sind.

Materialzuführung bei Mehrspindel-Magazinautomaten. Bei den Mehrspindel-Magazinautomaten sind für die Versorgung der Werkstückspindeln mit neuem Material vier verschiedene Bewegungen zu unterscheiden:

1. Betätigung der Spanneinrichtung,
2. Auswerfen des fertigen Werkstückes,

3. Vorbringen eines neuen Rohteils,

4. Einstoßen eines neuen Rohteiles.

Die Betätigung der Spanneinrichtung erfolgt in gleicher Weise wie bei den Mehrspindel-Stangenautomaten, da ja auch gleiche oder ähnliche Spanneinrichtungen benutzt werden. Nach dem Öffnen der Spannung wird das fertige Teil von einer in der Spindel angeordneten Stange herausgeworfen. Die Auswerfbewegung ist außerordentlich kurz und beginnt im Augenblick der vollen Öffnung der Spanneinrichtung, Hin- und Rückgang folgen unmittelbar aufeinander, um den Raum für das neue Werkstück freizugeben.

Mit dem Rückweg des Auswerfers kann schon das Vorbringen eines neuen Werkstückes in der Magazineinrichtung zusammenfallen. Diese wird mit dem Schlitten, auf dem sie aufgebaut ist, vorbewegt, bis ein Werkstück zentral vor der Spindel liegt. Dann kommt eine Stoßstange und schiebt das Rohteil in die Spanneinrichtung bis gegen einen Anschlag, der durch die rückwärtige Stellung des Ausstoßers gebildet werden kann. Der Einstoßer hält das Werkstück so lange, bis die Spanneinrichtung geschlossen ist, dann erst gehen Magazin und Einstoßer in ihre Ausgangsstellung zurück. Das Schließen der Spanneinrichtung kann mit dem letzten Teil der Einstoßbewegung zusammenfallen, wenn genügend Leerweg der Spannbacken vorhanden ist.

Materialzuführung bei Mehrspindel-Halbautomaten mit umlaufenden Werkstücken. Bei Mehrspindel-Halbautomaten mit umlaufenden Werkstücken sind zur Versorgung der Werkstückspindeln mit neuem Material nur zwei Bewegungen notwendig:

1. Aus- und Einrücken des Drehantriebes der Spannspindel,

2. Ausrücken der Steuerwellenbewegung.

Das Aus- und Einspannen der Werkstücke und das Einrücken der Steuerwellenbewegung wird von Hand vorgenommen, es sind dies also Nebenzeitbewegungen, die nicht selbsttätig erfolgen.

Nach Beendigung der Bearbeitung an der Spannspindel wird deren Drehbewegung ausgeschaltet. Dies fällt noch in die Hauptzeit, da die Bearbeitung an der Spannspindel früher beendet ist als an den anderen Spindeln. Das Ausrücken erfolgt durch Verschieben einer Kupplungsmuffe auf der betreffenden Spindel (Abb. 65) von einem Schieber aus ähnlich wie die Betätigung der Spanneinrichtung bei Mehrspindel-Stangenautomaten (Abb. 130). Die Kupplung bewirkt, daß das Spindelantriebsrad sich leer auf der Spindel drehen kann, ohne diese mitzunehmen. Um auch bei hohen Drehzahlen einen schnellen Stillstand der Spindel zu gewährleisten, wird die andere Seite der Kupplung als Spindelbremse ausgebildet, die nach dem Entkuppeln von der Verschiebemuffe aus in Tätigkeit gesetzt wird (Abb. 65). Da an den anderen Werkstückspindeln noch gearbeitet wird, läuft die Steuerwelle weiter, bis alle Hauptzeitbewegungen beendet und die Werkzeugträger in ihre hinterste Stellung zurückgelaufen sind. Dann wird der Steuerwellenantrieb ausgerückt, indem ein Kurvenstück die Antriebskupplung (Abb. 131) löst. Damit sind alle erforderlichen Nebenzeitbewegungen erledigt. Nach Beendigung des Einspannens von Hand wird die Kupplung durch den Handgriff wieder eingerückt und der selbsttätige Gang des Mehrspindel-Halbautomaten setzt wieder ein.

Materialzuführung bei Mehrspindel-Halbautomaten mit feststehenden Werkstücken. Bei den Mehrspindel-Halbautomaten mit feststehenden Werkstücken wird die Versorgung der Werkstück-Spanneinrichtungen mit neuem Material noch einfacher als bei den vorstehend beschriebenen Halbautomaten, da die Werkstücke stillstehen, so daß ein Stillsetzen von Spindeln nicht erforderlich wird. Weiterhin ist es Eigenart dieser Maschinen, daß stets eine Spanneinrichtung mehr als Werkzeugspindeln vorhanden ist, so daß diese Stellung ausschließlich für den Spannvorgang zur Verfügung steht. Es kann also jederzeit während der Bearbeitung aus- und eingespannt werden. Um zu vermeiden, daß bei Werkstücken mit kurzer Arbeitszeit die Revolverkopfschaltung einsetzt, bevor die Spannung beendet ist, muß auch bei diesen Maschinen eine Stillsetzeinrichtung für die Steuerwellenbewegung vorgesehen sein, die selbsttätig wirkt, während die Ingangsetzung wieder von Hand erfolgt. Dieses Stillsetzen ist die einzige selbsttätige Bewegung während der Nebenzeit, die zur Versorgung mit neuem Material erforderlich ist.

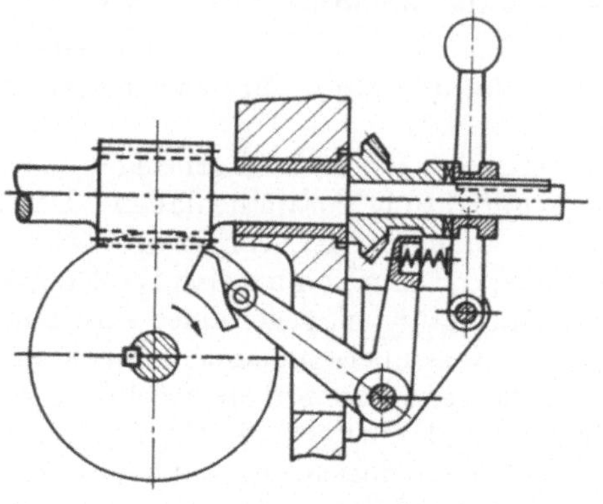

Abb. 131. Ausrücken des Steuerungsantriebs bei einem Halbautomaten durch eine Kurve auf der Steuerwelle.

44. Die Steuerungssysteme.

Zur Herstellung eines Werkstückes muß ein Mehrspindelautomat alle Bewegungen selbsttätig einmal in einer bestimmten Reihenfolge ausführen. Dann ist eine Periode beendet, die aus einer Hauptzeit und einer Nebenzeit besteht.

Die Reihenfolge der einzelnen Bewegungen während einer Periode ist eindeutig festgelegt und in einem Bewegungsschaubild (Abb. 127) dargestellt. Die Steuerungseinrichtung hat nun den Zweck, die Bewegung der einzelnen Maschinenteile zu bewirken und die Einhaltung der richtigen Bewegungsfolge zu sichern. Bei der Gestaltung der Steuerung werden nach der Art der Bewegungsableitung drei Steuerungssysteme unterschieden.

1. Steuerung mit Hauptsteuerwelle, bei welcher alle selbsttätigen Bewegungen des Mehrspindelautomaten von einer Steuerwelle derartig abgeleitet werden, daß nach einer Umdrehung dieser Welle eine Periode beendet ist.

2. Steuerung mit Schaltwelle, wobei zwei Steuerwellen erforderlich sind, eine Kurvenwelle für die Hauptzeit und eine Schaltwelle für die Nebenzeit. Eine Periode ist beendet, wenn beide Wellen je eine Um-

drehung ausgeführt haben, wobei sich die beiden Umdrehungen teilweise überdecken können.

3. Steuerung mit einer Hilfssteuerwelle, die dauernd schnell umläuft. Von dieser werden die einzelnen Bewegungen über Kupplungen abgeleitet. Eine Periode ist nach Erledigung aller Einzelbewegungen beendet.

Hauptsteuerwelle. Die Steuerwelle einer Steuerung mit Hauptsteuerwelle (Abb. 132) muß sich während einer Umdrehung mit zwei verschiedenen Geschwindigkeiten drehen, und zwar während der Hauptzeit mit der schon beschriebenen regelbaren Arbeitsgeschwindigkeit, während der Nebenzeit aber mit einer vom Werkstück unabhängigen größeren Nebenzeitgeschwindigkeit.

Der für die Hauptzeit nicht benutzte Winkelweg einer vollen Steuerwellenumdrehung steht für die Nebenzeit zur Verfügung. Aus dem Streben nach kleinen Steigungen für die Arbeitskurven und kleinen Kurven-

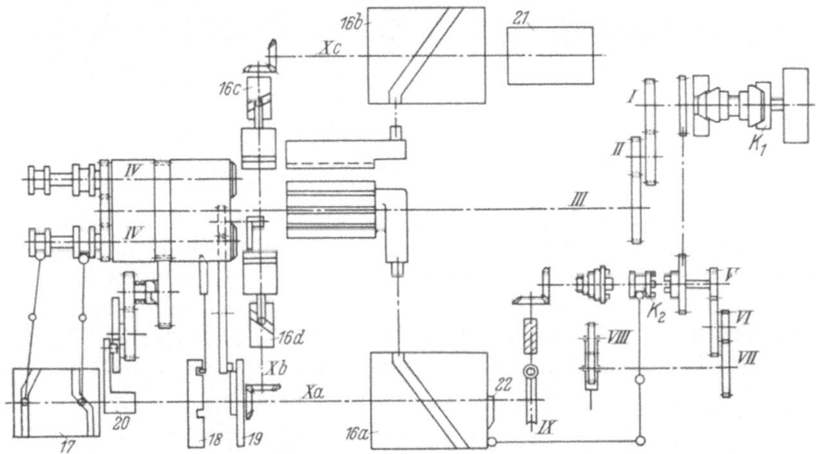

Abb. 132. Schema einer Steuerung mit Hauptsteuerwelle.

trommeldurchmessern erwächst die Notwendigkeit, den für die Nebenzeit benutzten Winkelanteil einer Steuerwellendrehung klein zu halten, womit auch eine geringe Geschwindigkeit verbunden ist.

Die Geschwindigkeitsableitung erfolgt von der mit gleichförmiger Geschwindigkeit umlaufenden Antriebswelle auf den Vorschubkasten (Abb. 133). Von dessen Antriebsrad *1* aus kann die Bewegung im Arbeitsgang über Wechselräder *2* und Nortonschwinge *3* auf die Welle *V* oder im Schnellgang über die Lamellenkupplung K_2 und die Freilaufkupplung K_3 auf die Welle *V* erfolgen. Die Freilaufkupplung K_3 hat den Zweck, die schnelle Drehung der Welle *V* im Schnellgang nach Einschaltung der Lamellenkupplung K_2 zu ermöglichen, während gleichzeitig der Räderblock des Nortongetriebes sich langsam weiterdreht. Erst wenn der Schnellantrieb ausgerückt wird, fassen die Rollen der Freilaufkupplung wieder, so daß Welle *V* ihren Antrieb von dem Nortonräderblock erhält. Die Art der Betätigung der Schnellschaltkupplung K_2 ist aus Abb. 132 zu erkennen.

Der Bewegungsübergang zur Steuerwelle erfolgt von dem auf Welle V sitzenden Kegelrad 5, welches mit dem auf der Schneckenwelle IX (Abb. 134) lose sitzenden Kegelrad 8 in Eingriff steht. Dieses Kegelrad wird durch die Kupplung K_4 mit der Schneckenwelle gekuppelt, wenn

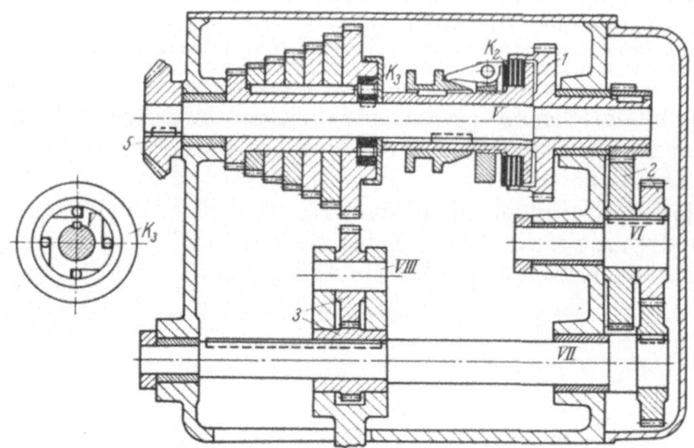

Abb. 133. Vorschubkasten mit Eilgangkupplung und Wechselrädern.

die Kupplung nach links verschoben ist. Hierdurch wird der Selbstgang eingerückt und die mit der Schneckenwelle verbundene Schnecke 13 treibt über das Schneckenrad 14 die Steuerwelle X. Um die Steuerwelle von Hand durchdrehen zu können, was beim Einstellen neuer Werkstücke erforderlich wird, ist auf das Ende der Welle IX eine Kurbel 12 aufgeschoben. Der drehbar in die Schneckenwelle eingelassene Keil 11 sorgt

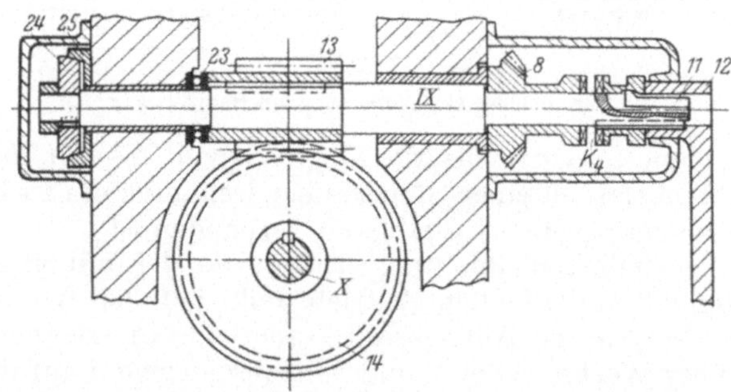

Abb. 134. Schneckenwelle zum Steuerungsantrieb mit Kegelbremse zur
Verhinderung der falschen Druckrichtung im Schneckentrieb.

dabei durch eine unter die Kupplung K_4 fassende Nase dafür, daß die Kurbel nur aufgesteckt werden kann, wenn der Selbstgang nicht eingerückt ist.

Die Steuerwelle selbst kann aus mehreren Teilen Xa—c (Abb. 132) bestehen, die untereinander so verbunden sind, daß der Drehweg jedes Astes jederzeit gleich groß ist. Die Wellen tragen die einzelnen Nocken

und Kurven für die Einleitung der verlangten Bewegungen. Für jeden
Längs- und jeden Querschlitten ist eine besondere Kurventrommel *16a—d*
vorgesehen, ebenso eine Trommel *17* für Spannung und Vorschub, Trommel *18* für den Trommelriegel, Scheibe *19* für den Materialanschlag und
Getriebe *20* für die Spindeltrommelschaltung. Eine weitere Trommel *21*
ist für die Bewegungsableitung von Sonderwerkzeugen vorgesehen. An der
Kurventrommel *16a* ist ein Nocken *22* angebracht, welcher über ein Gestänge die Schnellschaltkupplung K_2 bewegt. Von der genauen Einstellung
der beiden für Ein- und Ausrücken nötigen Nocken *22* ist die Dauer der
Stückzeit beeinflußt. Denn je länger die Steuerwelle im Schnellgang läuft,
um so kürzer wird die Zeit für eine Umdrehung. Andererseits muß der
Arbeitsgang im Augenblick des Arbeitsbeginns bereits mit Sicherheit
eingeschaltet sein, ebenso wie beim
Ende der Arbeitszeit der Schnellgang
noch nicht eingerückt sein darf.

Die Bewegungsenergie der Spindeltrommel bei der Schaltung kann
bewirken, daß die Steuerwelle von
der Spindeltrommel aus angetrieben
wird und über Schneckenrad *14* und
Schnecke *13* auf das Getriebe bis
zum Antrieb hin beschleunigend ein-
wirkt. Um dieser Möglichkeit, die eine
Unsicherheit in den Bewegungsablauf
hineinbringt, soweit wie möglich ent-
gegenzuarbeiten, ist eine zusätzliche
Abbremsung der Trommelwucht zu
der Selbsthemmung des Schnecken-

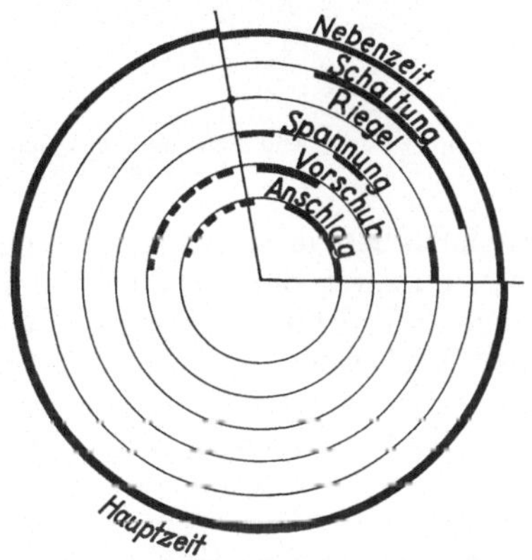

Abb. 135. Steuerungsdiagramm für
Hauptsteuerwelle.

triebes *13, 14* hinzu vorgesehen, die jedes schnellere Drehen der Steuerwelle vermeidet. Diese Bremse ist an der Schneckenwelle angeordnet.
In dem Augenblick, wenn der Antrieb rückwärts von der Spindeltrommel
her einsetzt, erfolgt ein Druckwechsel in dem Schneckentrieb *13, 14*
(Abb. 134), so daß sich die axiale Kraftkomponente der Schnecke, die
von dem Drucklager *23* aufgenommen wird, umkehrt und die Schneckenwelle mit dem Bremskegel *24* in den Gegenkonus *25* hineinzieht, so daß
durch die Reibung zwischen *24* und *25* eine Vernichtung der Trommelwucht unterstützt wird. Diese Reibung wirkt, bis der Antrieb der
Schneckenwelle wieder von den Kegelrädern *5, 8* aus erfolgt und der
Druck die alte Richtung einnimmt.

Wichtig ist für eine gut wirkende Steuerung die günstige Aufteilung
des Steuerwellenumfanges auf Haupt- und Nebenzeit, wobei die Erforder-
nisse des Schaltgetriebes ausschlaggebend sein können. Für die Nebenzeit werden stets 90—180° benötigt, ohne daß zu große Trommelkurven
notwendig sind. Abb. 135 zeigt ein Steuerungsdiagramm, welches auf
der Grundlage einer Spindeltrommelschaltung während 60° Steuerwellendrehung aufgebaut ist.

Mit der beschriebenen Hauptsteuerwelle werden nicht allein Mehrspindelautomaten mit umlaufenden Werkstücken ausgerüstet, sondern

ebenso auch Maschinen mit feststehenden Werkstücken (Abb. 136). Eine große Vereinfachung der Steuerung liegt darin, daß von der Steuerwelle IV nur ein einziger Schlitten, der Revolverschlitten, bewegt wird.

Schaltwelle. Bei der Steuerung mit Schaltwelle für die Nebenzeit und Kurvenwelle für die Hauptzeit ist eine Periode beendet, wenn beide

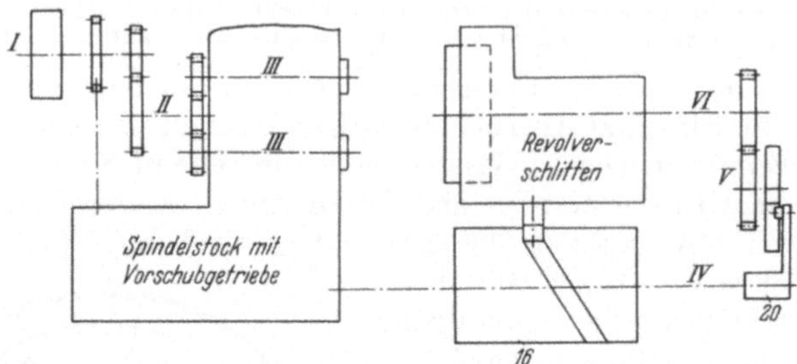

Abb. 136. Steuerung eines Halbautomaten mit feststehenden Werkstücken durch Hauptsteuerwelle.

Steuerwellen je eine Umdrehung ausgeführt haben. Während die Geschwindigkeit der Schaltwelle gleichförmig ist, um eine stets gleichlange Nebenzeit zu erreichen, wird die Geschwindigkeit der Hauptzeit dem Werkstück abgepaßt. Dies bedingt, daß jeweils eine der beiden Wellen zeitweise stillsteht, denn sonst würde der von der Kurvenwelle während der Nebenzeit zurückgelegte Weg stets verschieden groß sein, so daß

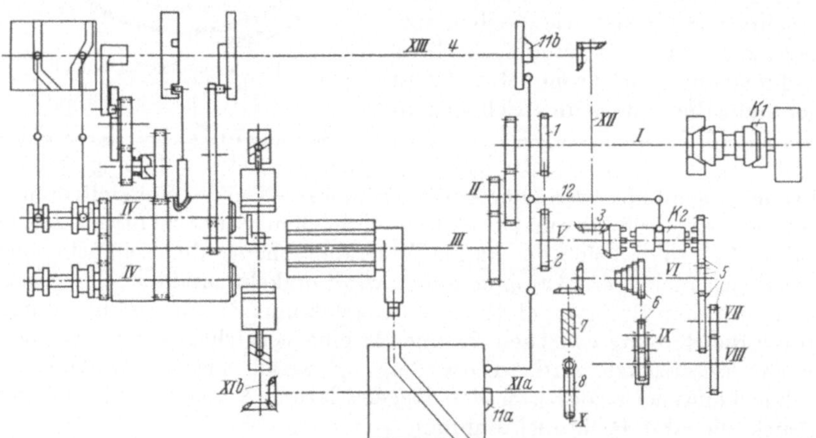

Abb. 137. Schema einer Steuerung mit Schaltwelle.

die den Restteil der Kurvenwellendrehung umfassenden Arbeitskurven keine gleichmäßige Länge hätten, sondern dem Arbeitsstück angepaßt werden müßten, was aber schon als unzweckmäßig abgelehnt wurde.

Abb. 137 zeigt den Getriebeplan einer Schaltwellensteuerung. Die gleichförmig umlaufende Antriebwelle I treibt das Steuerwellengetriebe über die Räder 1, 2 an. Die Bewegung kann nun wahlweise über die Kegelräder 3 auf die Schaltwelle XIII oder über die Wechselräder 5 und Nortongetriebe *6* auf die Schnecke *7*, Schneckenrad *8* und damit die Kurvenwelle *XI* geleitet werden, je nachdem die Kupplung K_2 nach links oder rechts gelegt wird. Diese Umsteuerung erfolgt von den Nocken *11a* und *11b* über das Gestänge *12*. Wenn die Kupplung nach links steht, ist der Schnellgang eingerückt und die Schaltwelle *XIII* dreht sich. Bei Ende der Nebenzeit drückt der Nocken *11b* über das Gestänge *12* die Kupplung nach links, so daß die Schaltwelle ausgerückt und die Kurvenwelle *XI* eingerückt wird, bis umgekehrt der Nocken *11a* wieder das Einrücken der Schaltung veranlaßt.

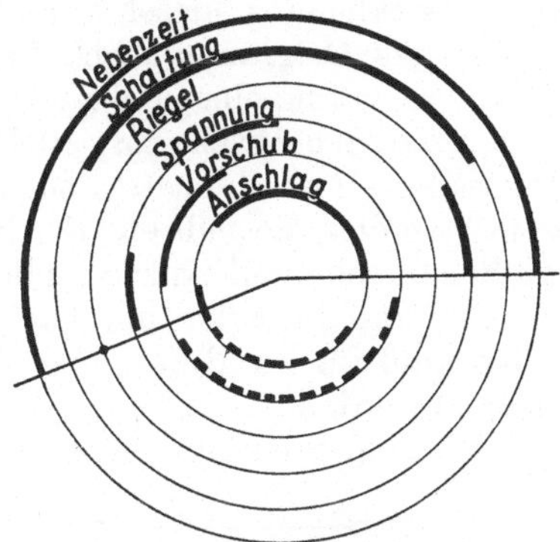

Abb. 138. Steuerungsdiagramm für Schaltwelle.

Die Schaltwelle bewirkt alle Bewegungen der Nebenzeit, wie Spindeltrommelschaltung, Versorgung der Spindeln mit neuem Material, Materialanschlag usw., während die Kurvenwelle für die Bewegung der Längs- und Querschlitten sowie Sonderwerkzeuge sorgt. Die Kurvenstücke auf der Kurvenwelle *XI* können im Durchmesser kleiner ausfallen als bei einer Hauptsteuerwelle, da der ganze Kurvenwellenumfang für die Kurvenstücke zur Verfügung steht. Auch für die einzelnen Nebenzeit-

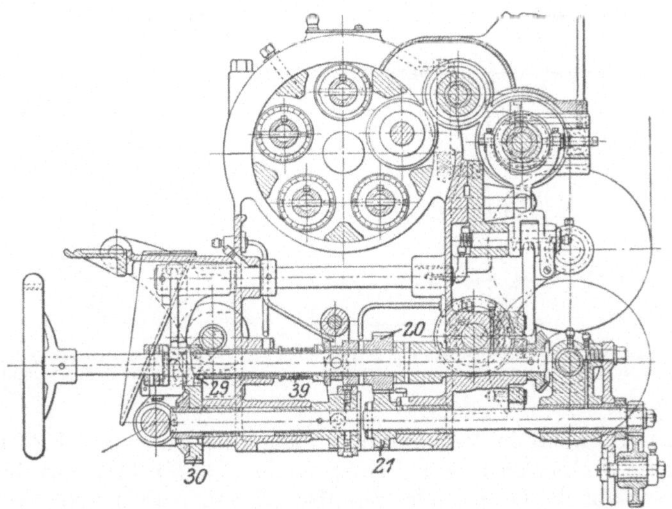

Abb. 139. Steuerung eines Fünfspindelautomaten mit Schaltwelle.

20 u. 21 = Antriebsräder für Arbeitszeit,
29 u. 30 = Antriebsräder für Nebenzeit,
39 = Schnellschaltkupplung.

bewegungen steht ein größerer Winkelweg an der Schaltwelle zur Verfügung, so daß die Getriebegestaltung vereinfacht wird. Die Aufteilung der Nebenzeitbewegungen auf die Schaltwelle muß wieder von dem

Winkelbedarf der Spindeltrommelschaltung ausgehen. Das Steuerungsdiagramm Abb. 138 zeigt eine solche Aufteilung, bei welcher ein Schaltwinkel von 120° an der Steuerwelle vorgesehen wurde. Abb. 139 zeigt die Verwirklichung dieser Schaltung in einem Fünfspindelautomaten.

Wie das Diagramm Abb. 138 erkennen läßt, wird nicht unbedingt der volle Umfang einer Schaltwellendrehung für die Nebenzeit benutzt, da von der Schaltwelle aus auch einige Bewegungen wie Rückzug des Materialvorschubschiebers und Rückgang des Materialanschlages gesteuert werden, die während der Hauptzeit ablaufen. Das bedeutet aber, daß Schaltwelle und Kurvenwelle sich zeitweise zusammen drehen, was bei der Kupplungsschaltung nach Abb. 137 nicht möglich ist. In diesen Fällen muß für die Betätigung der Schaltwelle ein anderer Weg eingeschlagen werden.

Nach dem Steuerungsschema Abb. 140 wird die Kurvenwelle wie in Abb. 137 über Kupplung K_2 und Wechselräder 5 angetrieben, während die Schaltwelle ihre Bewegung über die Kupplung K_3 erhält, die mit der

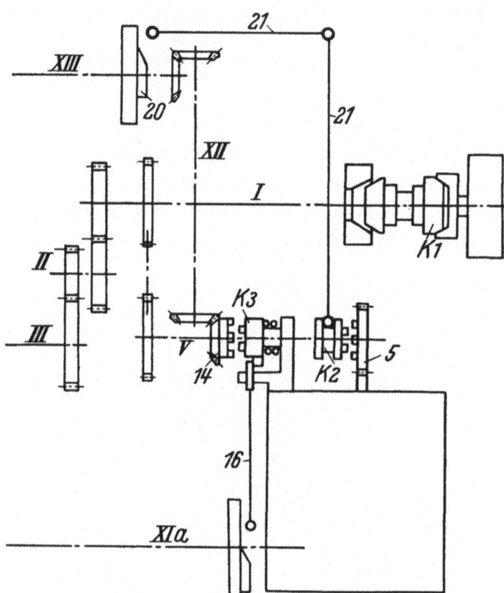

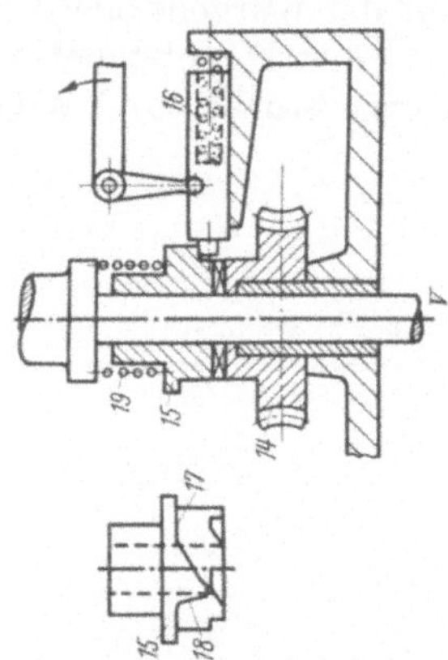

Abb. 140. Schaltwellensteuerung mit getrennten Kupplungen für Kurven- und Schaltwelle.

Abb. 141. Kupplung für genau eine Umdrehung, dann selbsttätig ausrückend.

Kupplung K_2 nicht in Verbindung steht. Das Antriebsrad 14 für die Schaltwelle dreht sich lose auf einer Welle V (Abb. 141), auf der auch längsverschieblich die Kupplungshälfte 15 sitzt, welche durch Federdruck gegen das Zahnrad 14 gedrückt wird. Ein federbeeinflußter Riegel 16 greift unter die Hubfläche 17 des Kupplungsstückes 15, wo er an der Arretiernase 18 anliegt, und verhindert dadurch das Einrücken des Kupplungsteiles 15 in die Gegenkupplung am Rad 14. Bei Beendigung der Hauptzeit, wenn also die Kurvenwelle eine Umdrehung gemacht hat, wird von einer auf ihr sitzenden Kurvenscheibe aus der Riegel 16 aus dem Bereich der Kupplung 15 zurückgezogen, und diese fällt unter dem Einfluß der Druckfeder *19* in die Gegenkupplung am Rad *14* ein, wodurch dieses mit der Welle *V* und dadurch mit der Drehbewegung verbunden ist und die Schaltwelle in Umdrehung versetzt. Nach dem Ausheben des Riegels *16* wird dieser von der Kurvenscheibe wieder freigegeben und legt sich unter Federkraft gegen das Kupplungsstück *15*, welches er nach genau einer Umdrehung durch Auflaufen auf die Schräge zur Nase *18* wieder entkuppelt, so daß die Schaltwelle nach genau einer Umdrehung wieder ausgerückt ist.

Nach Beginn der Schaltwellendrehung wird (Abb. 140) durch einen Nocken *20* über Gestänge *21* die Kupplung K_2 ausgerückt, so daß die Kurvenwelle stehenbleibt, bis ein zweiter Nocken *20* die Kupplung wieder einrückt. Bei dieser Anordnung kann also zeitweise eine gleichzeitige Drehung von Kurven- und Schaltwelle ermöglicht werden, wodurch sich besonders kurze Nebenzeiten erreichen lassen.

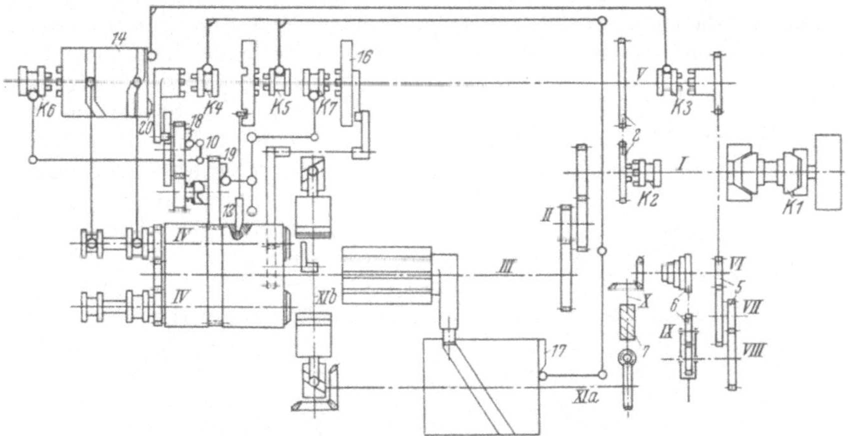

Abb. 142. Schema einer Steuerung mit Hilfssteuerwelle.

Hilfssteuerwelle. Bei Anwendung einer dauernd schnell umlaufenden Hilfssteuerwelle werden alle Bewegungen von dieser abgeleitet (Abb. 142). Die mit der Antriebswelle laufende Kupplung K_2 treibt in eingerücktem Zustand über die Räder *2* die Hilfssteuerwelle *V* an. Mit der Kupplung K_2 kann der Selbstgang ausgerückt werden. Von der Hilfssteuerwelle *V* wird über Kupplung K_3, Wechselräder *5*, Nortongetriebe *6* und Schneckentrieb *7* die Kurvenwelle *XI* zeitweise in Drehung versetzt. Die Kurvenwelle trägt die Kurvenstücke für die Längs- und Querschlitten und eine Trommel zum Aufsetzen besonderer Kurven für Sonderwerkzeuge. Ebenso wie die Kurvenwelle werden alle Getriebe für die Nebenzeitbewegungen über Kupplungen von der Hilfssteuerwelle aus bewegt. Kupplung K_4 treibt das Schaltgetriebe *10*, Kupplung K_5 den Trommelriegel *12*, Kupplung K_1 die Kurvenscheibe für die Materialversorgung, Kupplung K_7 den Materialanschlag *16*.

Wenn beim Rücklauf der Werkzeugschlitten während der Drehung der Kurvenwelle *XI* die Trommelschaltung schon einsetzen darf, wird durch den Nocken *17* an der Kurvenwelle über ein Gestänge die Kupplung K_4 und K_5 für Trommelriegel und Trommelschaltung eingerückt. Während der Schaltbewegung läßt ein Nocken *18* die Kupplung K_6 und ein Nocken *19* die Kupplung K_7 einrücken, so daß auch die Versorgung der Spindeln mit neuem Material eingeleitet ist. Gleichzeitig wird durch Nocken *20* die Kupplung K_3 für die Kurvenwellendrehung ausgerückt. Durch entsprechende Betätigungen werden dann die einzelnen Kupplungen nacheinander wieder ausgerückt und zuletzt die Kupplung K_3 für die Kurvenwelle wieder eingerückt, so daß die nächste Periode beginnen kann.

Diese Anwendung einer Hilfssteuerwelle gibt große Freiheit in der Getriebeauswahl, da jeder Winkelweg erreicht werden kann. Wird irgendein Getriebe verwendet, welches nur einen geringen Teil einer vollen Umdrehung braucht, so wird die betreffende Kupplung soviel früher eingerückt, daß die Getriebewelle sich zunächst ohne Arbeitsleistung leer dreht. Ist dagegen ein Getriebe ausgewählt, welches den ganzen Umfang für die Steuerung braucht, so wird die betreffende Kupplung erst im Augenblick eingerückt, wenn die Steuerung erfolgen soll. Gemeinsam ist nur für alle Steuerungen bzw. Kupplungen, daß sie nach einer Umdrehung wieder ausgerückt sein müssen, damit bei der nächsten Periode der gleiche Zustand wieder vorhanden ist. Es kann deshalb auch hier mit Erfolg jeweils eine Kupplung ähnlich Abb. 141 verwendet werden, welche nach genau einer Umdrehung sich selbst ausrückt, so daß nur das Einrücken erforderlich ist.

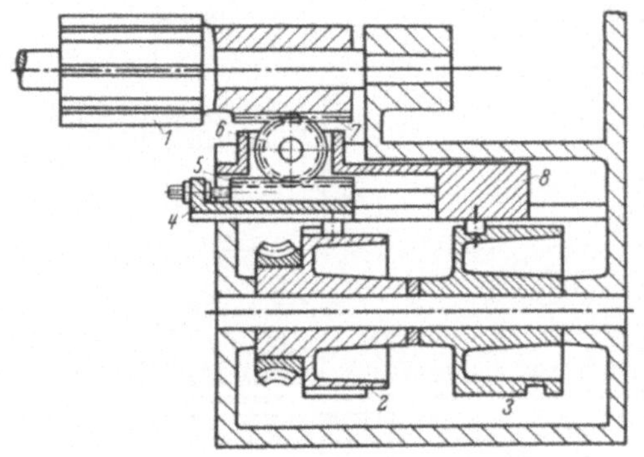

Abb. 143. Trennung von Vor- und Rücklauf eines Werkzeugträgers.

Die Trennung der einzelnen Bewegungen kann noch weiter durchgeführt werden. So kann beispielsweise der Rücklauf der Werkzeugschlitten getrennt von der Arbeitsbewegung erfolgen, so daß die Kurventrommeln der Kurvenwelle nur noch die reinen Vorschubkurven tragen[1]. Der Längsschlitten *1* in Abb. 143 erhält seine Bewegung von zwei verschiedenen und verschieden angetriebenen Kurventrommeln *2* und *3*, und zwar von der Kurventrommel *2* den Arbeitsgang, von der Trommel *3* die Eilbewegung. Die Kurventrommel *2* gibt ihre Bewegung an einen Schieber *4* ab, der eine in ihrer Längsrichtung verstellbare Zahnstange *5* trägt, welche über Zahnrad *6* mit der Zahnstange *7* am Werkzeugschlitten *1* zusammenwirkt. Das Zahnrad *6* ist in dem Schieber *8* gelagert, welcher seine Bewegung von der Kurventrommel *3* erhält. Bei einer Bewegung des Schlittens wird das Zahnrad *6* entweder über die Zahnstange *5* oder die Zahnstange *7* abgewälzt, je nachdem der Schlitten *8* oder der

---

[1] DRP. 569 852.

Schieber *4* den größeren Widerstand bieten. Ist beispielsweise der
Schlitten *8* in seiner linken Totlage, wie dies in Abb. 143 gezeichnet ist,
durch die Kurventrommel *3* festgehalten, so wird die Bewegung von der
Kurventrommel *2* unmittelbar auf den Werkzeugschlitten *1* übertragen,
so daß sich dieser ebenso weit nach links bewegt wie der Schieber *4*
durch die Kurventrommel *2* nach rechts geschoben wird. Während des
Arbeitens der Kurventrommel *2* steht also die Rückzugkurve still. Hat
aber die Arbeitskurve ihre höchste Stellung erreicht, d. h. steht der
Schieber *4* in der rechten Totlage, der Werkzeugschlitten *1* also ganz
links, so wird die Bewegung der Kurventrommel *3* eingeleitet und der
Schlitten *8* nach rechts gezogen. Da aber der Schieber *4* in seiner rechten
Totlage am Maschinenbett anliegt, kann die Zahnstange *5* keine Bewegung
nach rechts ausführen, das Rad *6* rollt auf der Zahnstange *5* ab und zieht
den Schlitten *1* in seine äußerste Stellung rechts zurück. Da der Schlit-

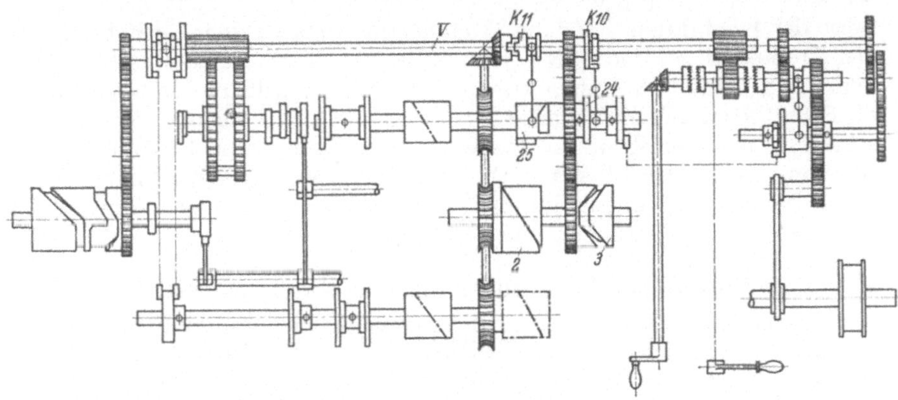

Abb. 144. Gestaltung einer Steuerung mit Hilfssteuerwelle.

ten *8* am Drehpunkt des Rades *6* angreift, macht der Schlitten *1* einen
Weg doppelt so groß wie der Kurvenhub der Rückzugkurve, dieser
braucht also nur halb so groß zu sein wie die Vorschubkurve.

Da die Rückzugkurve eine volle Umdrehung ausführt, wird der
Schlitten *8* bei der zweiten Hälfte der Drehung der Kurventrommel *3*
von der rechten wieder in die linke Totlage geschoben. Da nun der
Werkzeugschlitten *1* durch sein Gewicht eine größere Verschiebekraft
benötigt als der Schieber *4*, wird ersterer zuerst nach links verschoben,
und zwar so weit, bis seine Kurvenrolle wieder auf den Umfang der Kurve
auf Trommel *2* auftrifft und dadurch ein Weitergehen verhindert wird.
Ist nun die Kurventrommel *3* noch nicht in ihrer Endstellung angelangt,
so wird die noch verbleibende restliche Drehung auf den Werkzeugschlitten *1* übertragen, der im Eilgang bis in Arbeitsstellung vorgeht.
Dann beginnt wieder der Arbeitsweg, da die Kurventrommel *2* inzwi-
schen wieder in Umdrehung versetzt wurde. Abb. 144 zeigt die Einordnung der beiden Kurventrommeln in eine Steuerung mit Hilfssteuerwelle. Die von der Hilfssteuerwelle *V* über Kupplung K_{11} angetriebene
Kurventrommel *2* löst nach einer Umdrehung die Klinkenkupplung K_{10}

durch die Nockenscheibe *24* aus, so daß die Kurventrommel *3* für den Schlittenrückzug in Bewegung kommt und eine Umdrehung ausführt. Zu Beginn der Drehung wird dabei über die Nockenscheibe *25* die Kupplung K_{11} ausgerückt, so daß die Kurventrommel *2* stehenbleibt, bis die Kupplung durch die gleiche Nockenscheibe auch wieder eingerückt wird.

Bei der bisher behandelten Steuerung war eine rein mechanische Sicherung der einzelnen Bewegung gegeneinander vorgesehen. Diese kann aber auch mit anderen Hilfsmitteln, etwa auf elektrischem Wege, erfolgen. Die einzelnen Getriebe tragen elektrische Kontakte, welche nach einer gewissen Drehung geschaltet werden und die nächste Kupplung freigeben, so daß die einzelnen Bewegungen in der richtigen Reihenfolge zum Eingriff kommen. Wenn nun der Kontaktgeber jeder einzelnen Bewegung an dem technologisch vorhergehenden Getriebe angeordnet ist, sind Fehlschaltungen weitgehend ausgeschlossen. Sitzt beispielsweise der Kontaktgeber für die Trommelschaltung an dem Getriebe für den Trommelriegel und fällt dessen Bewegung durch einen Maschinenfehler aus, so daß die Spindeltrommel nicht entriegelt und dadurch für die Schaltbewegung nicht frei ist, so kann eine Einrückung der Trommelschaltung nicht erfolgen, da das Getriebe für die Spindeltrommelverriegelung wegen Ausfall seiner Drehung den Kontaktgeber nicht unter Strom setzt. Auch mit hydraulischen Hilfsmitteln lassen sich ähnliche gegenseitige Verriegelungen und Sicherungen erzielen.

45. Einfluß der Steuerungen auf den Maschinenbetrieb.

Bei einem Vergleich der drei Steuerungsmöglichkeiten muß zunächst geprüft werden, mit welcher Genauigkeit und Betriebssicherheit die einzelnen Bewegungsvorgänge gesteuert werden. Dabei wird die Arbeitsgenauigkeit der Getriebe selbst außer acht gelassen, da diese von der Getriebegestaltung und nicht der Steuerung abhängt.

Bei einer Steuerung mit Hauptsteuerwelle können Fehler in der Bewegungsfolge nicht auftreten, da alle Bewegungen von einer einzigen Welle aus betätigt werden. Ein Versager kann lediglich bei der Kupplung für die Schnellschaltung (K_2 in Abb. 132) eintreten, so daß diese nicht ein- oder ausgerückt wird. In ersterem Fall wird sich die Steuerwelle im Arbeitsgang weiterdrehen, so daß die Nebenzeit zwar in wesentlich längerer Zeit abläuft, aber ohne daß ein Schaden eintreten kann. Ein Versager der Kupplung nach der Nebenzeit beim Übergang zu einer neuen Arbeitszeit, der etwa dadurch zustande kommt, daß die Lamellenkupplung klebt und nicht ausrückt, hat zur Folge, daß die Werkzeuge im Eilgang in das Werkstück hineinfahren, wobei sie zu Bruch gehen. Es ist aber anzunehmen, daß die Antriebsleistung der Maschine nicht ausreicht, um die schweren Werkzeugschlitten im Eilgang über die Arbeitskurve zu bewegen, so daß der hohe Widerstand die Lamellenkupplung zum Rutschen und dadurch zum Lösen bringen wird.

Bei einer Steuerung mit Schaltwelle (Abb. 137) kann ein Fehler auch nur in der Betätigung der Kupplung K_2 eintreten. Wird diese nach einer Hauptzeit nicht mehr nach links übergelegt, so folgt keine Nebenzeit, sondern eine zweite Hauptzeit. Da die Werkzeuge aber bereits alle Arbeit erledigt haben, werden sie ohne Arbeitsleistung über die fertigen Werkstücke hingehen, so daß nur ein Zeitverlust, aber kein Schaden an der Maschine oder den Werkzeugen eintritt. Das gleiche ist der Fall, wenn die Kupplung K_2 nach der Nebenzeit nicht umgelegt wird. Es folgen dann mehrere Nebenzeiten aufeinander, bis endlich die Maschine stillgesetzt wird oder die Kupplung wieder in Gang kommt. Letzteres ist sehr unwahrscheinlich, da die Versager in der Kupplungsbetätigung fast nur durch Ausfall von Schaltknaggen oder Bruch im Betätigungsgestänge eintreten. Würde aber doch nach mehreren Nebenzeiten wieder eine Hauptzeit folgen und die Zahl der Nebenzeiten nicht zufällig der Spindelzahl entsprechen, so werden die Werkzeuge an Werkstücken zum Schnitt kommen, die für den betreffenden Arbeitsgang noch nicht vorbearbeitet waren, so daß ein Bruch der Werkzeuge erfolgt.

Schwieriger wird die Frage der Sicherheit bei der Steuerung nach Abb. 140, wenn die Schaltwelle über eine Klinkenkupplung eingerückt wird und genau eine Umdrehung machen kann. Wenn nach dem Einrücken dieser Kupplung K_3 die Kupplung K_2 für die Kurvenwellendrehung nicht ausgerückt wird, so laufen eine Hauptzeit und eine Nebenzeit gleichzeitig, was notwendigerweise zu einem schweren Schaden an der Maschine führt. Wird dagegen nach der Nebenzeit und richtigem Einrücken der Kurvenwelle über Kupplung K_2 die Klinkenkupplung K_3 infolge Versagens des Riegels *16* nicht stillgesetzt, so wird zwar der Antrieb der Kurvenwelle über Kupplung K_2 wieder ausgerückt, aber die Werkzeugschlitten sind bereits einen Betrag vorgegangen, so daß die Nebenzeitbewegungen nicht mehr mit Sicherheit durchgeführt werden können. Es ist auch dann mit einem Maschinenschaden zu rechnen.

Es ist also nicht zu verkennen, daß die bezüglich der Bewegungsaufteilung besonders günstige Steuerung mit Schaltwelle nach Abb. 140 aus Gründen der Sicherheit hinter derjenigen nach Abb. 137 zurücksteht.

Bei einer Steuerung mit Hilfssteuerwelle, bei welcher jede Bewegung über eine Kupplung eingeleitet wird, kann eine Störung bei jeder einzelnen Bewegung auftreten. Dabei wird durch die geschilderten Sicherheitsmaßnahmen mechanischer oder elektrischer Art verhindert, daß eine Bewegung beginnt, wenn die vorher erforderliche noch nicht eingesetzt hat oder nicht genügend weit abgelaufen ist. Dagegen ist die Sicherung gegen ausfallendes Stillsetzen im rechten Augenblick geringer, so daß es vorkommen kann, daß eine Bewegung mehrfach hintereinander erfolgt. Das hat aber in den meisten Fällen Maschinenschaden zur Folge, beispielsweise wenn die Kupplung für die Spindeltrommelschaltung nicht ausgerückt wird und trotzdem die Kurvenwelle für die Werkzeugschlittenbewegungen in Gang kommt. Eine sichere Abhilfe gegen diese Gefahr bieten auch die Klinkenkupplungen nach Abb. 141 nicht, da bei diesen bei einem Fehler des Riegels *16* ebenfalls mehrere Umdrehungen nacheinander erfolgen.

Faßt man diese Ergebnisse zusammen, so ist festzustellen, daß eine Steuerung mit Hauptsteuerwelle (Abb. 132) die größte Gewähr für eine betriebssichere Steuerung bietet. An nächster Stelle steht die Schaltwelle (Abb. 137), die aber wegen anderer Nachteile abzulehnen ist. Hiernach ist es verständlich, daß die überwiegende Mehrzahl aller Mehrspindelautomaten mit Hauptsteuerwelle ausgerüstet sind, und die Zahl der bekannt gewordenen Störungen ist außerordentlich gering im Gegensatz zu Mehrspindelautomaten mit Schalt- oder Hilfssteuerwelle, bei denen häufiger von Steuerungsfehlern berichtet wird.

Die Dauer der Nebenzeit wird bei den verschiedenen Steuerungsarten verschieden werden und dadurch auch die erreichbaren Stückzeiten. Wenn diese Unterschiede auch nur sehr gering sind, so können sie bei Werkstücken mit kurzen Stückzeiten doch Einfluß gewinnen, so daß darauf eingegangen werden soll.

Die aus dem Zeitbedarf der einzelnen Bewegungsvorgänge errechenbare Dauer einer Nebenzeit wird sich bei keinem der Steuerungssysteme ganz verwirklichen lassen, da Verluste unvermeidlich sind. Dabei soll die Einstellung der Nocken nicht berücksichtigt werden, welche die Kupplung für Haupt- oder Nebenzeit beeinflussen. Zwar hängt auch von deren genauester Stellung die Stückzeit ab, es ist jedoch denkbar, daß die Einstellung bei allen Steuerungsarten genau gleichmäßig erfolgte. Auf die Art der anderen Verluste soll näher eingegangen werden.

In jedem Fall ist die Erreichung der vorberechneten Stückzeit von der Einhaltung einer gleichförmigen Antriebsdrehzahl abhängig. Während nun bei der Hauptzeit mit den meist gleichmäßigen Belastungen die Geschwindigkeit gleichförmig bleiben wird, ist dies während der Nebenzeit nicht der Fall. Faßt man den Drehmomentbedarf der einzelnen Nebenzeitbewegungen zusammen, so ergibt sich für einen Mehrspindel-Stangenautomaten der in Abb. 145 dargestellte Verlauf. Das Drehmoment schwankt stark und unterschreitet zweimal die Null-Linie. Wenn auch diese Unterschußflächen durch den Einfluß der selbsttätigen Schneckenwellenbremse verkleinert werden, so bleiben doch als Folge der Drehmomentschwankungen Drehzahlschwankungen, welche ihrerseits eine gegenüber der mittleren verkleinerte Drehzahl bedingen. Diese Drehzahlschwankungen bedeuten einen Zeitverlust während der Nebenzeit, der bei allen Steuerungsarten gleichmäßig auftritt.

Darüber hinaus ergibt sich bei Steuerung mit Hauptsteuerwelle ein Beschleunigungsverlust bei dem Übergang von der langsamen Arbeits- auf die schnelle Nebenzeitgeschwindigkeit der Steuerwelle. Die Umsteuerung erfolgt (Abb. 133) über eine Reibungskupplung, welche eine gewisse Zeit benötigt, um die langsamlaufende Steuerwelle, welche infolge der vielen von ihr bewegten Getriebe sowie der verschiedenen Kurventrommeln eine große Masse hat, auf die höhere Drehgeschwindigkeit zu bringen, während im Augenblick des Einrückens der Kupplung diese

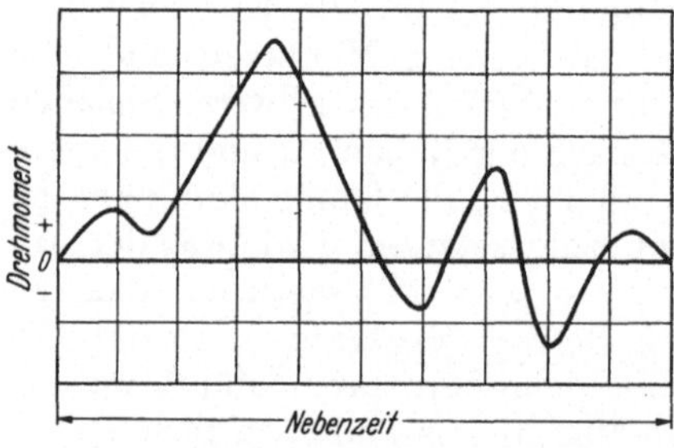

Abb. 145. Drehmomentverlauf an der Steuerwelle eines Stangenautomaten während der Nebenzeit.

höhere Geschwindigkeit rechnerisch bereits erreicht ist. Dieser Zeitverlust ist abhängig von der Differenz der Winkelgeschwindigkeit zwischen Haupt- und Nebenzeit, dem Reibungskoeffizienten der Kupplung sowie deren Anpreßdruck und dem Trägheitsmoment der Steuerwelle. Eine Verkleinerung des Verlustes ist demnach möglich:

1. durch Vergrößern des von der Kupplung übertragbaren Drehmomentes,

2. durch Verkleinern der mit der Steuerwelle gedrehten Massen,

3. durch Vergrößerung des Anpreßdruckes der Reibungskupplung.

Ein weiterer Verlust bei einer Hauptsteuerwelle liegt darin, daß die Nebenzeit bei zu starken Belastungsspitzen ein Schleifen der Schnellschaltkupplung zur Folge hat. Jedoch wird man diesen Verlust gern in Kauf nehmen, weil damit gleichzeitig eine Sicherung gegen Überlastung gegeben ist. In gleicher Weise kann ein Verlust durch Schleifen der Antriebskupplung (K_1) in Augenblicken zu großer Belastung möglich sein, der jedoch mit der Steuerung nicht mehr in direktem Zusammenhang steht.

Bei einer Mehrspindelautomaten-Steuerung mit Schaltwelle wird diese ebenfalls zweckmäßig über eine Reibungskupplung betätigt. Die dabei auftretenden Reibungsverluste bleiben jedoch geringer als bei der Steuerung mit Hauptsteuerwelle, da die Masse der Schaltwelle wegen des Fehlens der schweren Kurventrommeln für die Werkzeugschlittenbewegungen wesentlich geringer ist. Hinzu kommt noch, daß es meistens möglich sein wird, Ein- und Ausrücken der Kupplung noch in den Bereich der Hauptzeit zu legen, da nur selten der volle Umfang der Schaltwelle für die Bewegungssteuerung während der eigentlichen Nebenzeit herangezogen wird. Die Reibungsverluste beim Ein- und Ausrücken können also vernachlässigt werden, während die Verluste bei Überlastung einzelner Kupplungen durch Belastungsspitzen ebenso bleiben wie bei der Hauptsteuerwelle.

Bei einer Steuerung mit Hilfssteuerwelle fallen die genannten Reibungsverluste vollständig fort, da die Übertragung aller Bewegungen über Zahnkupplungen möglich ist. Allerdings setzt dies voraus, daß die einzelnen Getriebe so entworfen sind, daß im Augenblick des Einrückens einer Kupplung das betreffende Getriebe zunächst einen Leerweg erledigt, da sonst ein zu starker Stoß auftreten würde, der aus Gründen der Dauerfestigkeit der Getriebe wie auch der Gleichförmigkeit der Belastung vermieden werden muß.

Die Einhaltung der vorberechneten Dauer der Nebenzeit führt also bei Steuerung mit Hilfssteuerwelle zu den günstigsten Ergebnissen. Berücksichtigt man aber, daß neben der Dauer der Bewegungen auch die Betriebssicherheit eine große Rolle spielt, so verschiebt sich das Bild zugunsten der Hauptsteuerwelle.

46. Getriebe zur Steuerung der selbsttätigen Bewegungen.

Aus der großen Zahl verschiedenartigster Getriebe, mit denen die bei Mehrspindelautomaten notwendigen selbsttätigen Bewegungen verwirklicht werden können, kommen nur einige bestimmte Bauformen zur

Anwendung, die den besonderen Anforderungen dieses Verwendungszweckes entsprechen. Dabei ist bei der Auswahl zu beachten, daß

1. die Getriebe den verlangten Bewegungsverlauf genau steuern und daß diese Genauigkeit auch nach längerer Betriebsdauer erhalten bleibt oder wieder eingestellt werden kann;

2. die Herstellung der Getriebe mit der erforderlichen Genauigkeit möglich ist und keine außergewöhnlichen Baukosten verursacht, welche den Preis des Mehrspindelautomaten belasten;

3. für die Ableitung der Bewegung vielfach nur ein sehr kleiner Drehwinkel der Steuerwelle zur Verfügung gestellt wird, und daß ein großer Anteil dieses kleinen Drehwinkels noch auf Bewegungspausen entfällt, wie die Tab. 26 erkennen läßt.

Diese Forderungen schränken die Zahl der zur Auswahl stehenden Getriebe bedeutend ein, besonders die Bedingung, den Bewegungsablauf mit der verlangten Genauigkeit zu erzielen. Es war in anderen Abschnitten dargelegt worden, daß für bestimmte Bewegungen ganz bestimmte Weg-Zeit-Zusammenhänge erforderlich sind, um eine störungsfreie Wirkungsweise zu erreichen. Bei vielen Getrieben ist die Auswahl des Bewegungsablaufes aber nicht möglich, da das Getriebe nur einen bestimmten Ablauf zuläßt. Bei anderen Bauformen wieder hängt der Bewegungsablauf von der Genauigkeit der Herstellung ab.

Die einzelnen Getriebearten sind deshalb auf ihre Verwendbarkeit bei Mehrspindelautomaten zu prüfen. Dabei müssen vielfach die Berechnungsweisen dargestellt werden, sofern sie nicht als bekannt vorauszusetzen sind.

Eine Reihe von Getrieben fällt für die Verwendung bei Mehrspindelautomaten vollkommen aus, obwohl sie bei anderen Maschinen, auch Werkzeugmaschinen, mit Erfolg angewendet werden. Hydraulische Getriebe zur Erzeugung geradliniger hin und her gehender Bewegungen sind in der Herstellung teuer, haben aber den Vorteil schnellster Umstellbarkeit von einer Geschwindigkeitsstufe auf jede andere, sowie einfachster Hubeinstellung. Diese Vorteile lassen sich aber bei Mehrspindelautomaten, die lange Zeit ohne jede Änderung der Einstellung arbeiten sollen, nicht ausnutzen, so daß durch den Einbau solcher Getriebe die Maschinen verteuert werden, ohne daß ihre Brauchbarkeit entsprechend steigt. Ausnahmen kommen bei Bewegungen vor, die sehr weit von der Steuerwelle entfernt gebraucht werden, da eine einzige Druckleitung lange Gestänge ersparen kann, die wegen Lager- und Zapfenspiel und Durchbiegung Ungenauigkeiten zur Folge haben. Ein solcher Ausnahmefall ist beispielsweise die Klemmung der Spindeltrommel in dem Spindeltrommelgehäuse, wozu eine auf dem Spindelstock sitzende Spindel (Abb. 62) etwas gedreht werden muß, damit die Druckpuppe die Trommel festspannt. Hier kann die Anwendung eines hydraulischen Zwischengliedes vorteilhaft sein, da die Bewegung von einer Steuerwelle abgeleitet wird, die meistens unten in der Maschine liegt.

Auch Koppelkurvengetriebe, die auf der Vier- und Sechsgelenkkette aufbauen und denen vielfach eine große Zukunft als Ersatz für Kurventriebe vorausgesagt wird, lassen sich bei Mehrspindelautomaten nur aus-

Tab. 26. Einfluß der verschiedenen Steuerungsarten auf die Steuerung der Nebenzeitbewegungen bei Mehrspindelstangenautomaten.

Bezeichnung der Bewegung	Art der Bewegung	Bewegungsgesetz (Form der Wegkurve)	die Nebenzeit				I eine Hauptsteuerwellendrehung				II eine Schaltwellendrehung				III getrennte Bewegungen		Getriebeauswahl
			Hin %	Rast %	Zurück %	Rast %	Hin %	Rast %	Zurück %	Rast %	Hin %	Rast %	Zurück %	Rast %	Hin u. zurück %	Rast %	
Schaltung der Spindeltrommel	aussetzend drehend	Sinoide	60	40	—	—	17	83	—	—	33	67	—	—	100	0	Rädertrieb-Schaltwerke mit Zusatzgetrieben
Bewegung des Trommelriegels	geradlinig hin und zurück	ohne Einfluß	14	86	plötzlich	0	4	24	plötzlich	72	8	48	plötzlich	44	14	86	Kurventrieb (Scheibenkurve)
Betätigung der Stangen-Spanneinrichtung	geradlinig hin und zurück	ohne Einfluß	14	26	14	46	4	7	4	85	8	14	8	70	52	48	Bei I und II: Kurventrieb (Trommelkurve) Bei III: Koppelrastgetriebe
Werkstoffvorschub und Rückzug des Vorschubrohres	geradlinig hin und zurück	Parabel	32	14	Teilweise außerhalb der Nebenzeit		9	4	19	68	18	8	39	35	88	12	Bei I und II: Kurventrieb (Trommelkurve) Bei III: Koppelrastgetriebe
Bewegung des Werkstoffanschlages	bogenförmig hin und zurück	ohne Einfluß	70	22	Teilweise außerhalb der Nebenzeit		20	6	20	54	39	12	39	10	86	14	Bei I: Kurventrieb (Scheibenkurve) Bei II und III: Koppelrastgetriebe
Gesamte Nebenzeit	—	—	100	—	—	—	28	72	—	—	56	44	—	—	100	—	—

nahmsweise erfolgreich verwenden. Bei den gesuchten Getrieben handelt es sich meistens um Formen, welche eine stete Folge von Bewegungs- und Rastzeiten steuern. Nun ist es zwar möglich, mit Koppelrastgetrieben zwei und sogar drei Rastzeiten auf eine Kurbelumdrehung zu erzielen, die Dauer der Rasten ist aber gegenüber den Bewegungsperioden kurz, und die Genauigkeit teilweise gering. Der Grund hierfür liegt in der Erzielung der Rast, die dadurch zustande kommt, daß auf einer Koppelkurve, welche zeitweise einen fast gleichmäßigen Krümmungsradius hat, ein Lenker von der Länge dieses Radius geführt wird. Jede Abweichung des Krümmungsradius von der Lenkerlänge bedeutet aber eine Rastungenauigkeit. Neben der Schwierigkeit, mit Koppelgetrieben die verlangte Bewegung mit ausreichender Genauigkeit zu erzielen, kommt noch hemmend für die Verwendbarkeit die vielfach sperrige Bauart dieser Getriebe hinzu. Aus den Bewegungs- und Pausenbedingungen ergibt sich die Größe der einzelnen Getriebeglieder, und es muß versucht werden, diese in dem vorhandenen knappen zur Verfügung stehenden Raum unterzubringen. Jeder Konstrukteur, der schon einmal mit Koppelgetrieben gearbeitet hat[1], kennt die Schwierigkeiten, die die Gestaltung bietet und die bei Mehrspindelautomaten ganz besonders hervortreten. Diese Momente haben zur Folge, daß die Koppelgetriebe sich bei Mehrspindelautomaten kaum durchsetzen können.

Das gleiche gilt für die Koppeltriebschaltwerke, deren Anwendung zur Spindeltrommelschaltung auf den ersten Blick sehr vorteilhaft zu sein scheint. Die erzielbaren Rastzeiten sind aber gegenüber den Bewegungszeiten außerordentlich kurz, während bei der Spindeltrommelschaltung gerade der umgekehrte Fall vorliegt. Auch die Anwendung von Schaltgetrieben aus Laufgesperren oder Greifertrieben, die ihre Bewegung mit einer endlichen Geschwindigkeit, also mit einem Stoß, beginnen, sind praktisch wegen dieses Bewegungsablaufes nicht verwendbar.

Die Zahl der verwendbaren Getriebe wird dadurch sehr klein, es bleiben nur noch

1. für die hin und her gehende Bewegung Kurventriebe,
2. für die Schaltbewegung
   a) Kurventriebschaltwerke,
   b) Rädertriebschaltwerke.

Die weitere Untersuchung kann sich deshalb auf diese Getriebe beschränken.

47. Kurventriebe für hin und her gehende Bewegung.

Es sind drei Arten von hin und her gehenden Bewegungen zu unterscheiden:

1. Bewegungen mit zeitweise gleichförmiger Geschwindigkeit in einer Bewegungsrichtung, stoßfreier Bewegungsumkehr und schnellem Rücklauf. Der in gleichförmiger Geschwindigkeit zurückgelegte Arbeitsweg ist vom Werkstück abhängig. Die Bewegungsform wird für die Werkzeugschlitten der Mehrspindelautomaten gebraucht.

---

[1] Rauh, Kardanbewegung und Koppelbewegung. Berlin, VDI-Verlag 1938.

2. Bewegungen mit stets gleich langem, vom Werkstück unabhängigem Weg, bei denen der Weg-Zeit-Zusammenhang technologischen Forderungen angepaßt wird. Als Beispiel sei die Bewegung der Einstoßstange eines Magazinautomaten oder der Spannmuffe einer Stangen-Spanneinrichtung erwähnt. Bei der Bewegung wird auf stoß- und ruckfreie Umsteuerung, aber auch auf kleine Werte der Größtgeschwindigkeit und Größtbeschleunigung gesehen.

3. Bewegungen, die ähnlich wie die unter 2. genannten ablaufen müssen, bei welchen aber die Weglänge dem Werkstück angepaßt wird, wie dies bei der Stangenvorschubeinrichtung der Fall ist.

Bei der Gestaltung der Kurventriebe für diese Aufgaben sind drei Gesichtspunkte zu berücksichtigen:

1. die Kurvenform,
2. die Kurvengröße,
3. die Gestaltung der Kurven.

Die Kurvenform. Die verschiedenartigsten Bewegungsgesetze entsprechen den Forderungen des Mehrspindelautomatenbetriebes. Jedes Bewegungsgesetz erfordert aber eine andere Kurvenform. Um aus der Vielzahl der Bewegungsabläufe den für jeden einzelnen Fall günstigsten auswählen zu können, ist eine Gegenüberstellung mit den wichtigsten Merkmalen erforderlich. Hierbei sind zu nennen:

1. die Form der Weg-, Geschwindigkeits- und Beschleunigungskurve in Abhängigkeit von der Zeit;
2. die Abhängigkeit des Bewegungsablaufes von der Zeitstrecke, d. h. der Kurvenlänge;
3. die Größtwerte der Geschwindigkeit und Beschleunigung;
4. die Anfangswerte der Geschwindigkeit und Beschleunigung;
5. der Zeitpunkt der Erreichung der Größtbeschleunigung;
6. die Möglichkeit mechanischer Erzeugung einer Wegkurve.

Um einen Vergleich zu erleichtern, werden alle Gesetze auf den gleichen Fall zurückgeführt. Es wird angenommen, daß in der Zeit T der Weg S so zurückgelegt wird, daß zur Zeit $t = T/2$ der Weg $s = S/2$ erreicht ist, und daß der positive und der negative Ast der Beschleunigungskurve symmetrisch sind. Würde der Weg S mit gleichförmiger Geschwindigkeit v zurückgelegt, so wäre diese $v = v_m = 1\,S/T$. Ist der Weg S und die Zeit T zahlenmäßig bekannt, so läßt sich die wirkliche Größtgeschwindigkeit sofort errechnen. In dieser Weise wird stets die Geschwindigkeit in S/T und die Beschleunigung in S/T^2 angegeben.

Ein Beispiel soll einen solchen Rechnungsgang verdeutlichen. Ein Weg $S = 18$ cm wird in der Zeit $T = 0{,}3$ Sekunden zurückgelegt. Die Größtgeschwindigkeit wird

$$v_m = 1{,}25\,S/T, \quad \text{(Annahme)}$$
$$v_m = 1{,}25 \cdot (18/0{,}3)\ \text{cm/s},$$
$$v_m = 75\ \text{cm/s}.$$

Die Größtbeschleunigung ist

$$b_m = 12{,}5\,S/T^2, \quad \text{(Annahme)}$$
$$b_m = 12{,}5 \cdot (18/0{,}3^2)\ \text{cm/s}^2,$$
$$b_m = 2500\ \text{cm/s}^2.$$

Parabolisches Bewegungsgesetz. Wenn eine Höchstbeschleunigung b_m nicht überschritten werden darf und die Bewegung in möglichst kurzer Zeit ablaufen soll, so erreicht man dies mit einem Bewegungsablauf, bei welchem die Beschleunigung während der ganzen Bewegungszeit ihren Höchstwert beibehält, der nach halbem Weg $s = S/2$ von dem positiven auf den negativen Wert springt (Abb. 146). Es ergeben sich hierfür die Beziehungen

$$b = b_m,$$
$$v = b_m t,$$
$$s = \frac{b_m t^2}{2}.$$

Aus der Gleichung für s ergibt sich die Größtbeschleunigung an der Stelle

$$s = S/2$$

zu

$$b_m = 4\,S/T^2$$

und damit die Größtgeschwindigkeit an der gleichen Stelle aus der Gleichung für v zu

$$v_m = 2\,S/T.$$

Ist die zulässige Größtbeschleunigung vorgeschrieben, so wird die zum Weg S gebrauchte Zeit T

$$T = 2\,\sqrt{S/b_m}\,.$$

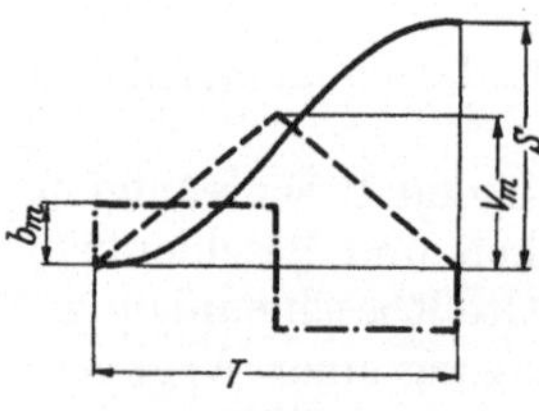

Abb. 146. Parabolischer
Bewegungsablauf.

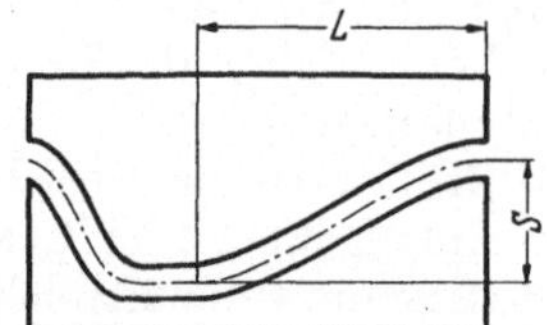

Abb. 147. Kurvenstück mit
Weg S bei einer Länge L.

Dieses parabolische Bewegungsgesetz, dessen Weg-Zeit-Kurve aus zwei Parabelästen besteht, die beim halben Weg tangential ineinanderlaufen (Abb. 146), ist unabhängig von der Wahl der Werte S und T, wenn T bei einer metallischen Kurve durch eine Strecke L verwirklicht wird, die mit der Geschwindigkeit v_k an der Abtriebrolle vorbeigleitet. Die Bewegungsgrößtwerte bleiben also gleich, unabhängig davon, ob zur Erzielung des Weges S (Abb. 147) eine lange metallische Kurve mit großer Geschwindigkeit oder eine ebensolche kurze Kurve mit kleiner Geschwindigkeit berollt wird. Dies ist sehr wichtig, da die Festlegung der Kurve unabhängig von dem Durchmesser der Kurventrommel oder Kurvenscheibe erfolgen kann und nur Rücksicht auf die Drehgeschwindigkeit der die Kurven tragenden Steuerwelle zu nehmen ist. Für die Auswahl der Kurvendurchmesser werden dann Fragen des Übertragungswinkels entscheidend.

Wenn das parabolische Bewegungsgesetz als An- und Ablauf einer in ihrem Hauptteil geradlinigen Wegkurve (Abb. 148) verwendet wird, so wirkt auf das so bewegte Maschinenteil nur zeitweise eine Beschleunigung, die den Betrag mT der ganzen Bewegungszeit ausmacht. Dann werden die Bewegungsgrößtwerte v_{ma} und b_{ma}

$$v_{ma} = 2/(2-m) \qquad S/T,$$
$$b_{ma} = 4/(2-m^2) \qquad S/T^2.$$

Abb. 149 zeigt die Bewegungswerte dieses Gesetzes.

Die Herstellung einer metallischen Kurve nach einem parabolischen Gesetz bietet insofern große Schwierigkeiten, als es keine Möglichkeit zur zwanglaufmechanischen Fertigung gibt. Es läßt sich also nicht vermeiden, das Kopierverfahren anzuwenden, wenn man nicht gar nach Anriß arbeitet und dann noch vorhandene Fehler mit der Meßuhr ermittelt und nacharbeitet. Beide Methoden haben den Nachteil,

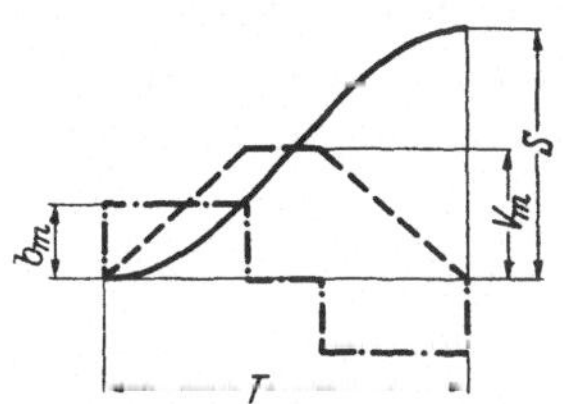

Abb. 148. Parabolischer Bewegungsablauf mit verkürzter Beschleunigungszeit.

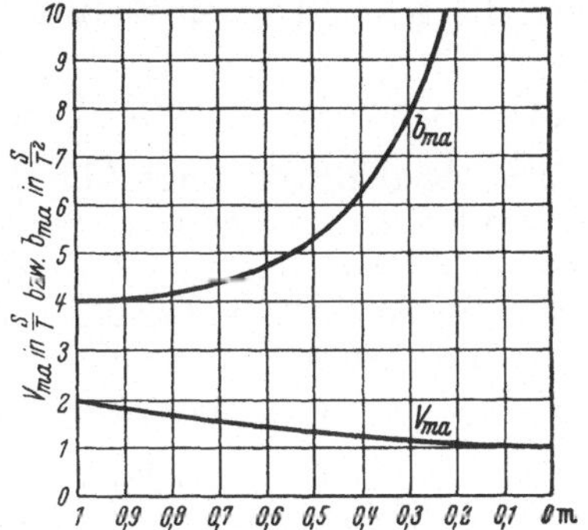

Abb. 149. Zusammenhang zwischen den Bewegungsgrößtwerten und der Verkürzung der Beschleunigungszeit für einen parabolischen Bewegungsablauf.

daß eine Herstellung mit genügender Genauigkeit schwer möglich ist. Denn gerade im An- und Ablauf der Kurve tritt bei kleinster Abweichung von der gewünschten Form, wenn sie auch nur wenige Zehntelmillimeter beträgt, bereits ein beträchtlich anderer Verlauf der Geschwindigkeit und Beschleunigung ein. Diese Herstellungsschwierigkeiten sind ein Nachteil des parabolischen Bewegungsgesetzes.

Gesetz mit einer Wegkurve aus Kreisbögen. In der Praxis wird häufig eine aus Kreisbögen zusammengesetzte Wegkurve angewendet. Dabei darf aber nicht übersehen werden, daß außerordentlich hohe Größtwerte der Geschwindigkeit und Beschleunigung sowie erhebliche Rucke unvermeidlich sind. Es ist deshalb notwendig, die Bewegungsverhältnisse klarzulegen, da sonst die Gefahr besteht, daß die Anwendung aus Unkenntnis der Verhältnisse bei ruckempfindlichen Maschinengliedern erfolgt, was Fehlschläge unvermeidlich macht. Eine Vorberechnung der auftretenden Geschwindigkeiten und Beschleunigungen bietet die Möglichkeit, diese in der Herstellung einfachen Getriebe da anzuwenden, wo es ohne Schaden geschehen kann.

Die Bewegungswerte eines Gesetzes aus Kreisbögen sind nicht allein von Weg und Zeit abhängig, sondern im Gegensatz zu dem parabolischen Gesetz ganz wesentlich von der Kurvenlänge, die in der Bewegungszeit berollt wird. Bei der Berechnung eines Kurventriebes muß daher der

Trommel- oder Scheibendurchmesser bekannt sein, um die wirklichen Bewegungswerte zu erhalten. Es ist zu den Werten S und T noch ein Wert c erforderlich, welcher das Verhältnis des Kurvenhubes S zur Kurvenlänge L (Abb. 147) angibt. Da die Kurvenlänge aus der Kurvengeschwindigkeit v_k und der Bewegungszeit T errechnet werden kann, wird

$$c = S/L = v_k\, S/T.$$

Weiterhin wird auch die Größe des Radius R der benutzten Kreisbögen im Verhältnis zum Weg S angegeben.

Bei dem Grundgesetz (Abb. 150), bei welchem die Wegkurve aus zwei Kreisbögen besteht, die beim halben Weg tangential ineinanderlaufen, ergeben die geometrischen Zusammenhänge die Länge des Radius R_g:

$$R_g = \frac{c^2 + 1}{4\,c^2}\, S.$$

Diese Abhängigkeit zeigt Abb. 153 in der Kurve $m = 1$.

Es werden die mit der Zeit t veränderlichen Werte, Weg s, Geschwindigkeit v und Beschleunigung b aus den geometrischen Zusammenhängen errechnet und daraus die Größtwerte v_m, b_m und die Anfangsbeschleunigung b_o. Es wird

$$v_m = 2/(1-c^2) \qquad S/T,$$
$$b_m = 4 \cdot \frac{(1+c^2)^2}{(1-c^2)^3} \qquad ST^2,$$
$$b_o = 4/(1+c^2) \qquad S/T^2.$$

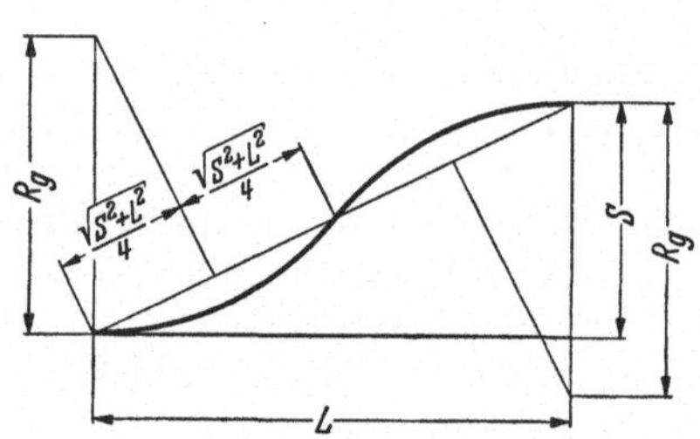

Abb. 150.
Wegkurve aus Kreisbögen.

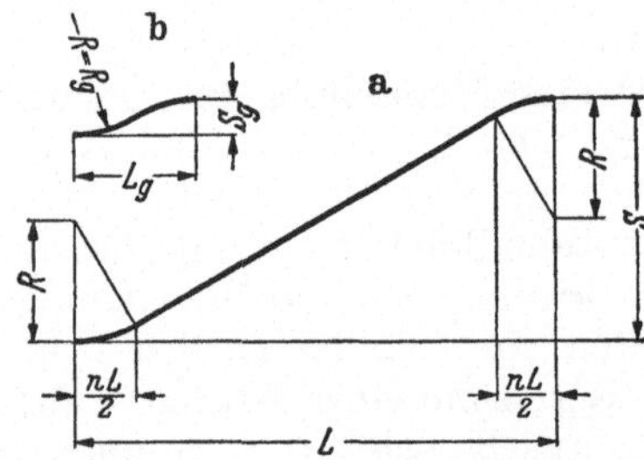

Abb. 151. a) Wegkurve aus Kreisbögen mit zeitweilig geradlinigem Weg; b) Grundgesetz hierzu.

Aus diesen Grundgesetzen entsteht eine ganze Gruppe von Bewegungsgesetzen, wenn zwischen die Kreisbögen (Abb. 151a) eine gemeinsame Tangente gelegt wird, welche die Dauer der Beschleunigung auf mT verkürzt. Durch Weglassen der Tangente und Aneinanderfügen der beiden Kreisbögen (Abb. 151b) entsteht das zugrunde liegende Grundgesetz mit dem Faktor c_g, dessen Bewegungswerte bestimmt und von c_g auf c umgerechnet werden können. Es wird

$$v_m = v_m'/c \qquad S/T,$$
$$b_m = b_m'/mc \qquad S/T^2.$$

Zur Lösung vorkommender Aufgaben wird Abb. 152 und 153 benutzt. Die eingezeichneten Kurven für m und c lassen die Festlegung jedes be-

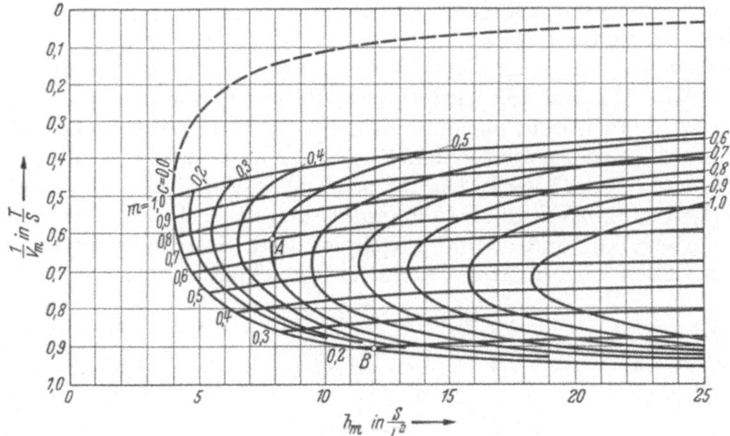

Abb. 152. Zusammenhang zwischen Bewegungsgrößtwerten, Verkürzungsfaktor m und Faktor c für Kreisbogengesetze.

liebigen Punktes durch diese beiden Werte zu, wenn die zulässige Höchstgeschwindigkeit und Höchstbeschleunigung gegeben ist. Der durch m

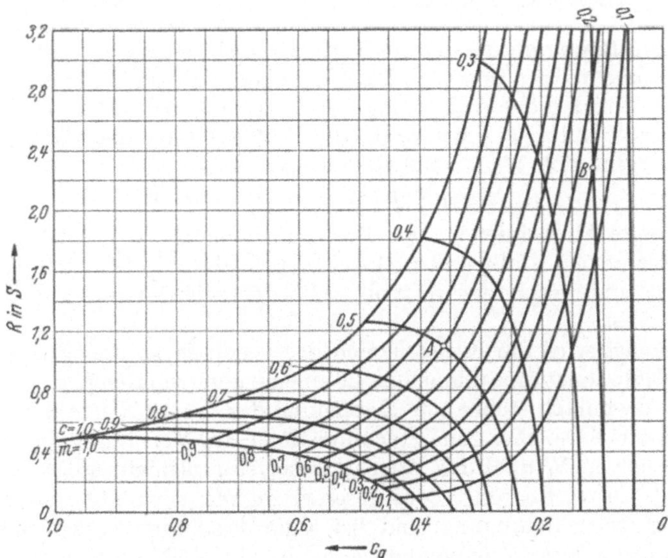

Abb. 153. Zusammenhang zwischen dem Bogenradius und den Kennwerten des Kreisbogengesetzes.

und c bestimmte Punkt wird dann im Schaubild Abb. 153 aufgesucht, welches die Länge des Radius R zeigt. Ebenso kann die umgekehrte

Aufgabe gelöst werden, bei der R und c gegeben sind, während v_m und b_m gesucht wird. Dann ergibt sich aus Abb. 153 zu R und c der Wert m und aus Abb. 152 hierzu v_m und b_m. Abb. 154 veranschaulicht den Verlauf einiger Geschwindigkeits- und Beschleunigungskurven bei einem solchen Bewegungsgesetz.

Beispiele. Der Gang einer Berechnung mit Hilfe der beiden Schaubilder Abb. 152 und 153 wird an zwei Beispielen verdeutlicht.

Es wird ein Gesetz mit einer Wegkurve aus Kreisbögen gesucht, bei welchem die Größtgeschwindigkeit $v_m = 1,6\ S/T$ und die Größtbeschleunigung $b_m = 8\ S/T^2$ wird. Der reziproke Wert der Größtgeschwindigkeit wird $1/v_m = 0,625\ T/S$. Damit ergibt sich in Abb. 152 Punkt A, für welchen $m = 0,7$ und $c = 0,5$ abgelesen wird. Der Schnittpunkt dieser beiden Linien wird in Abb. 153 mit A bezeichnet, man liest den Radius

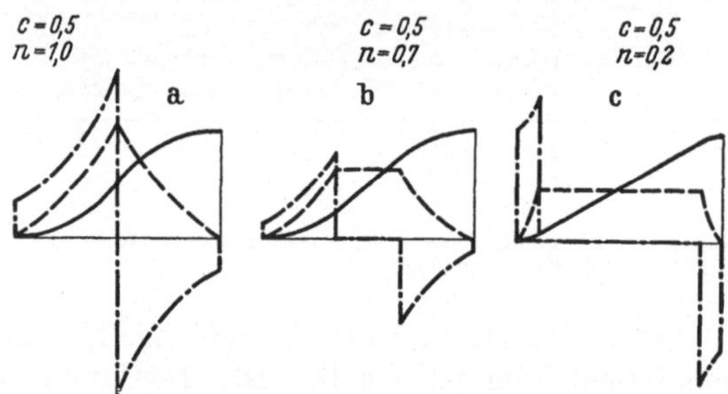

Abb. 154. Verschiedene Bewegungsabläufe des Kreisbogengesetzes.

$R = 1,08\ S$ ab, während für das Grundgesetz $c_g = 0,365$ wird. Durch den Radius liegt nunmehr die Wegkurve fest, mit welcher die verlangten Bewegungsgrößtwerte erreicht werden.

Bei der umgekehrten Aufgabe, zu einem durch die Wegkurve gegebenen Bewegungsgesetz die Bewegungsgrößtwerte zu bestimmen, sei $c = 0,2$ und der Radius $R = 2,3\ S$ gegeben. Es ergibt sich (Abb. 153) Punkt B, für den der Abkürzungsfaktor $m = 0,2$ ist. Der Schnittpunkt von $c = 0,2$ und $m = 0,2$ wird in Abb. 152 bestimmt und mit B bezeichnet, es ergibt sich $1/v_m = 0,9$ oder umgerechnet

$$v_m = 1,1\ S/T \quad \text{und} \quad b_m = 12\ S/T^2.$$

Geneigte Sinuslinien[1]. Der Bewegungsablauf nach einer geneigten Sinuslinie erfolgt stoß- und ruckfrei. Er ist deshalb für viele Aufgaben der Steuerung besonders wertvoll. Abb. 155 zeigt einen der vielen möglichen Fälle.

Zunächst wird die Konstruktion der Weglinie klargelegt. Jede einzelne Weglinie ist eine Sinuslinie in einem schiefwinkligen Koordinatensystem. Demnach stehen zur Erreichung des Weges $S/2$ in der Zeit $T/2$ unendlich viele solcher geneigter Sinuslinien zur Verfügung, je nachdem, unter welchem Winkel das Koordinatensystem schiefgestellt wird. Die Größe der erreichbaren Höchstgeschwindigkeit sowie Lage und Größe der Höchstbeschleunigung sind bei allen Weglinien verschieden. Die Konstruktion derartiger Wegkurven ist in Abb. 156 dargestellt. Sie zeigt ein Weg-Zeit-Schaubild, in dem allerdings nur das Kurvenstück vom Anfangspunkt A bis zum Punkt der steilsten Tangente V gezeichnet ist. Die Konstruktion ist hier für drei Kurven durchgeführt. An jedes dieser

---

[1] DRP. 637 037.

Kurvenstücke kann nach Belieben ein anderes angeschlossen werden, das nicht unbedingt symmetrisch sein muß, es wird hier aber so angenommen, da die Bedingung des halben Weges $S/2$ zur halben Zeit $T/2$ aufgestellt wurde.

A ist mit V verbunden und die Strecke in C halbiert. Jede dieser Hälften wird in beispielsweise drei gleiche Teile geteilt. Zur Zeitachse werden fünf Parallelen gezogen, deren Lage aus der Hilfsfigur oben links ermittelt wird. Dann wird für jede der geneigten Sinuslinien auf der Zeitachse ein Punkt D_1, D_2, D_3 angenommen, der mit C verbunden wird. Diese drei Ver-

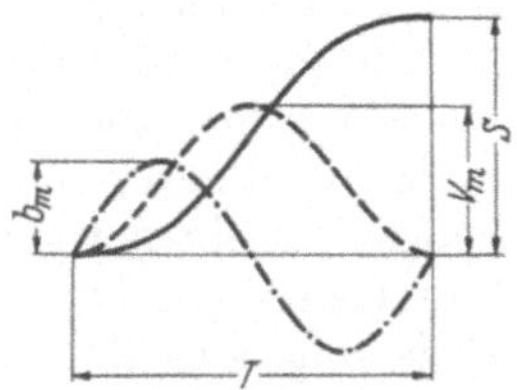

Abb. 155. Sinoidischer Bewegungsablauf.

bindungslinien werden mit der mittleren der fünf waagerechten Parallelen in den Punkten F_1, F_2, F_3 zum Schnitt gebracht, die bereits Punkte der gesuchten Kurven sind. Vier weitere Punkte jeder Kurve werden dadurch gefunden, daß durch die einzelnen Teilpunkte der Strecken AC und CV jeweils die Parallelen zu CD_1, CD_2, CD_3 gezogen und zum Schnitt mit den zugehörenden Parallelen zur Zeitachse gebracht werden.

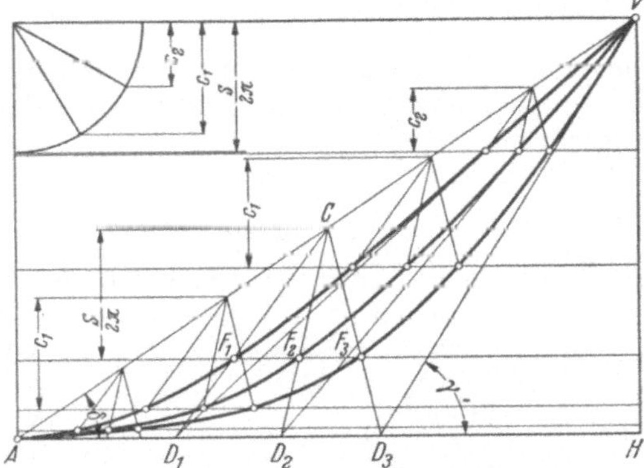

Abb. 156. Konstruktion mehrerer geneigter Sinuslinien.

Bei diesem Bewegungsgesetz sind die Größtwerte der Geschwindigkeit abhängig von dem Verhältnis $c = S/T$, d. h. also von der Kurvenlänge, wie dies auch schon bei dem Gesetz mit einer Wegkurve aus Kreisbögen der Fall war. Weiter besteht eine Abhängigkeit der Bewegungsgrößtwerte von dem Winkel γ, den die Linien DC mit der Zeitachse bilden. Für γ besteht die Bedingung

$$\delta \leq \gamma \leq \pi - \delta.$$

Der Spezialfall $\gamma = \pi/2$ stellt die Sinoide nach BESTEHORN (Abbildung 155) dar, während das Gesetz mit $\gamma = \pi/2 + \delta$ als geneigte Sinuslinie von ALT bekannt ist.

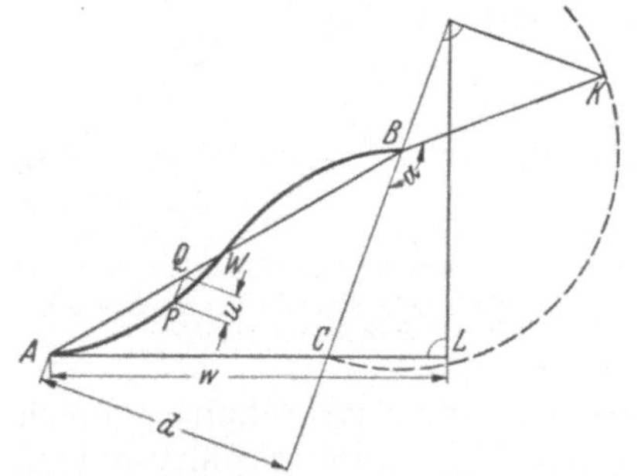

Abb. 157. Konstruktion der Beschleunigung eines beliebigen Punktes P eines sinoidischen Bewegungsgesetzes.

Die Größtgeschwindigkeit v_m ergibt sich aus Abb. 156, mit
$$v_m = VH/DH.$$

Werden hierbei die Strecken VH in S und DH in T ausgedrückt, so ist die Größtgeschwindigkeit wie bei den früheren Bewegungsgesetzen auf S/T zurückgeführt.

Die Konstruktion der Beschleunigung eines beliebigen Punktes P einer Weglinie zeigt Abb. 157[1]. Es wird am einfachsten mit einem zeichnerisch-rechnerischen Verfahren gearbeitet. Der Punkt P ist ein beliebiger Punkt der gezeichneten Sinuslinie, dem der Winkel α zwischen 0 und π entspricht. Um den Endpunkt der Wegkurve B wird ein Halbkreis mit dem Radius BC gezeichnet und in B an BC der Winkel α angetragen, dessen freier Schenkel den Kreis im Punkt K schneidet. Von K wird nun das Lot auf die Verlängerung von CB gefällt, und von diesem Punkt das Lot auf die Verlängerung von AC, wobei der Punkt L gefunden wird. Mit AL ist die Länge w und mit QP die Länge u bekannt. Beide werden praktisch nicht in cm oder mm, sondern in S ausgedrückt.

Nunmehr wird rechnerisch weiter vorgegangen. Die gesuchte Beschleunigung b_m wird bei Einführung einer Konstanten k

$$b_m = ku/w^3.$$

Bedeutet d den senkrechten Abstand des Punktes A von BC ausgedrückt in S, und v_k die Geschwindigkeit, mit welcher die Kurve berollt wird, ausgedrückt in S/T, so wird die Konstante k

$$k = 4\,\pi^2\,v_k^2 d.$$

Wichtiger als ein beliebiger Beschleunigungswert ist der Größtwert b_m, zu dessen Errechnung der zugehörende Winkel α_q bekannt sein muß.

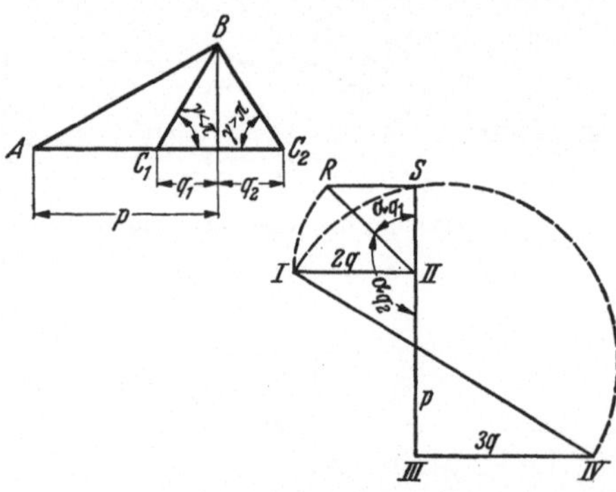

Abb. 158. Konstruktion des Winkels α_q der Stelle der Größtbeschleunigung eines sinoidischen Bewegungsablaufes.

Auch dieser läßt sich durch eine einfache Konstruktion ermitteln. Abb. 158 zeigt je eine geneigte Sinuslinie mit $\gamma < \pi$ und $\gamma > \pi$, wobei die geometrische Bedeutung der Werte p und q angegeben ist. Aus diesen wird nun jeweils die rechtwinklige Treppe I, II, III, IV gezeichnet, I mit IV verbunden, der Halbkreis darüber gezeichnet und dessen Schnittpunkt S mit der Verlängerung von III über II hinaus bestimmt. Es wird nun in S an SII ein rechter Winkel angelegt und zum Schnitt gebracht mit einem Kreis um II mit dem Radius $II—I$. Der Schnittpunkt R wird mit II verbunden, und es ergibt sich dann der Winkel α_q, der je nach der Größe von γ über oder unter der Linie $R—II$ liegt. Mit dem so gefundenen Winkel läßt sich der Wert der Größtbeschleunigung nach dem zuerst beschriebenen Verfahren (Abb. 157) ermitteln.

---

[1] Sauer, Hubbeschleunigung für die geneigte Sinuslinie. RM.-AfG 6 (1938) S. R 1.

Prüft man in dieser Weise verschiedene Kurvenzüge der geneigten Sinuslinie, so findet man, daß eine außerordentlich große Vielfaltigkeit von Bewegungswerten erreicht werden kann, je nach der Wahl der Werte δ und γ. Einmal ergeben sich Bewegungsabläufe mit sehr geringen

Tab. 27. Werte für verschiedene Bewegungsgesetze.

Lfd. Nr.	Bewegungsart	Form der Beschleunigung	$\max \frac{v}{S/T}$	$\max \frac{b}{S/T^2}$	Bemerkungen
1	Konst. Geschwindigkeit		1,0	∞	Anfang und Ende mit Stoß
2	Konst. Beschleunigung, Parabelgesetz		2,0	4,0	Stoßfrei, Anfang, Mitte und Ende mit Ruck
3	Kubische Parabel		3,0	12,0	Ein Ruck in der Mitte
4	Sonderfall der Parabel		1,5	6,0	Anfang und Ende mit Ruck
5	Sonderfall der Parabel		2,0	8,0	Ruckfrei
6	Sinoide von RINGWALD		1,6	4,9	Anfang und Ende mit Ruck
7	Sinoide von BESTEHORN		2,0	6,3	Ruckfrei
8	Sinoide von WILDT Ein Fall		1,75	5,88	Ruckfrei. Zwangläufig herstellbar
9	Malteserkreuz $n = 3$, $i = 0,5$		3,2	16,4	Anfang und Ende mit Ruck

Größtwerten der Geschwindigkeit und Beschleunigung, dann wieder solche, wo einer dieser beiden Werte oder gar beide sehr groß werden. Weiterhin hat man es in der Hand, den Zeitpunkt der Erreichung der Größtbeschleunigung festzulegen, also ob diese sehr bald nach Bewegungsbeginn, oder nach ein Viertel der Zeit, oder gar erst kurz vor Erreichung des halben Weges eintreten soll. Ein Bewegungswert der geneigten Sinuslinie ist in Tab. 27 anderen Bewegungsgesetzen zum Vergleich gegenübergestellt.

Die dargestellte Bewegungsform hat die Eigenschaft, sich durch Vorrichtungen zwangläufig erzeugen zu lassen. Man ist also nicht auf das stets ungenaue Kopierverfahren angewiesen, bei dem eine Gewähr für die Erzielung der Kurvenform in allen Feinheiten niemals gegeben ist. Die Möglichkeit zwangläufiger Herstellung erhöht den Wert des Bewegungsablaufes für die Praxis ganz beträchtlich, so daß die dazu erforderliche Vorrichtung in einer ihrer vielen Baumöglichkeiten beschrieben werden soll[1].

Die in Abb. 159 schematisch dargestellte Vorrichtung ist so beschaffen, daß sie auf eine Werkzeugmaschine mit kreisendem Werkzeug, etwa eine Fräsmaschine oder Schleifmaschine aufgesetzt wird. Dabei wird die Bearbeitung durch Drehen eines Handrades langsam fortschreitend ausgeführt. Für Massenherstellung bietet die Ableitung der Vorschubbewegung von dem Maschinengetriebe keine Schwierigkeiten, von der so weitgehenden Beschreibung wurde aber abgesehen, da hierdurch keine Besonderheiten gegenüber dem Handbetrieb gegeben sind. Bei der Gestaltung der Vorrichtung kann mit Schneckentrieben und Zahnrädern ebenso gearbeitet werden wie mit Zugbändern und Schlittenführungen.

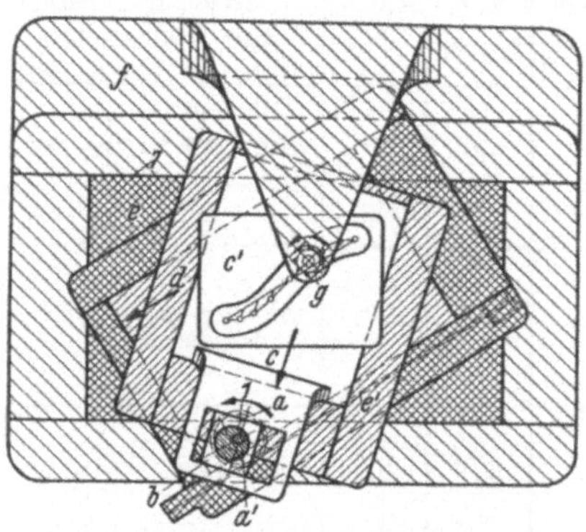

Abb. 159. Vorrichtung zur zwangläufigen Herstellung von Kurvenscheiben mit schiefen Sinuslinien als Wegbahn.

Bei sorgfältiger Herstellung sind beide Bauformen einander gleichwertig. Des leichteren Verständnisses wegen wird in dem Beispiel eine Vorrichtung mit Zugbändern beschrieben.

Die Vorrichtung Abb. 159 dient zur zwangläufigen Erzeugung einer Triebkurve mit Hubstücken, welche die Gestalt schiefer Sinuslinien haben, und zwar für den einfachsten Fall eines Kurventriebes, nämlich für den Fall, daß die Triebkurve geradlinig und gleichförmig angetrieben wird, und daß der Abtrieb durch einen geradegeführten Schieber erfolgt, dessen Bewegungsrichtung senkrecht zu der der Triebkurve liegt. Die Triebkurve ist in diesem Falle also eine Kurvenschubplatte, und die Gestalt der Triebkurve weicht nicht von der Gestalt ab, die sie im Weg-Zeit-Schaubild hat. Die Kurve selbst ist als Nutkurve angenommen. Der Schieber soll über eine Rolle, die in der Kurvennut gleitet, angetrieben sein.

Die Bewegung der Vorrichtung verläuft folgendermaßen. Es muß

---

[1] Die Beschreibung entstammt der Patentschrift DRP 637037.

zwischen der Herstellung der Hubstücke und der daran anschließenden Raststücke unterschieden werden. Die Abbildung zeigt die Vorrichtung nur bei der Erzeugung eines Hubstückes. Hierbei ist der untere Schieber e im Gestell f unbeweglich festgestellt, bildet also in diesem Falle getrieblich ein einziges Glied mit dem ruhenden Gestell f. Dagegen wird der obere Schieber d durch irgendwelche zusätzliche, in der Abbildung nicht gezeichnete Getriebeglieder gleichförmig und geradlinig in der Führung des unteren Schiebers e angetrieben. Nimmt man als Richtung dieser Bewegung die des Pfeiles bei d, so gelten für die Bewegungsrichtung der übrigen Getriebeglieder die bei diesen gezeichneten Pfeile. Bei der gleichförmigen Schiebung des oberen Schiebers d im unteren Schieber e muß sich von den Zugbändern e', von welchen in jeder Richtung eines ziehend wirkt, das eine von der bei 1 im oberen Schieber d gelagerten runden Scheibe a ab- und das andere entsprechend aufwickeln, wodurch die runde Scheibe a und das mit ihr fest verbundene Exzenter a' eine gleichförmige Drehbewegung erhält. Das Exzenter a' erteilt nun bei seiner gleichförmigen Drehbewegung um den Zapfen 1 vermittels des Gleitsteins b dem Kreuzschieber c und dem hierauf befestigten Werkstück c' eine sinoidisch hin und her gehende Bewegung im oberen Schieber d. Die sinoidische Bewegung des Kreuzschiebers c und die gleichförmige Bewegung des oberen Schiebers d, beide Bewegungen unter beliebigem Winkel sowohl zueinander als auch zu den Bewegungsrichtungen der Triebkurve und des Antriebgliedes, überlagern sich zu der Bewegung nach einer schiefen Sinuslinie wenn der Durchmesser der runden Scheibe a und der Radius des Exzenters a' richtig bemessen sind. Das Werkzeug g, im Gestell f gelagert und mit eigenem, gesondertem Antrieb, beschreibt also in bezug auf das Werkstück c' die gewollte Kurve und arbeitet diese bzw. zwei Äquidistanten dazu aus dem Werkstück heraus. Die Erzeugung der Raststücke, die sich im Anfangs- und im Endpunkte des Hubkurvenstückes an dieses anschließen sollen, geschieht in folgender Weise (in der Abbildung nicht gezeigt). Der Antrieb des Schiebers d wird ausgeschaltet, und die Getriebeglieder a mit a', b, c mit c', d und e werden alle gegeneinander festgestellt, so daß sie jetzt getrieblich ein einziges Glied bilden, das sich dann nur in der Führung 7 des Gestelles f geradlinig bewegen kann. Wird dann der Schieber e und mit ihm alle die festgestellten Getriebeglieder einschließlich des Werkstückes c' geradlinig in der Führung 7 angetrieben, so kann das Werkzeug g auch nur geradlinige Nuten in das Werkstück c' einarbeiten. Die Umstellung der Vorrichtung muß erfolgen, wenn sich das Werkzeug im Anfangs- und im Endpunkt des Hubstückes befindet. In der praktischen Ausführung wird die Vorrichtung (Abb. 159) noch einfacher, als sie in der getrieblichen Darstellung erscheint. Nimmt man nämlich die Kurvenherstellung auf einer vorhandenen Werkzeugmaschine vor, was im allgemeinen der Fall sein wird, so ist das Gestell f mit der Lagerung des Werkzeuges g schon in der Maschine vorhanden. Ebenso dient der Arbeitstisch der Maschine mit seiner Schlittenführung als unterer Teil des Schiebers e, und nur der obere Teil des Schiebers e mit der Führung, der die übrigen Teile der Vorrichtung trägt, braucht auf dem Arbeitstisch der Maschine befestigt zu werden. Wenn der Arbeitstisch der Werkzeugmaschine noch eine zweite, in einen beliebigen Winkel zur ersten einstellbare Schlittenführung besitzt, kann die Vorrichtung in entsprechender Weise noch weiter vereinfacht werden.

Kurvengröße und Kurvengestaltung. Die Kurvengröße ist wichtig für den in dem Kurventrieb auftretenden Übertragungswinkel[1], d. h. den Winkel zwischen der Kurvennormalen und der Senkrechten zur Bewegungsrichtung im Berührungspunkt. Je größer eine Kurve, gleichgültig ob Trommel- oder Scheibenkurve, bei gleichem Hub wird, um so günstiger gestaltet sich der Übertragungswinkel, dessen Bestwert bei 90° liegt. Als Kleinstwert darf meistens 45° nicht unterschritten werden, wenn man nicht Gefahr laufen will, Klemmungen in das Getriebe zu bekommen. Bei der Bestimmung des Übertragungswinkels spielt nicht allein das gewählte Bewegungsgesetz eine große Rolle, sondern auch die Art wie die Kurve berollt wird. Es ist also ein Unterschied, ob die Bahn des Abtriebgliedes gerade und durch die Drehachse der Kurve gehend ist, ob der Abtrieb bogenförmig konzentrisch oder gar exzentrisch erfolgt. Auch die Drehrichtung des Kurventriebes spielt besonders bei Verwendung von Schwinghebeln eine große Rolle. Die einzelnen Fälle sind in der Literatur[1] reichlich behandelt, so daß eine weitere Erörterung sich erübrigt.

Ebenso wie bei dem Übertragungswinkel sind auch bei der Kurvengestaltung die Arten der Bewegungsabnahme zu berücksichtigen. Denn

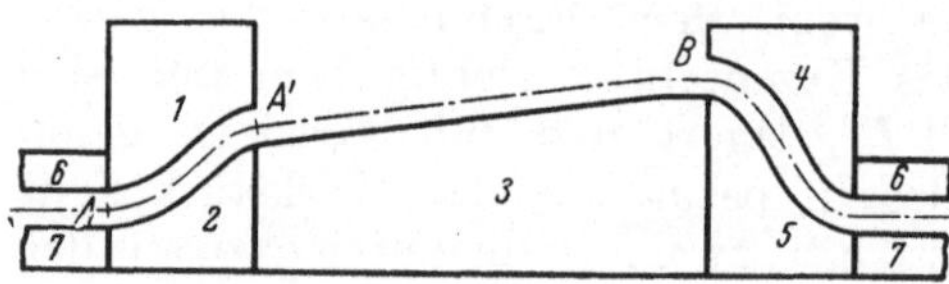

Abb. 160. Zusammensetzung einer Kurvenbahn aus mehreren Kurvenstücken. 1. und 2. Kurven und Gegenkurven für den Eilvorlauf. 3. Kurve für den Arbeitsgang. 4. und 5. Kurve und Gegenkurve für den Eilrücklauf. 6. und 7. Führungsstücke für die untere Rast.

das einmal gewählte Bewegungsgesetz bezieht sich fast immer auf das bewegte Maschinenglied, die Weg-Zeit-Linie dieses Gliedes ist aber nur in seltenen Fällen zugleich die Wegkurve an der Kurventrommel oder Kurvenscheibe. Es muß die Art der Bewegungsabnahme berücksichtigt und von dieser ausgehend die Wegkurve an dem Kurventrieb entwickelt werden.

Weiterhin ist wichtig, ob die Kurven bei allen Werkstücken verwendet werden können, und stets auf der Maschine bleiben, wie etwa die Kurve für den Materialanschlag, oder ob ein Auswechseln bei Werkstückänderung nötig wird. Während in ersterem Fall die Kurve genau nach getrieblichen Rücksichten gebaut wird, ist bei allen Kurven für Werkzeugträger die Frage der Austauschbarkeit und Lagerhaltung zu berücksichtigen. Zu jeder Kurve, die einen Arbeitsweg (Abb. 160) von A nach B steuert, ist ein Eilvor- und Rücklauf erforderlich, die in der Herstellung ungleich schwieriger sind, als das Kurvenstück $A'B$ selbst, da bei diesem die Kurve eine Gerade ist. Aus diesem Grunde ist anzustreben, daß die Rückzugkurve vielfach verwendbar ist, indem ver-

---

[1] Flocke, VDI Forschungsheft 345.

schiedene Kurvenwege mit der gleichen Rücklaufkurve vereinigt werden. Das bedingt aber einen stets verschieden großen Eilvorlauf, da Eilvorlauf und Arbeitshub zusammen dem Eilrücklauf entsprechen. Es wird deshalb zu jedem einzelnen Weg AB eine besondere Kurve mit Eilvorlauf und Arbeitsweg hergestellt. Um die Lagerhaltung in erträglichen Grenzen zu halten, werden die Kurven nach dem Arbeitshub gestuft (Tab. 28). Dabei geht man davon aus, daß besonders bei Werkstücken mit längerer Stückzeit

Tab. 28. Gestaltung der Kurven für einen Längsschlitten.

Längs-schlitten-arbeitsweg in mm	Anlauf bei einem Schlittenweg und Rücklaufweg von			
	40 mm	75 mm	125 mm	160 mm
6	34			
8	32			
10	30			
12	28			
15	25	60		
20	20	55		
25	15	50		
30	10	45	95	
35	5	40	90	
40		35	85	
50		25	75	
60		15	65	
70		5	55	90
80			45	80
90			35	70
100			25	60
120			5	40
150				10

Abb. 161. Arbeitswege verschiedener Größe (S_1 bzw. S_2) bei gleichem Rücklauf S. Infolge gleicher Steigung der Eilvorlaufkurve ist die Dauer des Eilweges verschieden.

ein Überhub von nur wenigen Millimeter im Zeitbedarf kaum ins Gewicht fällt, zumal ja doch mit einem gewissen Überhub stets gerechnet werden muß. Abb. 161 zeigt eine nach diesen Gesichtspunkten entwickelte Kurve mit zwei verschieden langen Arbeitshüben in der Abwicklung.

48. Schaltgetriebe.

Als einzige Schaltbewegung kommt bei Mehrspindelautomaten die Spindeltrommelschaltung in Frage, an welche ganz besondere Genauigkeitsanforderungen zu stellen sind. Aus der großen Zahl von Schaltgetrieben kommen deshalb nur zwei Gruppen in Betracht.

Kurventriebschaltwerke. Kurventriebschaltwerke sind sehr betriebssicher und arbeiten bei richtiger Gestaltung bewegungstechnisch einwandfrei. Dabei ist Voraussetzung, daß die verwendete Kurvenscheibe

1. dem Abtriebsglied eine stoß- und ruckfreie Bewegung erteilt;

2. der Übertragungswinkel so bemessen ist, daß an keiner Stelle unzulässig hohe Keilkräfte auftreten;

3. so gearbeitet ist, daß sie das einmal gewählte Bewegungsgesetz auch lange Zeit hindurch steuert, d. h., daß keine starke Abnutzung an Stellen großer Beanspruchung auftritt;

4. zum Abtriebsglied Formschluß hat, so daß das Schaltgetriebe auch dann noch zwangsläufig arbeitet, wenn zeitweise der Antrieb statt von der Steuerwelle von der Spindeltrommel aus erfolgt.

Zwei in ihrer Form bemerkenswerte und in der Praxis bewährte

Kurventriebschaltwerke sollen aus der Vielzahl der möglichen Bauarten herausgegriffen und beschrieben werden.

Bei dem in Abb. 162 gezeigten Getriebe sind auf der Steuerwelle g zwei nebeneinanderliegende Kurvenscheiben f_1 und f_2 aufgekeilt, die mit der Welle umlaufen. Um die Steuerwelle herum greift ein um d drehbarer Schwinghebel e, welcher zwei Kurvenrollen h_1 und h_2 trägt, wobei die Rolle h_1 mit der Kurvenscheibe f_1 und die Rolle h_2 mit f_2 zusammenwirkt. Bei einer vollen Umdrehung der Steuerwelle g erteilt nun die Doppelkurvenscheibe dem Schwinghebel e eine hin und her

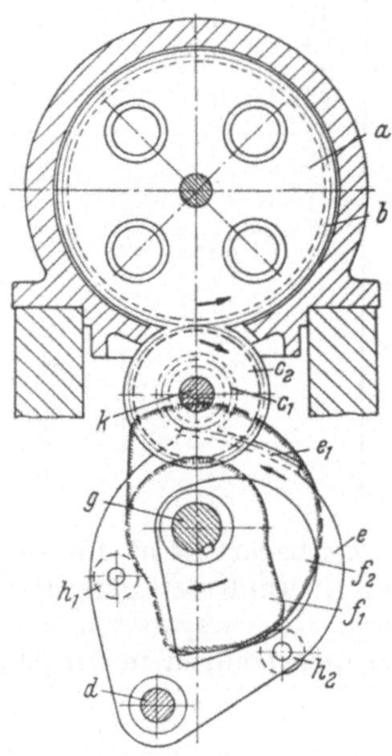

Abb. 162. Kurventriebschaltwerk mit zwei umlaufenden Kurvenscheiben f_1 und f_2 und einem pendelndem Zahnsegment e.

pendelnde Bewegung, die durch geeignete Bemessung der Kurvenscheibe so ist, daß der Hingang während der für die Trommelschaltung zur Verfügung stehenden Drehung der Steuerwelle erfolgt, während die Rückbewegung auf den ganzen restlichen Teil der Steuerwellendrehung verteilt werden kann. Die beiden Kurvenscheiben sind nun so gestaltet und aufeinander abgestimmt, daß sie jederzeit beide mit je einer Kurvenrolle h zusammenwirken. Da diese Rollen h auf verschiedenen Seiten der Steuerwelle g liegen, ist eine formschlüssige Bewegung des Schwinghebels e gegeben. Es darf aber nicht verkannt werden, daß die Form der beiden Kurvenscheiben bei den gestellten Bedingungen außerordentlich verwickelt ist, so daß eine Herstellung große Schwierigkeiten bereitet.

Der Schwinghebel e trägt an seiner oberen Seite ein Zahnsegment e_1, welches mit einem Ritzel c_1 in Eingriff steht, das sich auf der Welle k drehen kann. Dieses Ritzel führt daher entsprechend dem Schwinghebel e eine rechts- und linksdrehende Bewegung aus. Auf der gleichen Welle k sitzt ein zweites Ritzel c_2, welches mit der außenverzahnten Spindeltrommel a im Eingriff ist, so daß diese bei einer Drehung von c_2 durch die Verzahnung b mitgedreht wird. Zwischen den beiden Ritzeln c_1 und c_2 ist nun eine Freikupplung derartig vorgesehen, daß die eine Drehrichtung des Ritzels c_1 auf c_2 übertragen wird, während letzteres bei der entgegengesetzten Drehung von c_1 still stehen bleibt. Das Ritzel c_2 führt also bereits eine abgesetzt drehende Bewegung aus. Die Zähnezahlen e_1 c_1, c_2 und b müssen so aufeinander abgestimmt sein, daß die Spindeltrommel bei einer Schwingbewegung des Schwinghebels e gerade um eine Spindelteilung weitergeschaltet wird. Das gleiche Getriebe läßt sich also für Vier-, Fünf- oder Sechsspindelautomaten verwendbar machen.

Bei einem Kurventriebschaltwerk nach Abb. 163[1] wird die Bewegung unmittelbar von der umlaufenden Kurvenscheibe in eine abgesetzt drehende Bewegung umgesetzt. Mit der Steuerwelle g dreht sich eine Scheibe f, auf welcher drei Kurvenstücke f_1, f_2 und f_3 befestigt sind. Zwischen diesen Kurvenstücken bleibt ein Kanal frei, durch welchen eine der drei Rollen e_1, e_2 und e_3 hindurchgehen kann. Diese Rollen sind an einem um die Welle k drehbaren Zahnrad c befestigt, welches mit der Außenverzahnung b der Spindeltrommel a in Eingriff steht.

Bei dem Schaltvorgang tritt die Steuerrolle e_1 in den Kanal bei 1 infolge der Drehung der Kurvenscheibe f mit der Steuerwelle g ein und geht zwischen den schräg verlaufenden Flächen 2 und 3 hindurch. Wenn die schräg verlaufende Fläche 4 an die Rolle e_1 stößt, wird die Scheibe f das Rad c zu drehen beginnen, so daß die Schaltung der Spindeltrommel a einsetzt. Die schräg verlaufende Fläche 5 läuft parallel zu der Fläche 4, wenn demzufolge die Fläche 4 auf die Rolle c_1 trifft, so wird die gegenüberliegende Fläche 5 ebenfalls mit der Rolle in Eingriff kommen, und letztere an der Fläche 4 halten, derart, daß die der Spindeltrommel innewohnende Bewegungsenergie nicht die Drehbewegung der Scheibe f beschleunigen kann. Wenn diese sich weiterdreht, werden die Flächen 6 und 7 in eine Stellung gebracht, in der sie mit den Steuerrollen e_2 und e_3 in Eingriff treten. Die Weiterdrehung des Rades c erfolgt jetzt durch

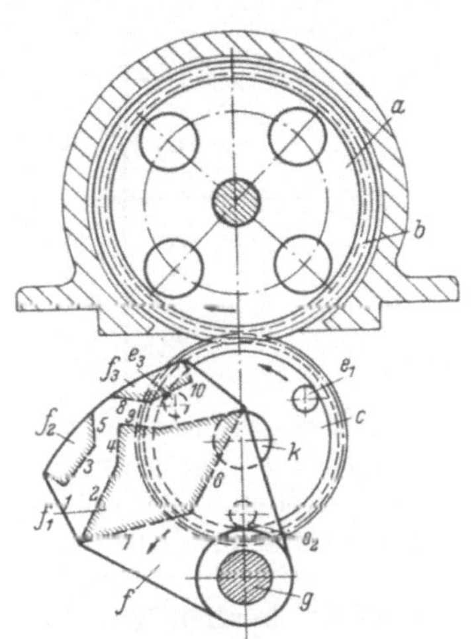

Abb. 163. Kurventriebschaltwerk mit einer umlaufenden Kurvenbahnscheibe f und einem Rollenzahnrad e als Abtriebglied.

die Fläche 7 und Rolle e_3, während 6 und e_2 den Gegenhalt bilden, bis die Rolle e_1 in den Kanal zwischen den Flächen 8 und 9 eingetreten ist, wobei 8 die Bewegung und 9 den Gegenhalt an der gleichen Rolle übernimmt. Dabei kommen die Rollen e_2 und e_3 außer Eingriff. Die Schaltbewegung ist beendet, sobald die Rolle e_1 die Kreisfläche 10 erreicht hat, da dann eine Bewegung des Rades c nicht mehr erfolgt. Während des weiteren Teiles der Steuerwellendrehung g mit der Scheibe f bleibt das Rad c stehen. Bei dem nächsten Schaltvorgang übernimmt dann Rolle e_2 die Führung, die jetzt für e_1 beschrieben wurde. Die Übersetzung zwischen c und b muß wiederum der Spindelzahl angepaßt werden, um ein allgemeinverwendbares Getriebe zu haben. Tab. 29 zeigt die bei richtiger Kurvengestaltung erreichbaren Bewegungswerte für verschiedene Spindelzahlen.

Rädertriebschaltwerke. Bei den Rädertriebschaltwerken sind zwei Arten zu unterscheiden:

---

[1] DRP. 474 526.

1. Sternradgetriebe,
2. Maltesergetriebe.

Das Sternradgetriebe[1] stellt ein außerordentlich anpassungsfähiges Getriebe dar, mit welchem zu jeder beliebigen Steuerwellendrehung jede gewünschte Sterndrehung erreichbar ist. Dem gegenüber steht aber ein recht ungünstiger Bewegungsablauf, der sich durch große Werte sowohl

Tab. 29. Bewegungswerte für Kurventriebschaltwerke bei einer Drehgeschwindigkeit ω_t in s^{-1} der Schaltkurve und einem Bewegungsgesetz mit $v_m = 1{,}75\,S/T$ und $b_m = 5{,}88\,S/T^2$. Wegkurve ist eine geneigte Sinuslinie.

Spindel-trommelteilung		Drehung der Kurve während der Schaltung					
		60°		90°		120°	
m	$2\,\psi_g$ Grad	$\dfrac{v_m}{\omega_t}$	$\dfrac{b_m}{\omega_t^2}$	$\dfrac{v_m}{\omega_t}$	$\dfrac{b_m}{\omega_t^2}$	$\dfrac{v_m}{\omega_t}$	$\dfrac{b_m}{\omega_t^2}$
3	120	3,5	11,2	2,33	5,0	1,75	2,8
4	90	2,6	8,4	1,75	3,75	1,31	2,1
5	72	2,1	6,75	1,4	3,0	1,05	1,7
6	60	1,75	5,6	1,17	2,5	0,88	1,4
8	45	1,31	4,2	0,88	1,87	0,66	1,05

der Anfangs- wie auch der Größtbeschleunigung auszeichnet (Tab. 30). Zudem ist die Herstellung teuer, da auf die genaue Einhaltung der epizykloidischen Form der Ein- und Auslaufschlitze großer Wert gelegt werden muß, denn diese Schlitze bewirken gerade Bewegungsbeginn und -ende. Diese Nachteile machen die praktische Verwendbarkeit der Sternradgetriebe als alleiniges Schaltgetriebe fast unmöglich, während es als Zusatzgetriebe gute Dienste leistet, wie in den folgenden Ausführungen gezeigt wird.

Tab. 30. Bewegungswerte für Sternradgetriebe.

m	$2\,\varphi_g$ Grad	$2\,\psi_g$ Grad	i	μ	$\max\dfrac{\omega_\psi}{\omega_\varphi}\,s^{-1}$	$\max\dfrac{\varepsilon_\psi}{\omega_\varphi^2}\,s^{-2}$	Austritt $\dfrac{\varepsilon_\psi}{\omega_\varphi^2}\,s^{-2}$
1	60	360	0,17	0,15	6,7	65	54
2	60	180	0,33	0,28	3,6	21	18
3	60	120	0,5	0,39	2,6	12	10,5
4	60	90	0,67	0,5	2,0	8,0	7,2
5	60	72	0,83	0,59	1,7	6,0	5,5
6	60	60	1,0	0,69	1,5	4,7	4,4
8	60	45	geht nicht mehr				
1	120	360	0,33	0,3	6,6		65
2	120	180	0,67	0,56	3,6		24
3	120	120	1,0	0,83	2,4		13,4
4	120	90	1,33	1,08	1,9		9,4
5	120	72	1,66	1,32	1,5		7,2
6	120	60	2,0	1,55	1,3		6,0
8	120	45	2,66	2,08	1,05		4,2

Maltesergetriebe. Das Malteserkreuz (Abb. 164) zeichnet sich durch einfachen Aufbau und Betriebssicherheit aus, unterliegt aber einer

---

[1] Hoecken: Z. VDI Bd. 74 (1930) S. 265ff.

baulichen Beschränkung, wenn stoßfreier Bewegungsablauf des Sternes verlangt wird, da dann der Treiber tangential in die Sternnuten ein- und auslaufen muß. Es besteht dadurch der Zusammenhang

$$\varphi_g = \frac{\pi\,(m-2)}{2\,m}\,.$$

Es muß auch angestrebt werden, daß der Schaltwinkel $2\,\psi_g = 2\,\pi/m$ ganzzahlig in 360° oder einem Vielfachen davon aufgeht, wobei die Fälle

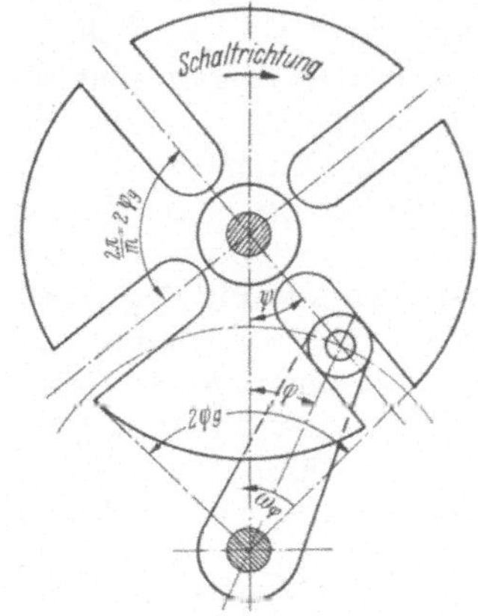

Abb. 164. Malteserkreuz-Schaltgetriebe.

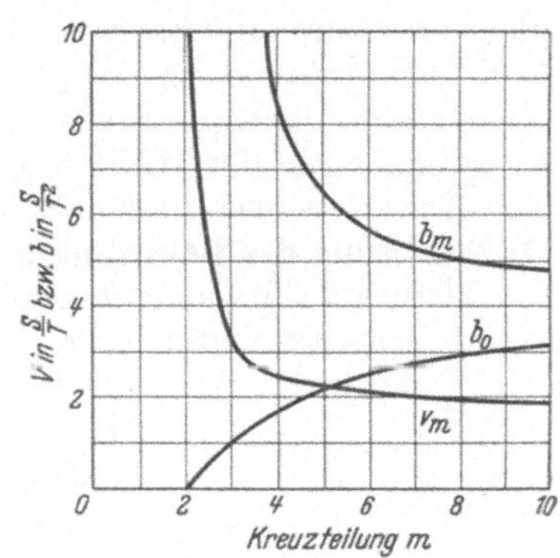

Abb. 165. Zusammenhang zwischen den Bewegungsgrößtwerten eines Malteserkreuzes und seiner Kreuzteilungen m.

mit ganzzahligem m die baulich einfachsten Getriebe liefern. Für m besteht die Grenzbeziehung

$$2 < m < \infty.$$

Werden die Bezeichnungen der Abb. 164 angenommen und als Abkürzung

$$\lambda = \sin \pi/m$$

eingeführt, so ergeben sich für den Bewegungsablauf des Sternes folgende Beziehungen

$$\operatorname{tg}\psi = \frac{\lambda \sin \varphi}{1 - \lambda \cos \varphi}\,,$$

$$\omega_\psi = \frac{\lambda \cos \varphi - \lambda^2}{1 - 2\,\lambda \cos \varphi + \lambda^2}\,\omega_\varphi\,,$$

$$\varepsilon_\psi = \frac{(\lambda - \lambda^3)\sin \varphi}{[1 - 2\,\lambda \cos \varphi + \lambda^2]^2}\,\omega_\varphi^2\,.$$

Der Größtwert der Winkelgeschwindigkeit wird bei $\varphi = \varphi_g/2$

$$\max \omega_\psi = \frac{\lambda}{1 - \lambda}\,\omega_\varphi\,.$$

Die Beschleunigung zu Beginn und Ende der Sternbewegung, der sog. Ruck, wird

$$\varepsilon_0 = \operatorname{tg}\frac{\pi}{m}\,\omega_\varphi\,.$$

Die Sternbeschleunigung erreicht ihren Größtwert an der mit m veränderlichen Stelle φ_m. Es wird

$$\cos \varphi_m = \frac{1 + \lambda^2 - \sqrt{(1 + \lambda^2)^2 + 32\,\lambda^2}}{4\,\lambda}\,.$$

Bei $m \to \infty$ erreicht φ_m den Grenzwert

$$\lim_{m \to \infty} \varphi_m = \frac{\pi\,(m - 2)}{2\,m}\,,$$

d. h. die Größtbeschleunigung liegt zu Beginn und Ende der Bewegung. Abb. 165 zeigt die Bewegungswerte in Abhängigkeit von m, Tab. 31, Zahlenwerte zum Maltesergetriebe bezogen auf den Weg S und die Zeit T. Es wird also $\omega_\psi = v_m \mid \varepsilon_\psi = b_m$ und $\varepsilon_0 = b_0$.

Dem Malteserkreuz haften als Schaltgetriebe einige Mängel an. Neben der Begrenzung in der Wahl von φ_g sind es vor allem die Geschwindigkeitsgrößtwerte sowie die Rucke.

Verbesserung des Bewegungsablaufes. Eine Verbesserung des Bewegungsablaufes kann erreicht werden, wenn die Treiberrolle radial verschiebbar gestaltet und durch eine Kurvenscheibe gesteuert wird[1]. Dann ist es möglich, dem Stern jeden gewünschten Bewegungsablauf bei frei wählbarem Treiberschaltwinkel zu geben. Praktisch wird man

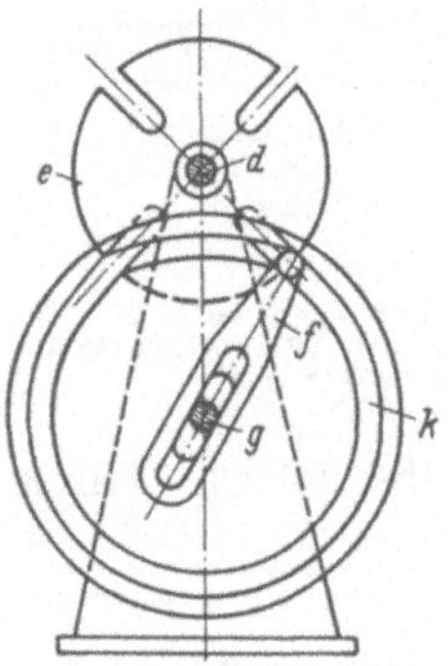

Abb. 166. Malteserkreuz-Schaltgetriebe, bei dem die Treiberrolle in radialer Richtung durch eine Kurvenscheibe K gesteuert wird.

Tab. 31. Bewegungswerte für ein Malteserkreuz-Schaltgetriebe, bei einer Treiberdrehung mit der Geschwindigkeit ω_t in s^{-1}.

Malteserkreuz-sternteilung		Treiberdrehung	Bewegungswerte			
m	$2\,\psi_g$ Grad	Grad	v_m in ω_t	b_0 (Eintritt) in ω_t^2	b_m in ω_t	Winkel zu b_m
3	120	60	6,46	1,78	31,4	4,75
4	90	90	2,41	1,00	5,4	11,46
5	72	108	1,43	0,73	2,3	17,6
6	60	120	1,00	0,58	1,35	22,9
8	45	135	0,62	0,41	0,70	31,2

als Bewegungsablauf eine Sinoide (Abb. 155) wählen, da diese bei ruckfreier Bewegung zwanglaufmechanisch erzeugt werden kann. Eine solche Getriebeanordnung zeigt Abb. 166.

Eine andere Lösung der gleichen Aufgabe ergibt sich aus der Anwendung eines Maltesergetriebes (Abb. 167), bei dem die Treiberkurbel durch eine Viergelenkkette ersetzt ist[2], so daß die Treiberrolle eine Koppelkurve beschreibt. Diese muß dabei so ermittelt werden, daß die Treiberrolle bei tangentialem Ein- und Auslauf ein günstiges Bewegungsgesetz steuert. Die wesentlichste Aufgabe ist also die Auswahl einer Koppelkurve mit einer in der Gestaltung einfachen Viergelenkkette.

Genügt der Bewegungsablauf des Malteserkreuz-Sternes den gestellten

---

[1] Amerik. Pat. 1 224 714.   [2] DRP. 592 709.

Forderungen, nicht aber der Treiberwinkel dem Steuerungsdiagramm, so muß zwischen Treiber und Steuerwelle ein Getriebe geschaltet werden, welches auf eine volle Steuerwellendrehung eine volle Treiberdrehung erzeugt, gleichzeitig aber während des Schaltvorganges einen vom Treiberwinkel verschiedenen Steuerwellenwinkel. Dies würde ein Ellipsenräderpaar (Abb. 168) erfüllen, durch welches der Treiber eine periodisch wechselnde Winkelgeschwindigkeit bei gleichförmiger Antriebsgeschwindigkeit erhält. Je nachdem, in welchen Bereich nun die Schaltung gelegt wird, kann die Treiberdrehung während der Schaltperiode größer oder

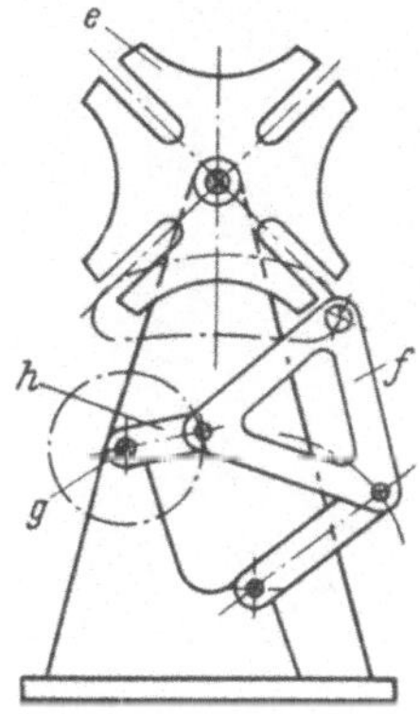

Abb. 167. Malteserkreuz-Schaltgetriebe, bei dem die Treiberrolle von der Koppel einer Viergelenkkette geführt wird.

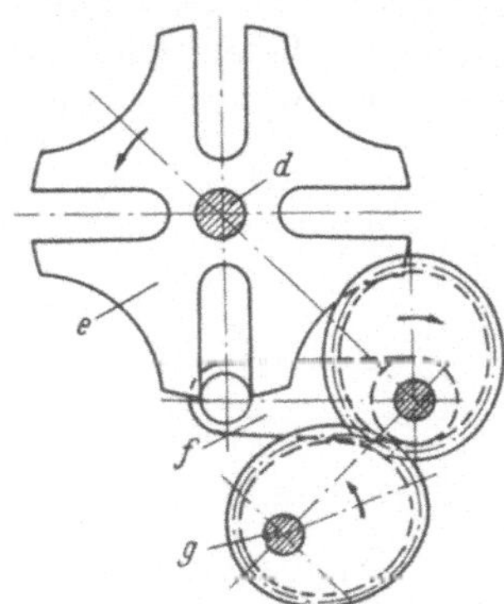

Abb. 168. Malteserkreuz-Schaltgetriebe, bei dem der Treiber durch ein Ellipsenräderpaar angetrieben wird.

kleiner als die Steuerwellendrehung α sein. Die notwendige numerische Exzentrizität der Ellipsenräder wird

$$e = \frac{\sin \varphi_g - \sin \alpha}{\sin (\varphi_g + \alpha)}.$$

Allerdings haften diesem Vorschaltgetriebe zwei Mängel an.

1. Der Bewegungsablauf des Sternes wird durch die periodisch schwankenden Winkelgeschwindigkeiten des Treibers verändert.

2. Die Herstellung von Ellipsenrädern ist teuer und schwierig, eine einwandfreie Verzahnung unmöglich[1]. Die getrieblich gleichwertigen Antiparallelkurbelgetriebe bauen sehr sperrig.

Eine Lösung für die häufigsten Fälle, in denen die Steuerwellendrehung kleiner als die Treiberdrehung ist, beruht darauf, daß der Treiber während der Schaltung mit erhöhter, aber konstanter Geschwindigkeit umläuft, um dann zeitweise stillzustehen. Dies kann durch ein Sternradgetriebe mit einer Raste erreicht werden[2] (Abb. 169), wobei sich der Bewegungsablauf des Sternes nicht verändert. Die Herstellung des Sternradgetriebes verlangt nicht allzuviel Sorgfalt, da während des Schaltvorganges eine normale Stirnradverzahnung im Eingriff ist, wäh-

---

[1] HOECKEN, Verfahren zum Verzahnen unrunder Räder. Maschinenbau Bd. 17 (1938) S. 349 ff.

[2] DRP. 597 772.

rend Triebstock und Nute lediglich den frei laufenden Treiber abzu-
bremsen bzw. zu beschleunigen haben. Bei der Bemessung dieses Vor-
schaltgetriebes ist zu beachten, daß sich die Stirnradteilradien wie die
Winkel von Steuerwelle und Treiber verhalten.

Es ist nun noch festzulegen, wie bei einem Malteserkreuzschaltgetriebe
der Über- bzw. Unterhub berücksichtigt werden kann, da m ganzzahlig
sein soll oder höchstens einen sehr einfachen unechten Bruch darstellen
darf. Durch Einhaltung des tangentialen Eintritts der Treibrolle in die
Sternnuten und geringe Veränderung des Achsabstandes von Trommel
zu Treiber wird der Schaltweg der
Trommel etwas verändert, so daß der
Treiber bei der nächsten Schaltperiode nicht in eine Nute treffen würde.

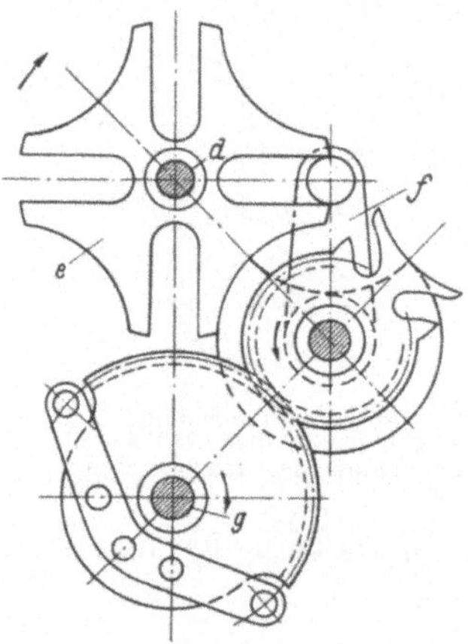

Abb. 169. Malteserkreuz-Schaltgetriebe,
bei dem der Treiber durch ein Sternradgetriebe mit einer Raste angetrieben
wird.

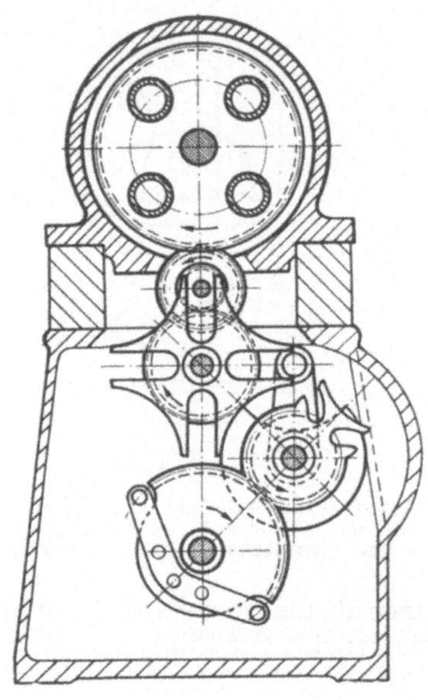

Abb. 170. Spindeltrommelschaltung mit
einem Malteserkreuz und Sternradvor-
gelege. Zahnradübertragung zur Spindeltrommel.

d = Malteserkreuzachse. e = Malteserkreuz, f = Treiber, g = Steuerwelle.

Um den dort fehlenden oder zuviel geschalteten Winkel dreht aber der
Trommelringel die Trommel und damit auch den Stern, so daß dieser
zum Schaltbeginn stets wieder richtig steht. Zahlenwerte für die Veränderung des Achsabstandes zeigt Tab. 32.

In vielen Fällen ist es beim Einstellen der Mehrspindelautomaten
praktisch, wenn man die Spindeltrommel von dem Schaltgetriebe
trennen kann, so daß sie sich frei drehen läßt, damit man nach Wunsch
eine oder mehrere Spindeln vor- oder zurückdrehen kann. Ist nun das
Schaltgetriebe so angeordnet, daß die Bewegung von einem Zahnrad auf
die außenverzahnte Spindeltrommel geleitet wird (Abb. 170), so läßt
sich die Ausrückeinrichtung meistens gut an diesem Rad anbringen.
Greift dagegen das Schaltgetriebe unmittelbar in die Spindeltrommel ein
(Abb. 171), so muß die Ableitung der Schaltbewegung an der Steuerung
abgetrennt werden, wobei die Verbindung zwischen Spindeltrommel

und Schaltgetriebe erhalten bleibt. Das hat aber den Nachteil, daß es nicht möglich ist, die Trommel von Hand weiter- bzw. zurückzudrehen, wie dies im Verlaufe der Einstellung wünschenswert wäre. Aus diesen Gründen ist ein Schaltgetriebe vorzuziehen, welches die Trommel über Zahnräder weiterschaltet.

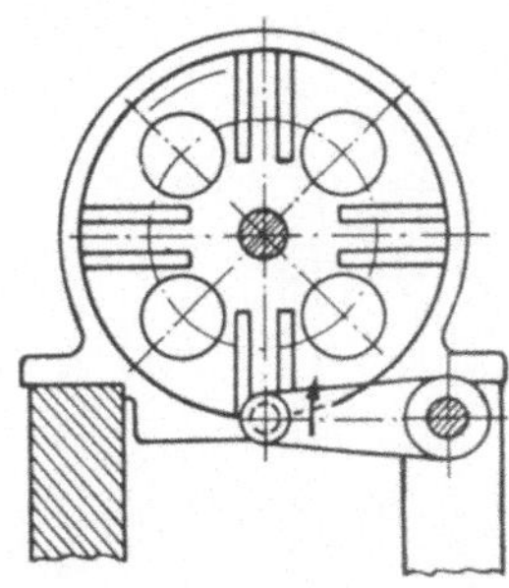

Abb. 171. Spindeltrommelschaltung mit Malteserkreuz, wobei die Spindeltrommel unmittelbar als Stern ausgebildet ist.

Tab. 32. Achsabstandveränderungen beim Malteserkreuz-Schaltgetriebe zur Erreichung eines Überhubes von etwa 20′ entsprechend 1—2 mm am Spindeltrommelumfang.

Malteserkreuzteilung m	Schaltwinkel 2 ψ_0 Grad	Normaler Achsabstand in % der Treiberlänge	Achsabstandsverkleinerung in % der Treiberlänge bei Überhub
3	120	116	0,35
4	90	141	0,43
5	72	170	0,8
6	60	200	1,0
8	45	261	1,3

Das Schaltungsantriebsrad an der Spindeltrommel muß so gelegt sein, daß es die Trommel von der unteren Trommelgehäuseseite abhebt. Das ist der Fall, wenn das Antriebsrad unter der Trommel oder seitlich an der aufwärtsdrehenden Seite angeordnet ist (Abb. 170). Bei direkt in die Trommel eingreifenden Schaltgetrieben (Abb. 171) wird der bestgeeignete Angriff von Fall zu Fall bestimmt.

49. Einfügung der Steuerung in den Aufbau der Mehrspindelautomaten.

Die hauptsächlichst verwendete Steuerung ist die Hauptsteuerwelle. Beim Einbau in Mehrspindelautomaten erscheint sie meistens als eine durchgehende Welle, welche alle Kurventrommeln, Kurvenscheiben und Antriebsglieder für periodische Getriebe ungleichförmiger Geschwindigkeit trägt und unter, hinter oder über dem Spindelstock angeordnet ist. Je nach Bedarf werden eine oder mehrere hinsichtlich der Drehbewegung fest mit ihr verbundene weitere Wellen abgezweigt, sei es zur Steuerung der Querschlitten oder weiterer über der Maschine angeordneter Kurventrommeln. Die Hauptsteuerwelle besteht dann aus mehreren Ästen.

Eine sehr einfache Gestaltung zeigt Abb. 172. Die Steuerung der ganzen Maschine erfolgt durch die Steuerwelle *40*, welche über den Schneckentrieb *38, 39* von dem Vorschubgetriebe (Abb. 173) ihre Drehbewegung erhält. Der Arbeitsgang wird von der Antriebshülse *11* abgenommen und durch Rad *170* über ein Zwischenrad auf Rad *16* übertragen, das mit einer Büchse durch einen Sicherungsstift verbunden ist, der bei Überlastung bricht und den Steuerwellenantrieb stillsetzt. Von Rad *16* geht der Antrieb auf die vier Nortonräder *18* und die Räderschwinge *19* mit den Rädern *20* und *21*. Von der Welle der Nortonschwinge wird die Bewegung über die Wechselräder $c-d-c'-d'$ auf eine Büchse geleitet, welche die Räder d' und *23* trägt. Mit Rad *23*

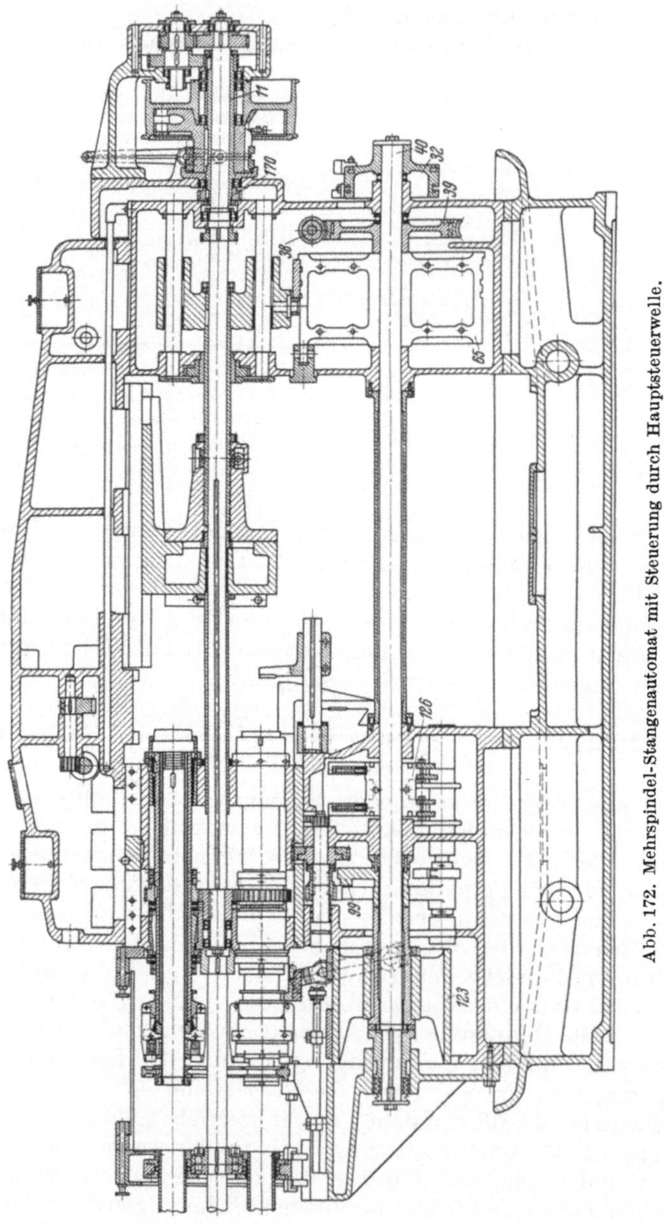

Abb. 172. Mehrspindel-Stangenautomat mit Steuerung durch Hauptsteuerwelle.

kämmt Rad *24*, welches auf einem Sperrgetriebe *28* sitzt, das bei ausgerücktem Schnellgang die Welle *27* dreht. Diese treibt über die

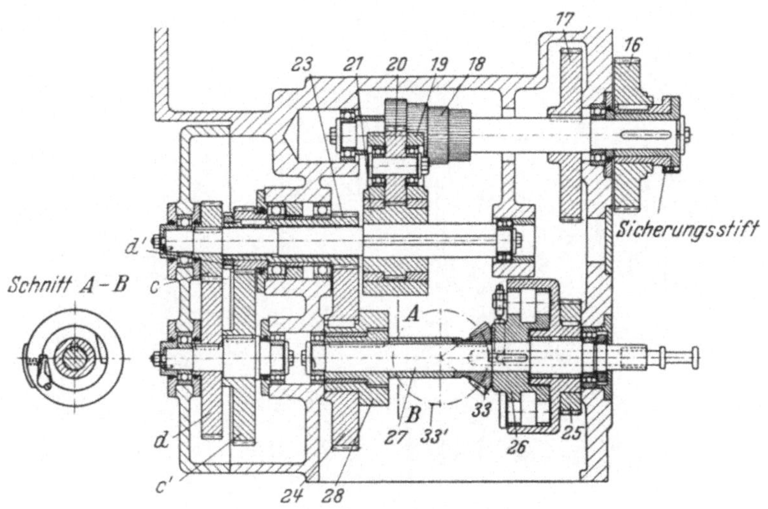

Abb. 173. Vorschubgetriebe zum Automaten Abb. 172.

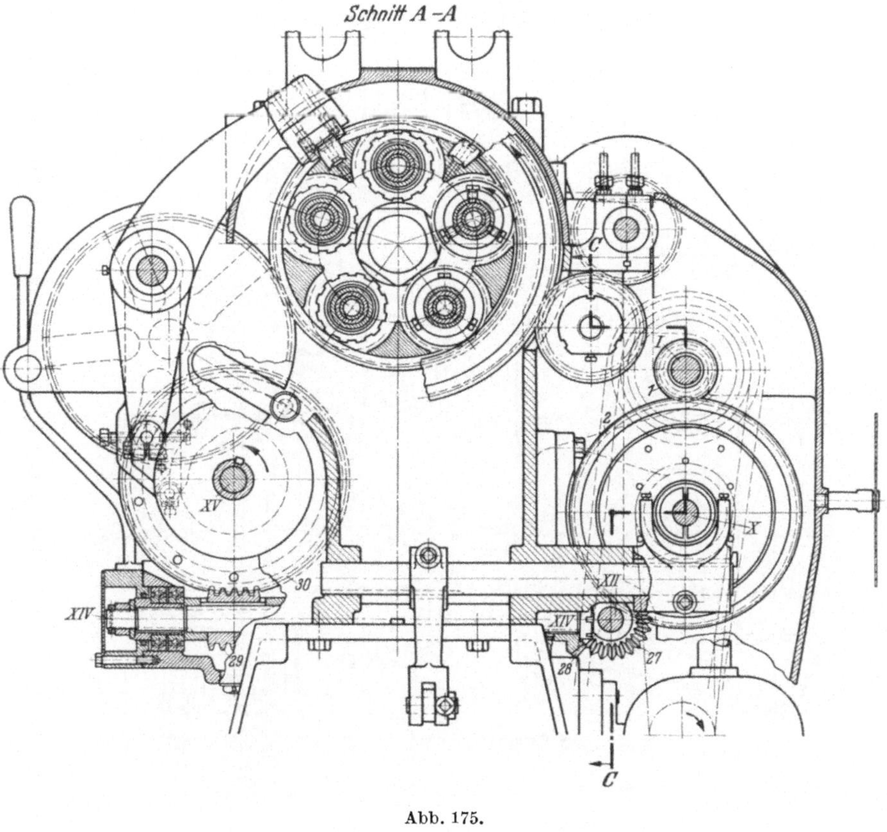

Abb. 175.

11*

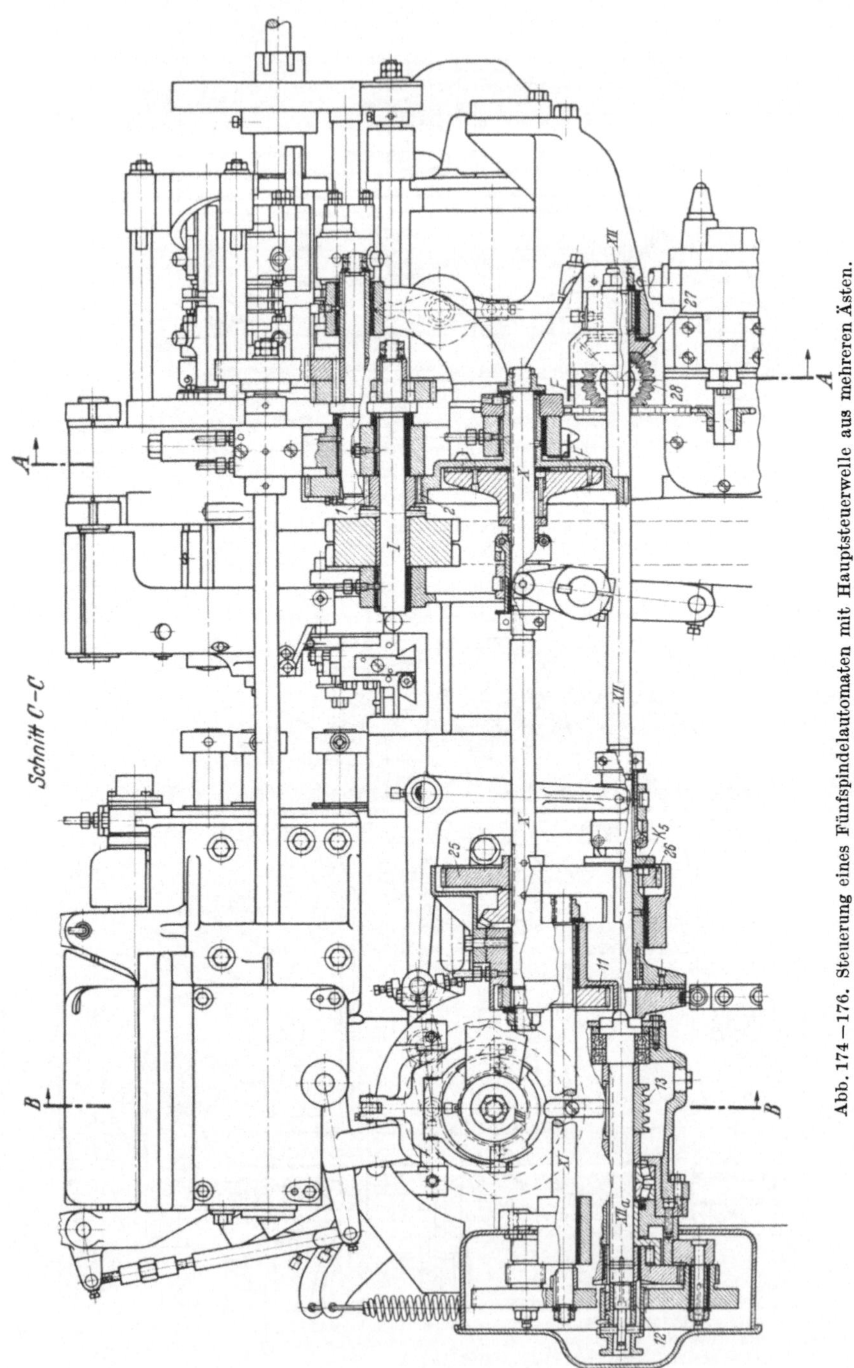

Abb. 174—176. Steuerung eines Fünfspindelautomaten mit Hauptsteuerwelle aus mehreren Ästen.

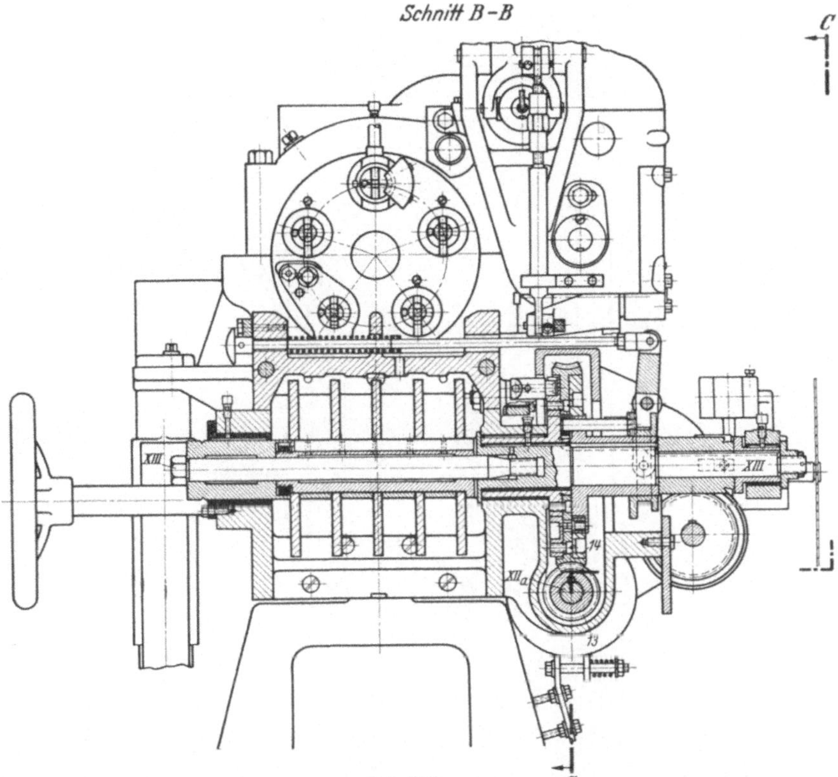

Schnitt B–B

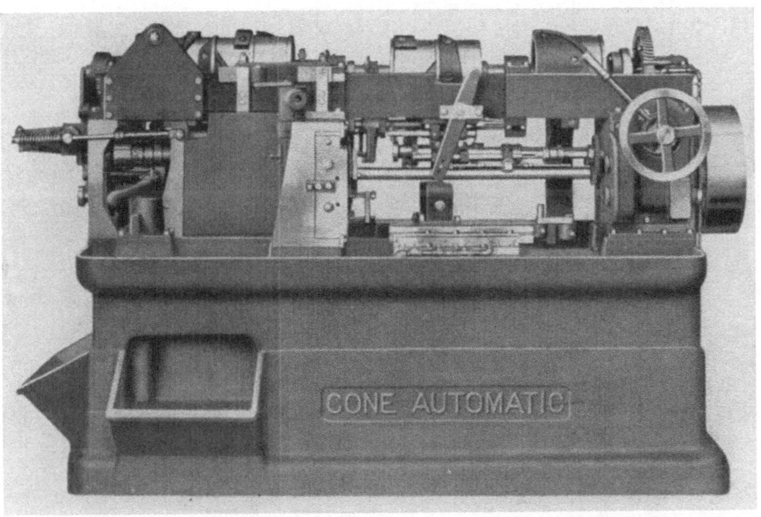
Abb. 176.

Abb. 177. Steuerung eines Vierspindelautomaten mit obenliegender Steuerwelle.

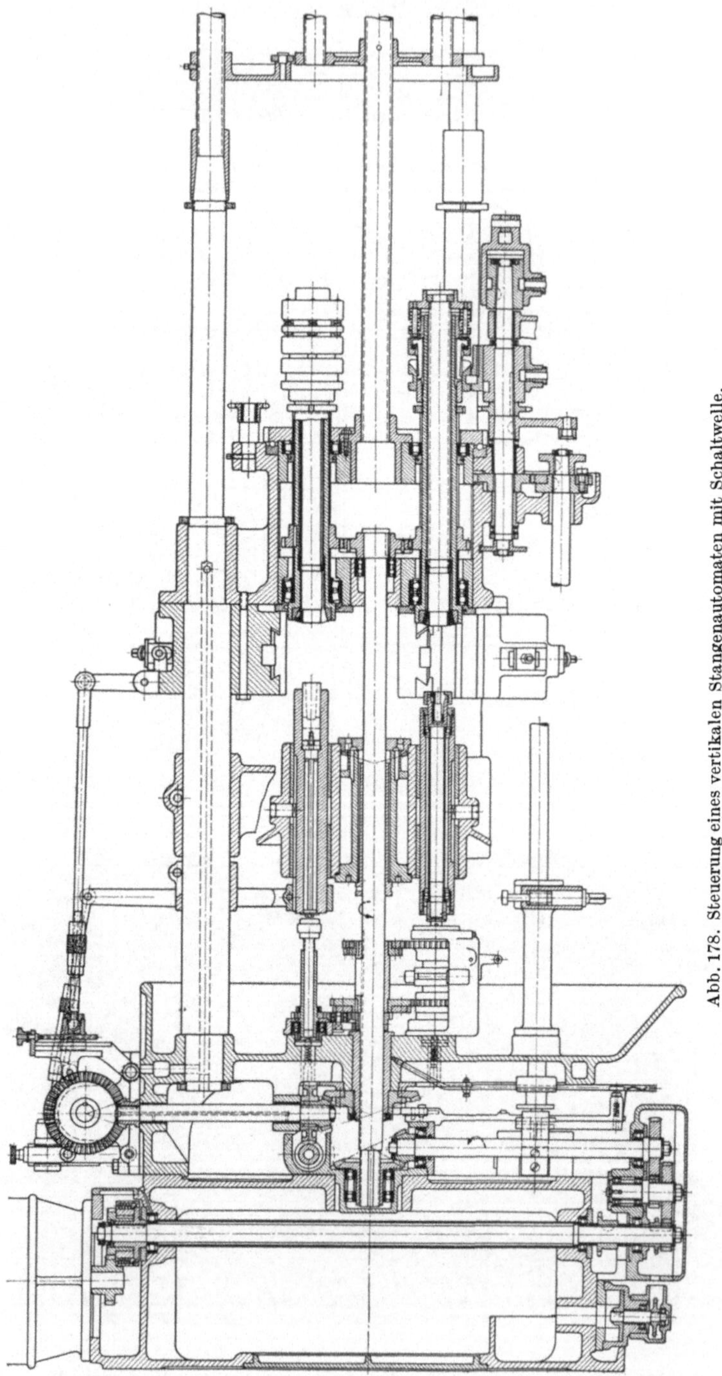

Abb. 178. Steuerung eines vertikalen Stangenautomaten mit Schaltwelle.

Kegelräder *33—33'* und die Schneckenräder *38—39* die Steuerwelle im Arbeitsgang. Der Schnellgang wird von den Stufenrädern des Arbeitsganges durch Rad *17* auf Rad *25* übertragen, das mit der Reibungskupplung *26* verbunden ist. Wird nun durch einen Nocken der Kurven-

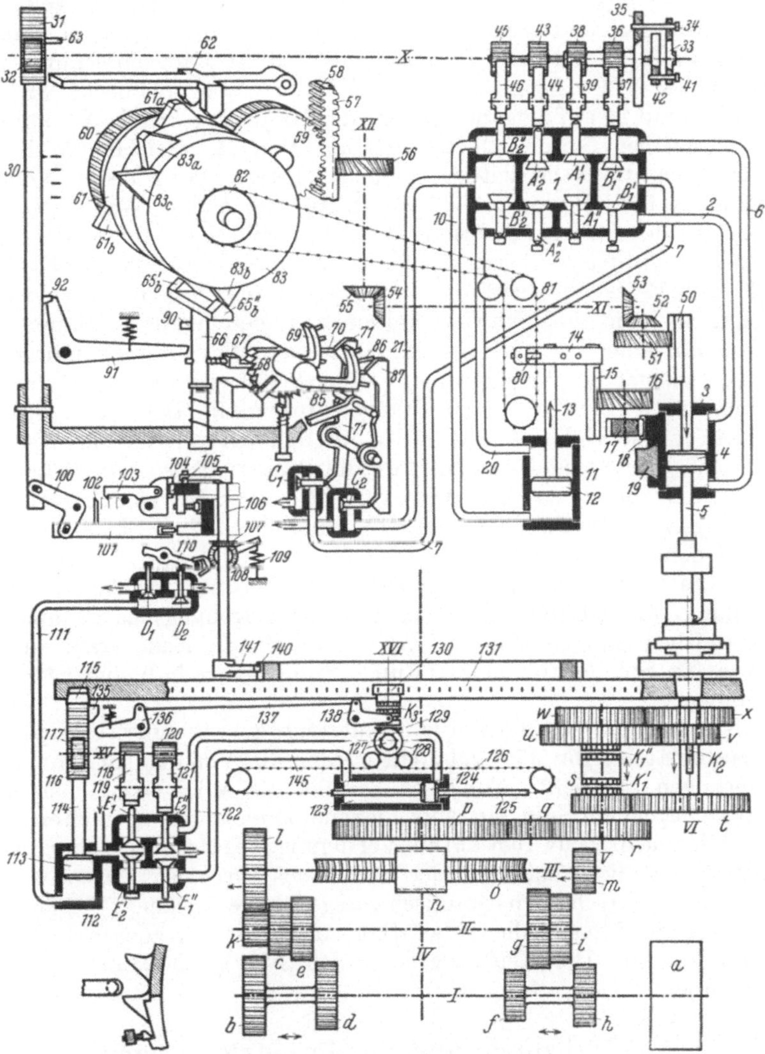

Abb. 179. Hydraulische Steuerung des Wanner-Halbautomaten.

scheibe *32* die Kupplung *26* eingerückt, so wird die Welle *27* schneller als bei der Arbeitsgeschwindigkeit angetrieben. Die Freilaufkupplung *28* trennt dann Rad *24* von der Welle *27*, die sich im Schnellgang dreht und wie schon beschrieben, diese schnelle Bewegung auch auf die Steuerwelle überleitet. Diese trägt alle Kurventrommeln (*65* und *123*), Kurvenscheiben (*126*) und die Getriebe für die Nebenzeitbewegung (Schalthebel *99*).

Wesentlich verwickelter ist die Steuerung des Mehrspindelautomaten (Abb. 174—176)[1]. Der Antrieb im Arbeitsgang erfolgt von Welle *I* über Räder *1—2* auf Welle *X* und von hier über die Räder *11—12*, Welle *XI*, Wechselräder *12* und Welle *XII a* entweder über *13—14* auf die Hauptsteuerwelle *XIII* mit den Kurvenscheiben für die Längsvorschübe, oder über Welle *XII*, Kegelräder *27—28* Welle *XIV*, Schnecke *29* und Schneckenrad *30* auf den anderen Ast der Hauptsteuerwelle *XV* mit den Kurvenscheiben für die Quervorschübe. Von der gleichen Welle aus werden auch die Nebenzeitbewegungen betätigt. Dann treibt Welle *X* im Eilgang über Räder *25—26* und Kupplung K_5 die Welle *XII* und weiter auf dem schon beschriebenen Weg Welle *XV*. Diese Steuerung ist aber wesentlich unübersichtlicher als die zuerst geschilderte Form.

In Abb. 177 ist ein Mehrspindelautomat mit obenliegender Steuerwelle gezeigt. Sie kann ohne Schwierigkeiten nach oben herausgenommen werden, so daß jeder Kurvenwechsel in einfachster Weise durchzuführen ist.

Ein Beispiel für die Einordnung einer Schaltwelle ist Abb. 178, der Schnitt durch einen vertikalen Stangenautomaten. Der Antriebsmotor treibt über eine Welle, Wechselräder und einen Kegeltrieb eine zentrale Welle für den Spindelantrieb. Für die Steuerung ist nun links eine Kurvenwelle horizontal angeordnet, welche über Kurvenscheiben und Stoßstangen die Werkzeugträger bewegt und durch einen Schneckentrieb angetrieben wird.

Rechts ist die vertikale Schaltwelle angeordnet, welche über eine Kupplung, ähnlich Abb. 141, eine volle Umdrehung macht und die Nebenzeitbewegungen steuert. An ihrem oberen Ende trägt sie die Organe für Spindeltrommelschaltung, Stangenvorschub und Stangenspannung.

Als Abschluß soll noch die Steuerung des Wanner-Achtspindel-Halbautomaten (Abb. 179) gebracht werden, die von den sonst üblichen Steuerungen abweicht. Zunächst besteht die Möglichkeit, den acht vertikal liegenden Spindeln verschiedene Drehzahlen zuzuleiten, und zwar stehen je drei zur Auswahl zur Verfügung. Die Nebenzeitbewegungen werden hydraulisch betätigt oder wenigstens ausgelöst, ebenso werden die Werkzeugvorschübe hydraulisch geregelt. Die einzelnen Ventile werden durch die Steuerwelle *X* betätigt, sofern nicht gegenseitige Beeinflussung erfolgt. Die Steuerung ist in das System der Hilfssteuerwelle einzuordnen.

5. Werkzeuge und Sondereinrichtungen.

51. Einfluß der Werkzeuggestaltung auf Stückzeit und Leistung.

Die Möglichkeit der vollen Ausnutzung eines Mehrspindelautomaten ist weitgehend eine Frage der günstigen Werkzeuggestaltung. Es genügt nicht, daß die Bearbeitung eines Werkstückes überhaupt möglich ist. Die Werkzeuge und Bearbeitungseinrichtungen müssen vielmehr so ge-

---

[1] Lit. Nr. 36 u. 66.

staltet sein, daß alle Eigenschaften einer Maschine, wie beispielsweise hohe Spindeldrehzahlen, auch wirklich ausgenutzt werden können. Die einzelnen Werkzeuge müssen dabei so bemessen und aufeinander abgestimmt sein, daß sie eine annähernd gleiche Standzeit haben. Durch diese Forderung kann es notwendig werden, am Umfang eines Werkstückes schneidende Werkzeuge mit Hartmetall zu bestücken[1], während die an der Nabe oder deren Bohrung schneidenden Werkzeuge aus Schnellstahl sind, da die geringere Schnittgeschwindigkeit an der Nabe auch bei Schnellstahlwerkzeugen eine ausreichende Standzeit ergibt.

Neben den Schneidwerkzeugen müssen auch deren Halter dem besonderen Verwendungszweck angepaßt sein, damit sie dem Schneidwerkzeug ausreichenden Halt und die erforderliche Schwingungsfestigkeit verleihen, und durch ihre Gestaltung (Gegenführungen oder Lünetten!) ein Ausweichen unter dem Einfluß der Schnittkräfte verhindern.

Erst durch solche Werkzeuge ist es möglich, Höchstleistungen auf einem Mehrspindelautomaten zu erzielen. Zusammengefaßt ergeben sich folgende Forderungen:

1. durch richtige Werkzeuggestaltung wird die Ausnutzung der zur Verfügung stehenden Drehzahlen und Vorschübe ermöglicht und damit die Lauf- oder Hauptzeit und gleichzeitig die Stückzeit auf das geringste mögliche Maß verkürzt;

2. durch richtige Gestaltung der Werkzeughalter in Verbindung mit geeigneten Werkstoffen und Schnittwinkeln für die Werkzeuge wird deren Standzeit so, daß notwendige Instandsetzungsarbeiten, wie Nachschleifen, die Stückleistung der Maschine nur gering beeinträchtigen;

3. durch richtiges Abstimmen der einzelnen Werkzeuge und deren Leistungen aufeinander wird die Lebensdauer gleichmäßig, so daß infolge gleichzeitiger Abstumpfung aller Werkzeuge eine gleichzeitige Instandsetzung möglich ist. So kann ein doch erforderlicher Stillstand der Maschine auch voll ausgenutzt werden. Die erreichte Verringerung der Zahl der Stillstände wirkt sich auch günstig auf die Stückleistung der Maschine aus.

Viele der auf Mehrspindelautomaten verwendeten Werkzeuge und Werkzeughalter unterscheiden sich überhaupt nicht von solchen für Revolverdrehbänke, Einspindelautomaten oder Vielstahlbänke. Sie sollen deshalb an dieser Stelle nicht weiter behandelt werden, da Aufbau und Benutzung als bekannt vorausgesetzt werden können. Es genügt, mit zwei Worten auf die Anwendungsmöglichkeit hinzuweisen. Eine eingehende Betrachtung finden nur solche Werkzeuge, die besonders für Mehrspindelautomaten entwickelt wurden, die vorwiegend auf diesen verwendet werden, oder deren Gestaltungsgrundsätze nicht als ausreichend bekannt vorauszusetzen sind, obwohl sie durch die Anwendung bei anderen Werkzeugmaschinen bekannt sein müßten. Letzteres gilt besonders für die Formscheibenstähle, die zwar sehr häufig angewendet werden, und die man vielfach sogar auf Drehbänken findet, deren Berechnung und Winkelgestaltung aber noch nicht so zusammen-

---

[1] Lit. Nr. 63b.

fassend behandelt wurde, daß der einwandfreie Entwurf für jeden Betriebsingenieur möglich ist.

Ein besonderer Raum muß den Gewindeschneidmöglichkeiten auf Mehrspindelautomaten gegeben werden. Einmal wird durch diese Einrichtungen der Arbeitsbereich ganz wesentlich vergrößert, wenn betriebssichere Gewindeschneideinrichtungen in der kurzen zur Verfügung stehenden Zeit die Arbeiten ausführen. Denn bei den meisten Werkstücken liegt die Stückzeit und damit die Maschinenleistung durch die Unterteilung der Drehbearbeitung mit einer sehr kurzen Zeit fest, und darf nicht durch das Gewindeschneiden verlängert werden. Hinzu kommt, daß Gewindeschneiden vielfach erst an der letzten Spindelstellung möglich ist, da dann das Werkstück erst ausreichend weit gedreht ist. An der letzten Spindelstellung muß der Schneidvorgang aber so früh beendet sein, daß das Werkstück noch genügend Verbindung mit der Materialstange hat, von der es abgestochen wird. Schon diese wenigen Ausführungen zeigen die Wichtigkeit einer eingehenden Behandlung dieser Einrichtungen. Die Schwierigkeit im Aufbau der Gewindeschneideinrichtung liegt nun darin, daß die Werkstückspindeln mit stets gleichbleibender Drehgeschwindigkeit umlaufen und für das Gewindeschneiden nicht in Drehrichtung oder Drehgeschwindigkeit verändert werden können, wie dies bei Einspindelautomaten der Fall ist. Dadurch gewinnt auch die Frage der zulässigen Schnittgeschwindigkeit beim Gewindeschneiden besondere Bedeutung.

Zu der Gruppe der Werkzeuge gehören auch die Spanneinrichtungen für die Werkstücke, also die Spann- und Vorschubpatronen[1] für die Stangenautomaten, die Spannzangen der Magazinautomaten und die verschiedenartigst gestalteten Aufsatzbacken zu den Spannfuttern der Halbautomaten. Die Frage der Spanneinrichtungen ist aber so umfangreich, daß auf die Fachliteratur[2] über dieses Gebiet verwiesen werden muß. Denn die Gestaltung der Spanneinrichtungen ist in gleichem Maße von der Gestalt und Formfestigkeit wie von dem Werkstoff der Werkstücke abhängig, und es sind so außerordentlich viele Gesichtspunkte zu berücksichtigen, daß der Raum zur Behandlung hier nicht ausreicht. In der Praxis ist der Weg auch dahin gegangen, daß sich Spezialfirmen für Spanneinrichtungen entwickelt haben, so daß diese Teile vielfach nicht mehr von den Werkzeugmaschinenfabriken gefertigt werden, sondern von eben diesen Spezialfirmen, die infolge ihres begrenzten Arbeitsgebietes über ungleich höhere Erfahrungen verfügen.

52. Drehwerkzeuge.

Von den in Richtung der Werkstückachse beweglichen Werkzeugträgern aus erfolgt die Längsbearbeitung der Werkstücke. Die Drehmeißel werden dabei in Haltern befestigt, die je nach der Gestaltung der Werkzeugträger in deren Bohrungen oder an deren Spannflächen befestigt werden. Vielfach wird auch auf eine solche Spannfläche ein

---

[1] HAUPT: Maschinenbau (1926) S. 371ff.
[2] FORKARDT: Betriebshandbuch (1937). Selbstverlag. Dort weitere Literaturangaben.

Lagerbock aufgeschraubt, der das Werkzeug führt. Diese Aufnahme-
bohrungen in Längsschlitten oder aufgesetzten Lagerböcken müssen
genaustens mit den Werkstückspindeln fluchten, da sie auch für Bohrwerkzeuge verwendet werden, deren zentrischer Angriff von der Genauigkeit der Aufnahmebohrung abhängt. Sie werden deshalb erst nach Fertigstellung der Maschine von einer Werkstückspindel aus bearbeitet.

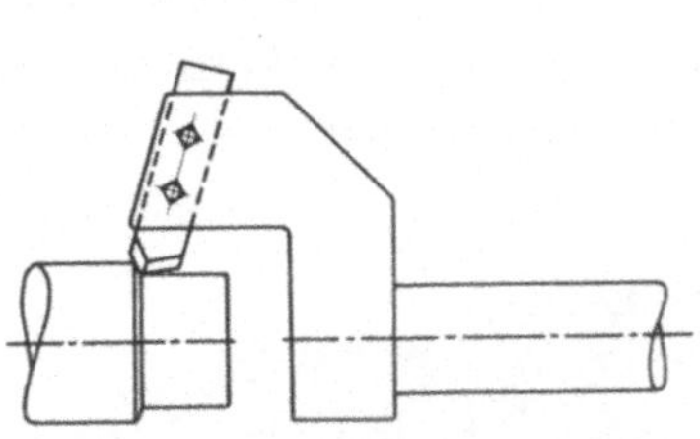

Abb. 180. Langdrehstahlhalter mit
Radialstahl und zylindrischem
Schaft.

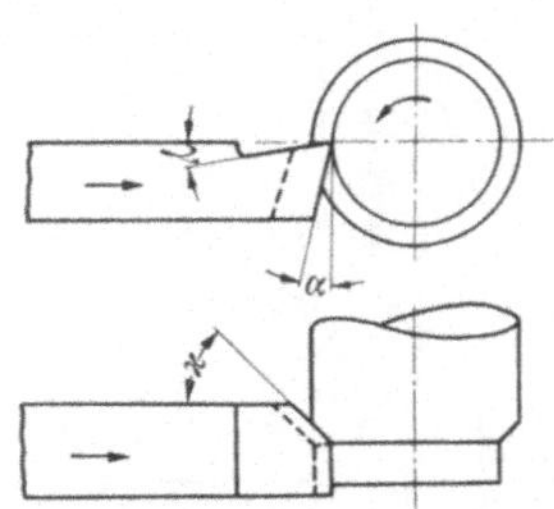

Abb. 181. Radialstahl. Wirkungsweise und
Winkel. α Freiwinkel, γ Spanwinkel
$\varkappa$ Einstellwinkel.

Langdrehstähle kommen in den verschiedenartigsten Formen und
Anordnungen vor. Abb. 180 zeigt einen Langdrehstahlhalter mit einem
Radialstahl und zylindrischem Schaft zur Aufnahme in einer Bohrung.
Die Wirkungsweise eines solchen Radialstahles sowie dessen Schnittwinkel
zeigt Abb. 181. Die Genauigkeit der Winkel ist abhängig von der Sorgfalt
bei dem Nachschleifen. Solche Radialstähle können zum Langdrehen und
zum Einstechen benutzt werden. An dem gleichen Werkzeugschaft
lassen sich auch mehrere Werkzeuge zusammenfassen (Abb. 182), etwa
ein Bohrer und ein oder zwei Dreh-
stähle. Die Bohrung des zylindrischen
Schaftes kann auch als Führungsbüchse
für lange Werkstücke verwendet werden, wodurch diese gut abgestützt sind.

Bei schweren Schnitten ist eine
Abstützung der Werkstücke fast immer
erforderlich, damit sie nicht unter
dem Schnittdruck ausweichen. Man
verwendet hierfür Langdrehstahlhalter
mit Rollengegenführung. Gegenüber
dem auf den Durchmesser einstell-
baren Tangentialstahl sind zwei eben-

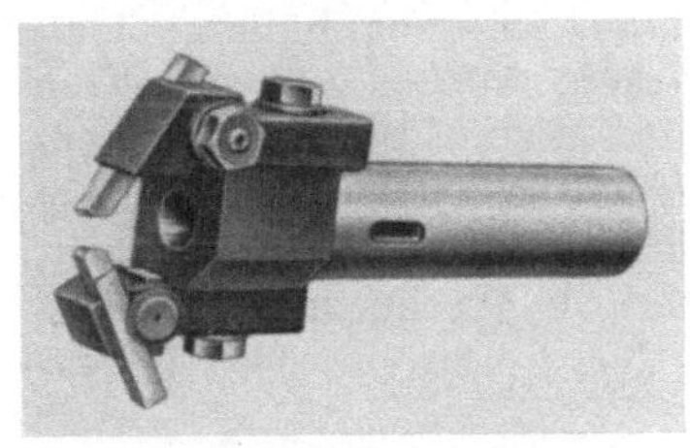

Abb. 182. Langdrehstahlhalter.
Zwei Stähle und eine Bohrung
für einen Bohrer.

falls einstellbare Prismen oder Gegenrollen vorgesehen (Abb. 183), welche
die Werkstücke fest gegen den Drehstahl halten. Die Anwendung
von Tangentialstählen (Abb. 184) hat dabei den Vorteil, daß das Nachschleifen wesentlich vereinfacht ist. Auch bieten die Tangentialstähle
mehr Widerstand gegen starke Schnittdrücke, da der Stahlquerschnitt
nicht auf Biegung beansprucht wird wie ein Radialstahl. Es ist deshalb
bei schweren Schnitten stets die Verwendung von Tangentialstählen mit
Gegenführung vorzusehen.

Für die radial zum Werkstück beweglichen Werkzeugträger, die meistens als Querschlitten vorkommen, sind Flachstahlhalter notwendig, welche die Drehstähle tragen. Außerordentlich wichtig ist bei diesen Stahlhaltern die Möglichkeit genauester Höheneinstellung der Stahlschneide, die mit Hilfe einer Keilzwischenlage (Abb. 185) erreicht wird. Meistens wird diese Zwischenlage verzahnt ausgeführt, damit eine einmal gewählte Einstellung sich nicht verändern kann. Neben den Flachstahlhaltern für einen einzigen Stahl (Abb. 185) kommen auch Mehrstahlhalter für ganze Pakete von Stählen zur Anwendung, die in einem

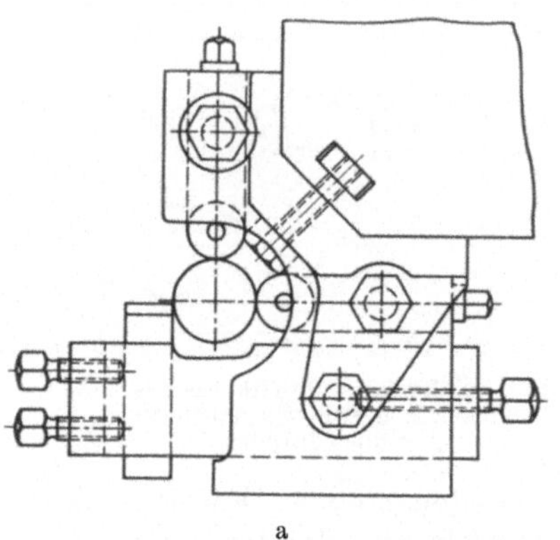
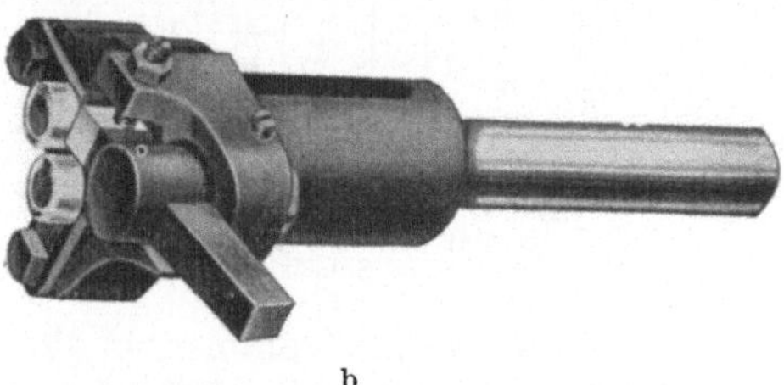

a   b

Abb. 183. Langdrehstahlhalter mit Tangentialstahl und Rollengegenführung für schwere Schnitte.
a) Für Maschinen mit Werkzeugblock. b) Für Maschinen mit Längsschlitten.

Kasten nebeneinander eingespannt werden (Abb. 186). Der Abstand der einzelnen Stähle, die beispielsweise die Kolbenringnuten in einen Kolben einstechen, wird durch genaue Zwischenstücke, die Höheneinstellung durch Unterlagen erreicht. Jeder einzelne Stahl ist für sich festspannbar, damit eine unabhängige Tiefeneinstellung möglich ist. Derartige Stahlpakete werden bei mehrfach abgesetzten Profilen verwendet, wenn jeder einzelne Absatz geradlinig begrenzt ist, und die Werkzeuge mit Hart-

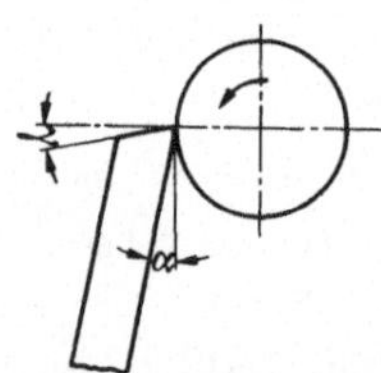

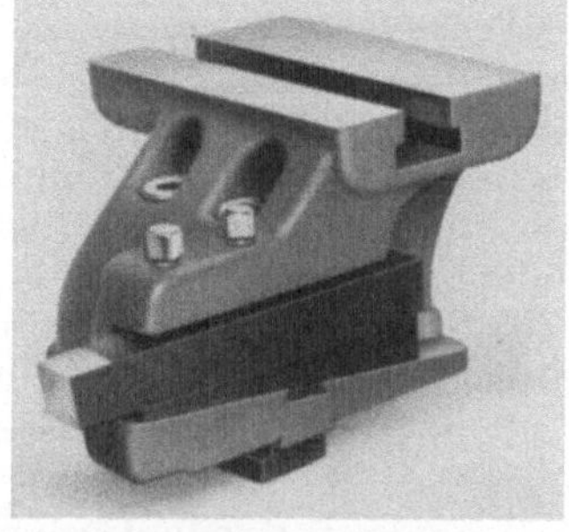

Abb. 184. Tangentialstahl.
Wirkungsweise und Winkel.
α Freiwinkel. γ Spanwinkel.

Abb. 185. Einstechstahlhalter für einen Stahl. Höheneinstellung des Stahles durch Keilleiste.

metall ausgerüstet werden müssen. Ist die Bearbeitung mit Schnellstahl möglich, so wird man vielfach mit einem Formscheibenstahl schneller und besser zum Ziel kommen, dieser läßt sich aber nicht mit Hartmetall bestücken. Mehrfachstahlhalter (Abb. 186) stellen fast immer eine Spezialanfertigung dar, die für ein bestimmtes Werkstück bemessen ist.

Im Gegensatz hierzu sind die Flachstahlhalter (Abb. 185) als vielfach verwendbare Universalhalter anzusprechen, die für einfache Bearbeitungen, Einstiche und Abstiche sehr wertvoll sind.

Wenn vom Querschlitten aus hinter einem Bund eine Dreharbeit auszuführen ist, die wegen der Größe der Spanabnahme nicht im Einstechverfahren durchgeführt werden kann, so setzt man auf den Querschlitten einen Langdrehschlitten auf (Abb. 187). Dieser besteht aus einer Grundplatte, welche fest mit dem Querschlitten ver-

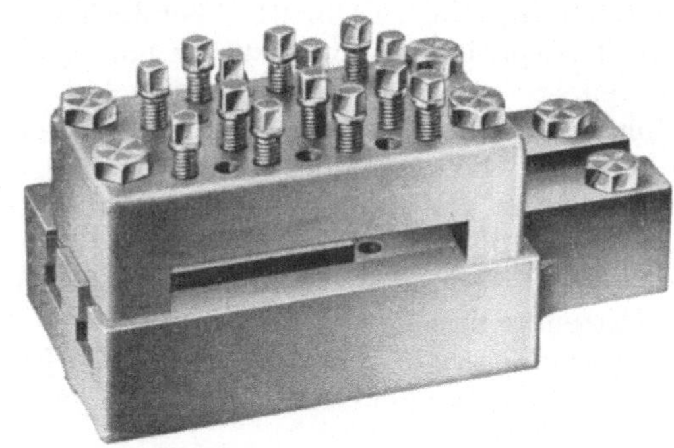

Abb. 186. Vielstahlhalter für Flachstähle.

bunden ist und die Führung für einen Schieber bildet, der sich in der Richtung der Werkstückachse oder in einem Winkel zu dieser (zum Kegeldrehen!) bewegen kann. Der Schieber erhält seine Bewegung über eine Schubstange vom Längsschlitten aus. Der Bewegungsvorgang ist nun so, daß zunächst der Querschlitten den

Abb. 187. Langdrehstahlhalter. Der Halter wird auf einen Querschlitten aufgebaut und vom Querschlitten radial, vom Längsschlitten über eine Schubstange axial bewegt.

Langdrehstahl radial zum Werkstück führt. Dann bleibt der Querschlitten stehen, und der Stahl erhält vom Längsschlitten seine Längsbewegung, bis er durch den Querschlitten wieder vom Werkstück zurückgezogen wird.

Wird ein Langdrehschlitten als Kreuzschieber ausgebildet, der in radialer Richtung unter Federdruck gegen ein Kurvenlineal gedrückt wird, an dem er während seiner Längsbewegung vorbeigleitet, so lassen sich Kurven auf das Werkstück übertragen. Solche Kurvendrehschlitten werden vielfach mit großem Erfolg angewendet.

Wenn die Zahl der Querschlitten nicht der Zahl der Werkstückspindeln entspricht (Abb. 91), aber doch an allen Spindeln die Ausführung von Radialarbeiten nötig ist, um eine ausreichende Unterteilung zu erhalten, so müssen von einem Querschlitten aus die Werkzeuge für zwei Spindeln geführt werden. Hierzu verwendet man Aufbaustahlhalter (Abb. 188), die kastenförmig gestaltet die Werkzeuge für beide Spindeln aufnehmen. Dabei muß die Spanaufteilung so vorgenommen werden, daß an der oberen Spindel keine zu schwere Zerspanungsarbeit zu leisten ist, da sonst große Kippmomente über das Werkzeug auf den Querschlitten kommen.

Für schwierige Werkstückformen mit Rundungen, genau einzuhaltenden Radien, Winkeln und Toleranzen zwischen den einzelnen Ansätzen

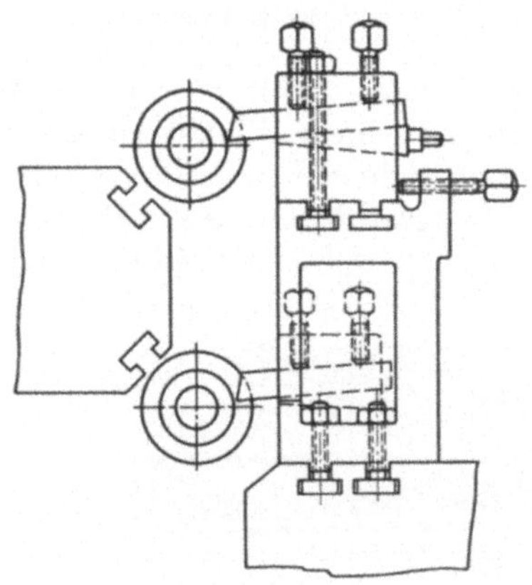

<table>
<tr><td>a) Anordnung des Halters.</td><td>b) Ausführungsbeispiel.</td></tr>
</table>

Abb. 188. Aufbaustahlhalter. Halter zur gleichzeitigen Bearbeitung zweier Spindeln von einem Querschlitten aus.

wird die vollständige Werkstückform in einem Schneidstahl nachgebildet, so daß bei einer radialen Bewegung dieses Stahles die genaue Form an dem Werkstück erzeugt wird. Dieses Verfahren hat den großen Vorteil, daß jede schwierige Einstellung vieler Stähle zueinander in Fortfall kommt. Die Instandhaltung eines derartigen Profilstahles bietet aber, wenn er als Flachstahl ausgebildet ist, große Schwierigkeiten, wenn sie nicht gar unmöglich ist, da sich bei einem Radialstahl beim Nachschleifen alle Formen ändern. Es werden deshalb für diesen Zweck Tangentialstähle in besonderen Tangentialstahlhaltern (Abb. 189) verwendet, bei denen ein Nachschleifen an der oberen Schneidkante zum Schärfen genügt. Dabei wird das Profil des Stahles nicht verändert.

Die Herstellung eines solchen Tangentialformstahles durch Hobeln, Fräsen und Schleifen ist aber nicht einfach. Man verwendet deshalb gern Formscheibenstähle, die als Tangentialformstähle aufzufassen sind, die zu einer Scheibe zusammengedreht wurden. Der Formscheibenstahl (Abb. 190) vereinigt die Vorteile einfachster Instandhaltung durch Nachschleifen der Schneidfläche mit einfacher Herstellung durch Drehen und Rundschleifen.

Formscheibenstähle[1]. Bei dem Entwurf derartiger Formscheibenstähle ist auf die Einhaltung der richtigen Schnittwinkel besonderes Augenmerk zu richten. Hierdurch ergibt sich nämlich, daß das Profil

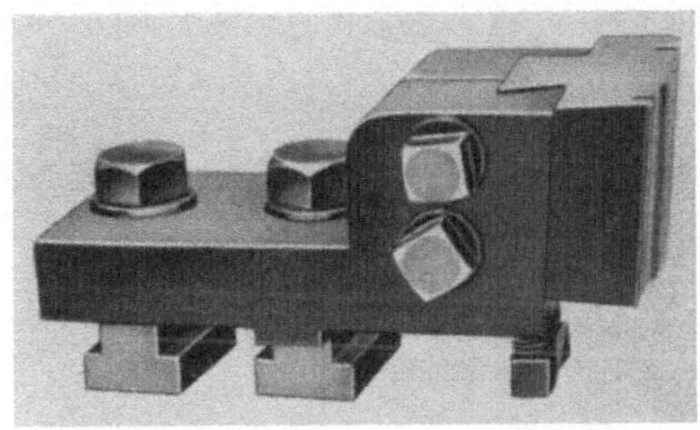

Abb. 189. Halter für Tangentialformstahl mit Stahl.

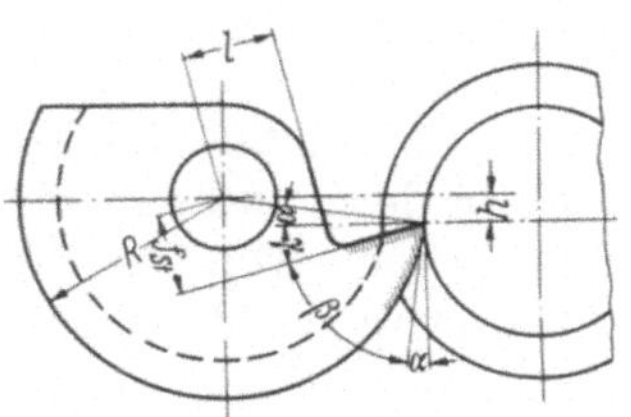

Abb. 190. Formscheibenstahl. Stahlwinkel, Stellung zum Werkstück und Stellung der Schneidkante.

des Formscheibenstahles von dem Profil des Werkstückes abweicht, und zwar wird das Stahlprofil flacher als das Werkstückprofil. Diese Profilverzerrung muß bestimmt und bei der Herstellung berücksichtigt werden. Dabei ist aber zu beachten, daß ein für einen bestimmten Spanwinkel und Freiwinkel berechneter Formscheibenstahl bei anderen Winkeln nicht mehr genau das verlangte Profil liefert, er muß also stets mit den Winkeln verwendet werden, für die er berechnet wurde.

Weiter ist zu beachten, daß nicht wie bei Flachstählen an jede Fläche ein Freiwinkel geschliffen werden kann, da sonst bei einem Nachschleifen des Stahles das Profil verändert würde. Bei dem Entwurf eines Formscheibenstahles sind deshalb zwei Punkte zu beachten:

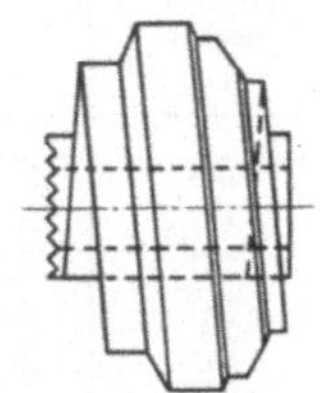

Abb. 191. Axial hinterdrehter Formscheibenstahl.

1. die Freiwinkel von Drehflächen, die fast oder vollständig senkrecht zur Drehachse stehen, werden kleiner als zulässig oder gar Null. In solchen Fällen müssen die Formscheibenstähle axial hinterdreht (Abb. 191) werden, wobei aber die Freiwinkel auf der der axialen Hinterdrehung entgegengesetzten Stahlseite kleiner als vorher werden;

2. das Profil der Formscheibenstähle wird infolge der Frei- und Spanwinkel gegenüber dem Werkstück verändert. Das verzerrte Profil muß bestimmt und bei der Herstellung berücksichtigt werden. Bei späterem Nachschleifen ist stets der der Berechnung zugrunde gelegte Span- und Freiwinkel einzuhalten, damit das von dem Stahl erzeugte Profil genau wird.

Zusammenhang zwischen Frei- und Einstellwinkel. Ein Schneidwerkzeug muß an allen schneidenden Kanten einen Freiwinkel α haben,

---

[1] Vergleiche auch DIN-Entwurf 1 Nr. E 4970, Formscheibenstähle-Anschlußmaße, in DIN-Mitteilungen Bd. 21 (1938) S. N 46.

um an dem Werkstück saubere Flächen drehen zu können. Bei einem Formscheibenstahl ist der Freiwinkel der Winkel zwischen der Tangente an den Formscheibenstahl und an das Werkstück im Berührungspunkt beider (Abb. 190). Dieser Freiwinkel α wird dadurch erzielt, daß die Mitte des Formscheibenstahles um einen Betrag h höher als die Werkstückachse gelegt wird. Es wird dann der Freiwinkel an einer parallel zur Drehachse verlaufenden Kante des Schneidstahles seinen Größtwert max α haben, der in der Praxis zwischen 6° und 9° schwankt.

$$\sin (\max \alpha) = h/R,$$

wenn R der Radius des Formscheibenstahles ist. Tab. 33 gibt Zahlenwerte für diese Zusammenhänge.

Bei jeder gegen die Drehachse um den Einstellwinkel $\varkappa$ geneigten Schneidkante (Abb. 181) verringert sich der Freiwinkel von (max α) auf α. Es wird

$$\sin \alpha = \frac{h \cos \varkappa}{R}.$$

Wird nun ein kleinster Freiwinkel von etwa $\tfrac{1}{2}°$ zugelassen, so ergibt sich daraus der größte zulässige Einstellwinkel max $\varkappa$, der nach vorstehender Formel errechnet werden kann.

Tab. 33. Zusammenhang zwischen Formscheibenstahl-Durchmesser, Freiwinkel und Stahlüberhöhung.

Form-scheiben-stahl-Durch-messer D	Stahlüberhöhung h für einen Freiwinkel α			
	6°	7°	8°	9°
50	2,6	3,0	3,5	3,9
60	3,1	3,7	4,2	4,7
70	3,7	4,3	4,9	5,5
80	4,2	4,9	5,6	6,3
90	4,7	5,5	6,3	7,0
100	5,2	6,1	7,0	7,8

Muß mit einem Formscheibenstahl eine Fläche senkrecht zur Drehachse bearbeitet werden, oder eine Fläche, deren Freiwinkel kleiner als $\tfrac{1}{2}°$ würde, so kann ein Formscheibenstahl mit axialer Hinterdrehung (Abb. 191) benutzt werden, da hierdurch der Freiwinkel vergrößert wird. Da die Hinterdrehung für alle Stahldurchmesser gleich groß ist, weil sie von einer Hinterdrehkurve abgeleitet wird, so nimmt der seitliche Freiwinkel α_h durch die Hinterdrehung bei kleiner werdendem Formscheibendurchmesser zu. Bei einer Hinterdrehkurve von b_h mm Höhe wird der Freiwinkel α_h an einer Fläche senkrecht zur Drehachse

$$\operatorname{tg} \alpha_h = \frac{b_h}{2 R \pi}.$$

Steht die Fläche dagegen unter dem Einstellwinkel $\varkappa$ gegen die Drehachse geneigt, so ändert sich der Freiwinkel ebenso wie an der der axialen Hinterdrehung entgegengesetzten Stahlseite. Es kann deshalb mit einem hinterdrehten Formscheibenstahl eine Fläche an der entgegengesetzten Seite nicht immer gedreht werden, da der Freiwinkel durch die Hinterdrehung kleiner wird und schon früher die Grenze von $\tfrac{1}{2}°$ unterschreitet als bei einem nicht hinterdrehten Stahl. Der aus Stahlüberhöhung und

Hinterdrehung resultierende Freiwinkel α_g wird

$$\sin \alpha_g = \left[\frac{h}{R} \pm \frac{b_h \, \mathrm{tg} \, \varkappa}{2\,R\,\pi}\right] \cdot \cos \varkappa.$$

Dabei gilt das Zeichen $+$ für die axial hinterdrehte Stahlseite, das Zeichen $-$ für die entgegengesetzte Seite. Der Freiwinkel α_g hat bei dem Vorzeichen $+$ stets einen Wert größer als $0°$, auf der anderen Seite nur, solange

$$\frac{h}{R} > \frac{b_h \, \mathrm{tg} \, \varkappa}{2\,R\,\pi}$$

wird. Ein Beispiel soll diese Rechnungen verdeutlichen.

Ein an der linken Seite axial hinterdrehter Formscheibenstahl (Abb. 191) hat folgende Maße:

$$\begin{aligned}
\text{Größter Scheibenradius} \quad & R = 40 \quad \text{mm,} \\
\text{Stahlüberhöhung} \quad & h = 5{,}6 \; \text{mm,} \\
\text{Axiale Hinterdrehung} \quad & b_h = 12{,}5 \; \text{mm.}
\end{aligned}$$

An einer senkrechtschneidenden Fläche der linken Stahlseite ist bei diesen Maßen ein Freiwinkel von $3°$ vorhanden, der mit abnehmenden Einstellwinkel steigt. Auf der rechten Stahlseite fällt der Freiwinkel mit zunehmendem Einstellwinkel schnell ab, und erreicht schon bei $\varkappa = 65°$ die Grenze von $\alpha_g = \frac{1}{2}°$. Den Verlauf des Freiwinkels zeigt Abb. 192, wobei vergleichsweise die (gestrichelte) Kurve des Freiwinkels für den nicht hinterdrehten Stahl eingetragen ist.

Mit dem dargestellten axial hinterdrehten Formscheibenstahl ist die Zahl der Anwendungsmöglich-

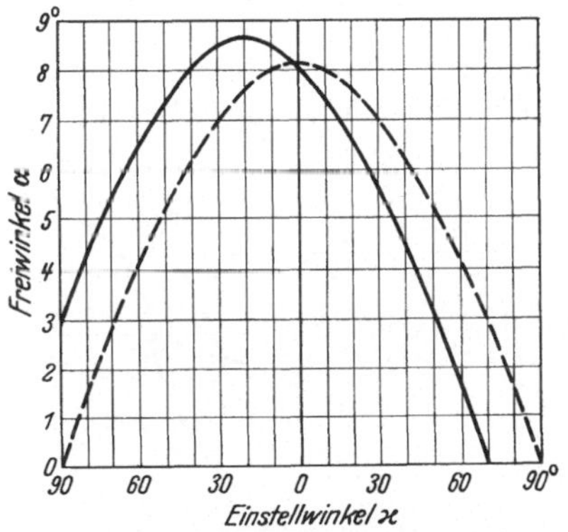

Abb. 192. Zusammenhang zwischen Freiwinkel und Einstellwinkel.

——— Axial hinterdrehter Stahl.
--------- Gerader Formscheibenstahl.

keiten keineswegs erschöpft, und es gibt noch andere Wege, um eine senkrechte Fläche schneiden zu können. So kann etwa die Formscheibenstahlachse gegen die Werkstückachse in der vertikalen oder der horizontalen Ebene geneigt werden, wodurch günstige Freiwinkel entstehen. Gleichzeitig haben diese Stahlstellungen aber auch einen Einfluß auf die Profilform, deren Verzerrung recht schwierig wird. Infolge der Herstellungsschwierigkeiten für solche Stähle ist deren Bedeutung für Mehrspindelautomaten sehr gering. Auch sind genügend Unterlagen über die Gestaltung bekannt[1].

Der Spanwinkel. Der Spanwinkel γ ergibt sich bei einem Formscheibenstahl aus dem Anschliff (Abb. 190), d. h. aus dem senkrechten

---

[1] KARPINSKI: Formscheibenstähle. Werkst.-Techn. 19. Jg. Heft 19.

Abstand f_{st} der Spanablauffläche von der Rundstahlmitte. Es wird

$$f_{st} = R \sin (\alpha + \gamma).$$

Tab. 34 zeigt Zahlenwerte für diesen Zusammenhang.

Profilverzerrung. Freiwinkel und Spanwinkel haben zur Folge, daß der Formscheibenstahl ein anderes Profil haben muß als das Werkstück, welches mit dem Stahl gedreht wird. Denn die Schneidfläche des Formscheibenstahles verläuft nicht radial zum Werkstück, sondern schneidet dieses schräg an. Abb. 193 zeigt die Anordnung von Formscheibenstahl und Werkstück und die

Tab. 34. Schleifmaß f_{st} von Formscheibenstählen für verschiedene Scheibendurchmesser, Freiwinkel und Spanwinkel.

Form-scheiben-stahl-Durchmesser	Schleifmaß f_{st} beim Spanwinkel γ					
	12°		16°		20°	
	und einem Freiwinkel α					
D	6°	8°	6°	8°	6°	8°
50	7,7	8,6	9,4	10,2	11,0	11,7
60	9,3	10,2	11,2	12,2	13,1	14,0
70	10,8	12,0	13,1	14,2	15,3	16,4
80	12,4	13,7	15,0	16,3	17,5	18,8
90	14,0	15,4	16,9	18,3	19,7	21,1
100	15,5	17,0	18,7	20,4	21,9	23,5

dadurch bedingte Profilverkürzung an dem Werkzeug, die aus der kleineren Länge der Strecke g gegenüber i ersichtlich ist. Die Durchmesserunterschiede am Formscheibenstahl werden also geringer als an

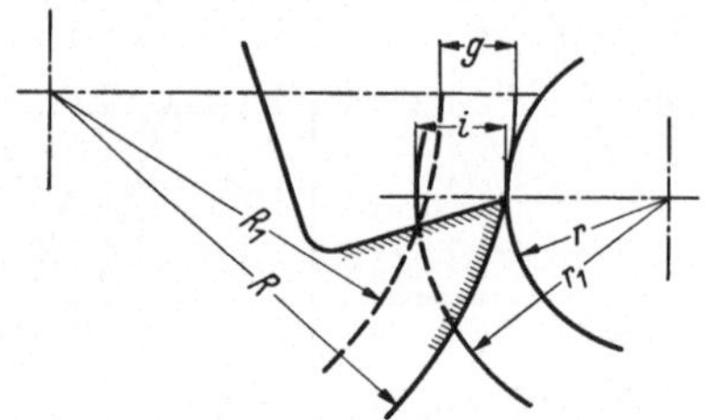

Abb. 193. Entstehung der Profilverzerrung eines Formscheibenstahles.

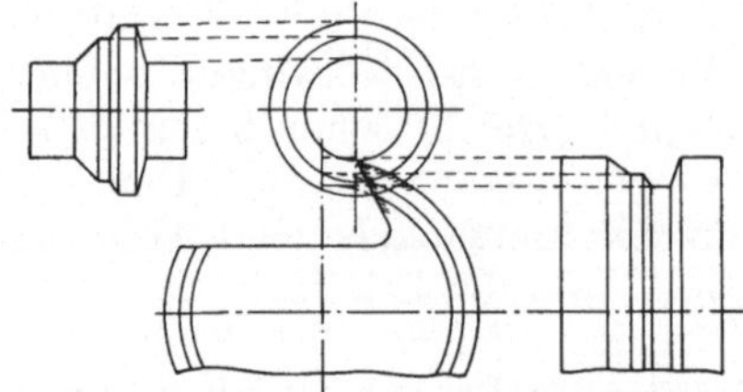

Abb. 194. Zeichnerische Ermittelung der Profilverzerrung eines Formscheibenstahles.

dem Werkstück. Für die Ermittelung der Profilverzerrung gibt es drei Wege:

1. Zeichnerische Ermittelung.
2. Rechnerische Ermittelung.
3. Ermittelung mit Apparat.

Zeichnerische Ermittelung. Man zeichnet mit einer von der verlangten Genauigkeit abhängigen Vergrößerung — praktisch 1 : 10 — das Werkstück in zwei Ansichten (Abb. 194) und zu dessen Seitenansicht auch den Mittelpunkt des Formscheibenstahles, der durch seinen größten Durchmesser und die Winkel festliegt. In der Seitenansicht erscheinen alle Werkstückdurchmesser als Kreise. An dem innersten Kreis wird der Angriffspunkt des Werkzeuges eingetragen, und von diesem aus die Schneidfläche als Gerade gezogen. Die Schnittpunkte der einzelnen Kreise bzw. Werkstückdurchmesser mit der die Schneidfläche darstellenden Geraden sind bereits Punkte des Formscheibenstahles, die mit dem Stahlmittelpunkt verbunden die Werkzeugradien zur Herstellung des betreffenden Werkstückdurchmessers sind. Mit diesen Radien werden Kreise um den Werkzeugmittelpunkt gezogen, deren Schnitt mit einer Hauptebene des Formscheibenstahles dessen Profil ergeben. Dieses kann nun seitlich herausgezeichnet werden, da die Durchmesser bekannt sind, und im Seitenabstand keine Verzerrung eintritt. Abb. 194 verdeutlicht diese Konstruktion. Das zeichnerische Verfahren ist außerordentlich einfach und gestattet schnellste Bestimmung einer Profilverzerrung. Es hat aber den Nachteil der bei Zeichnungen unvermeidlichen Ungenauigkeiten, die einmal in den Zeichnungsfehlern liegen, weiter aber auch in den Papierverzerrungen bei Lagerung, so daß schon wenige Tage nach Anfertigung der Zeichnung die Formscheibenmaße nicht mehr abgegriffen werden können.

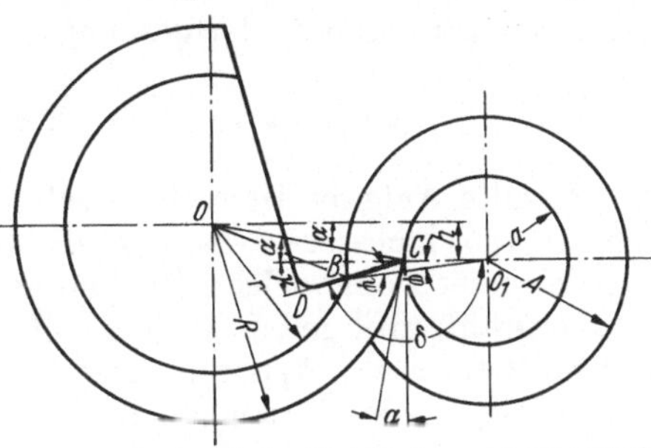

Abb. 195. Geometrische Verhältnisse zwischen Werkstück und Formscheibenstahl zur rechnerischen Ermittelung der Profilverzerrung.

Rechnerische Ermittelung. Die rechnerische Ermittelung ist bedeutend umständlicher, bietet dafür aber Gewähr für absolute Genauigkeit. Die Berechnung kann sowohl mit Hilfe der Trigonometrie wie auch durch analytische Geometrie erfolgen. Es wird nur die erstgenannte Methode beschrieben, da sie verständlicher und in der Handhabung sehr einfach ist.

Die Rechnung[1] wird an Hand der Abb. 195 erklärt. Es bedeutet:

R = größter Radius des Formscheibenstahles,

r = kleinerer, gesuchter Radius des Formscheibenstahles,

A = größter Radius des Werkstückes,

a = kleinerer Radius des Werkstückes,

h = Stahlüberhöhung,

α = Freiwinkel,

γ = Spanwinkel,

O = Mittelpunkt des Formscheibenstahles,

O_1 = Mittelpunkt des Werkstückes.

Gesucht wird der Radius r, die anderen Werte sind gegeben. Geometrisch gesehen, muß die Strecke OB in dem Dreieck OBC bestimmt werden, von dem nur die Strecke $OC = R$ und der Winkel $OCB = (\alpha + \gamma)$ bekannt sind. Es muß also zunächst die Strecke BC errechnet werden, da dann die gesuchte Strecke durch den Kosinussatz zu finden ist.

Aus dem Sinussatz ergibt sich

$$\frac{A}{\sin \delta} = \frac{a}{\sin \psi},$$

$$\sin \psi = \frac{a \sin \delta}{A}.$$

---

[1] Diese Rechnung wurde m. W. erstmalig von Ingenieur GOTHE in den Schütte-Blättern veröffentlicht.

Es ist aber auch

$$\sin \delta = \sin (180° - \gamma),$$

$$\varphi = 180° - (\psi + \delta).$$

Aus dem Dreieck O_1BC ergibt sich nun die Länge BC

$$BC = \frac{A \sin \varphi}{\sin \delta},$$

und damit wird endlich der gesuchte Radius r

$$r = \sqrt{R^2 + \overline{BC}^2 - 2\,R\,\overline{BC}\cos(\alpha + \gamma)}.$$

Die gestellte Aufgabe ist rechnerisch gelöst. Sind an einem Werkstück mehrere Durchmesser vorhanden, die bestimmt werden sollen, so ist für jeden einzelnen eine solche Rechnung durchzuführen, wenn das Formscheibenstahlprofil genau werden soll.

Ermittelung mit Apparat. Der Apparat zur Ermittelung der Profilverzerrung von Formscheibenstählen nach Prof. KARPINSKI (Abb. 196)

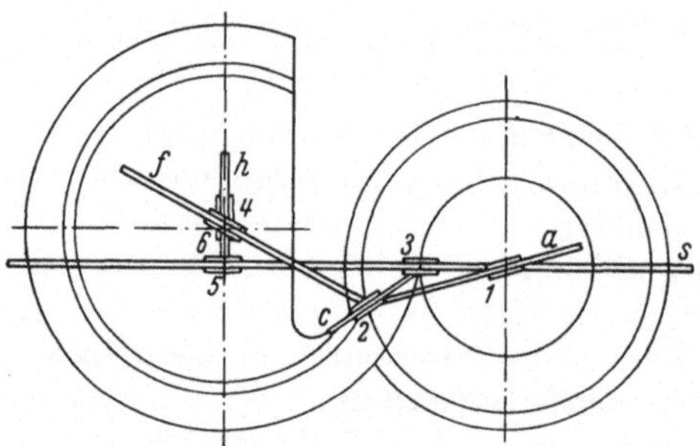

Abb. 196. Schematische Darstellung des Apparats zur schnellen Ermittelung der Profilverzerrung eines Formscheibenstahles.

geht von den wirklichen Verhältnissen aus, die in einer Vergrößerung von 1 : 10 durch Schienen und Schieber hergestellt werden. Man denke sich die waagerechte Achse des Werkstückes durch die Stange s dargestellt, die mit einer genauen Maßeinteilung versehen wird, die bei 1 beginnt, da dies der Werkstückmittelpunkt ist. Der Schieber 5 wird auf s auf den Abstand der Mitte des Formscheibenstahles von dem Werkstück eingestellt. Schieber 4 wird nun auf der Stange h, die senkrecht zu s steht, bis zum Maß der Stahlüberhöhung verschoben, so daß Punkt 4 den Werkzeugmittelpunkt darstellt. Auf der Schiene s ist ein weiterer feststellbarer Schieber 3 angebracht, welcher die Stange c drehbar führt. Der Winkel zwischen c und s läßt sich genau einstellen und wird gleich dem Spanwinkel γ gemacht. Stange c führt nun den Doppelschieber 2, an welchem die Stangen a und f angelenkt sind, und zwar gleitet a im Schlitten 1 und f im Schlitten 6, welcher drehbar mit 4 verbunden ist. Die Stangen a und f sind ebenfalls mit Millimetereinteilung versehen, deren gemeinsamer Nullpunkt 2 ist. Durch geeignete Bemessung und Maßeinteilung ist der Apparat nun so beschaffen, daß ich mit dem Schieber 3 auf s die verschiedenen Werkstückdurchmesser einstelle, und dann am Schieber 6 auf der Stange f die Werkzeugdurchmesser ablese. Die Ermittelung einer Profilverzerrung mit einem derartigen Apparat ist bei einiger Übung so einfach, daß er für jedes Büro zu empfehlen ist, das öfters derartige Aufgaben zu lösen hat.

Gestaltung von Werkzeug und Werkzeughalter. Die Herstellung der Formscheibenstähle ist mit größter Sorgfalt zu handhaben, damit die ermittelte Profilverzerrung auch genau verwirklicht wird. Als Meßgerät und zur Prüfung fertigt man sich zweckmäßigerweise eine Blechschablone, welche mit größter Genauigkeit das Formscheibenstahlprofil hat. Der vorgedrehte Stahl wird nach dem Härten auf genaues Maß geschliffen, wobei die Verwendung von Sonderschleifmaschinen, die für diesen Zweck entwickelt sind, unerläßlich ist. Das gefertigte Profil kann mit der Blechschablone genau geprüft werden. Vielfach findet man im Betrieb Formscheibenstähle, die vor dem Härten genau gedreht und nachher nur noch oberflächlich gereinigt werden. Diese Herstellungsart ist für genaue Arbeiten unbedingt zu verwerfen, da die Formänderungen durch Härteverzug sich später bei der Maßhaltigkeit der Werkstücke bemerkbar machen.

Wenn das Profil geschliffen ist, muß noch die Schneidfläche auf das genaue Maß (f_{st} in Abb. 190) gebracht werden. Hierzu verwendet

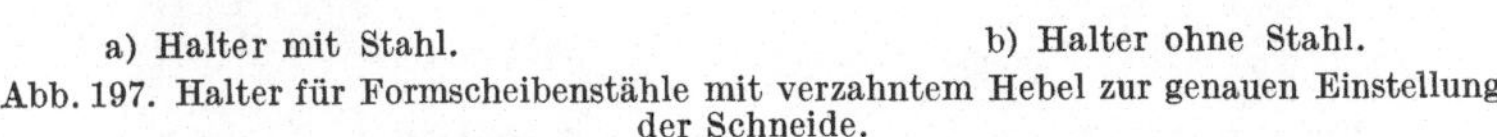

a) Halter mit Stahl.
b) Halter ohne Stahl.

Abb. 197. Halter für Formscheibenstähle mit verzahntem Hebel zur genauen Einstellung der Schneide.

man eine Schleiflehre, welche in der Werkzeugbohrung aufgenommen wird und sich genau mit der Schneidfläche decken muß, wenn diese die richtige Lage zur Stahlachse hat. Diese Schleiflehre bleibt stets bei dem Stahl, damit sie bei jedem späteren Scharfschleifen verwendet wird. Denn der Formscheibenstahl schneidet ja nur das vorgeschriebene Profil im Werkstück, wenn seine Span- und Freiwinkel den der Berechnung zugrunde gelegten genau entsprechen, was mit der erwähnten Schleiflehre geprüft wird. Dieses Nachschleifen ist deshalb von so besonderer Bedeutung, da ein Formscheibenstahl außerordentlich lange nachgeschliffen werden kann. Der in Abb. 190 gezeigte Stahl ist beispielsweise bereits um etwa 90° nachgeschliffen worden, und kann nochmals um etwa 135° nachgeschliffen werden. Die Lebensdauer eines solchen Stahles ist also außerordentlich groß.

Für ein einwandfreies Arbeiten ist die genaue Lagerung und sichere Führung des Formscheibenstahles auf der Maschine von großer Bedeutung. Dazu gehört auch die genaue Schneideneinstellung auf Werkstückmitte, damit der Stahl einen sauberen Schnitt liefert. Die Formscheiben-

stahlhalter (Abb. 197) sind diesen besonderen Aufgaben angepaßt. Der
Stahl trägt an der einen Stirnfläche eine Verzahnung (Abb. 191), welche
in eine entsprechende Verzahnung des Halters (Abb. 197b) hineinpaßt.[1]
Der Stahl wird im Halter durch einen Bolzen gehalten und würde bei
einer evtl. Drehung den verzahnten Hebel mitnehmen. Dieser ist mit dem
Stahlhalter durch einen Gewindebolzen verbunden, so daß der Formscheibenstahl sich in dem Halter nur drehen kann, wenn diese Einstell-
schraube des Hebels gedreht wird. Auf diese Weise läßt sich die Schneide
genau auf Mitte Werkstück bringen. Dann wird der mittlere Stahlbolzen
festgezogen, und der Scheibenstahl ist festgeklemmt. Die Winkelverstell-
barkeit des Hebels durch die Stellschraube muß etwas größer als die
Teilung von einem Zahn zum nächsten sein, damit jede Einstellung der
Stahlschneide erreichbar ist.

53. Bohrwerkzeuge und Bohreinrichtungen.

Werkzeuge und Werkzeughalter. Bohrarbeiten können auf Mehrspindelautomaten mit normalen Bohrwerkzeugen ausgeführt werden, die
in den Bohrungen des Längsschlittens, der Schnellbohrpinole oder in den
Aufnahmeböckchen des Werkzeugblockes befestigt werden. Es kommen

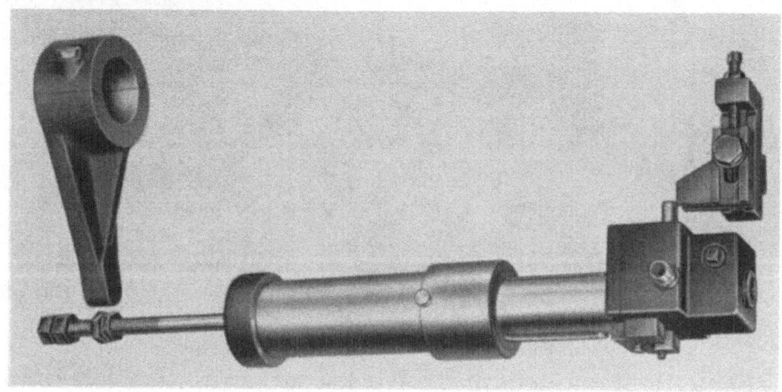

Abb. 198. Inneneinstechwerkzeug zur Bearbeitung von Eindrehungen in
Bohrungen. Der vordere Schlitten mit dem Schneidwerkzeug wird vom
Querschlitten aus radial bewegt.

Spiralbohrer, Vierlippenbohrer, Kanonenbohrer, abgesetzte Spiralbohrer,
Formbohrer, Reibahlen oder Bohrstangen mit einem oder mehreren
Messern je nach den Anforderungen des Werkstückes zur Anwendung,
und zwar ebenso wie auf Revolverdrehbänken, Einspindelautomaten oder
Vielstahlbänken. Bei hohen Schnittgeschwindigkeiten können auch diese
Werkzeuge mit Hartmetall bestückt werden, um lange Standzeiten und
geringe Abnutzung zu gewährleisten.

Bei der Gestaltung von Spezialbohrwerkzeugen, wie abgesetzten
Spiralbohrern und Formbohrern ist auf richtige Auswahl der Schnittwinkel zu achten. Formbohrer mit schwierigen Profilen werden radial

---

[1] Nach DIN E 4970 soll diese verzahnte Scheibe getrennt gefertigt und
in den Formscheibenstahl eingesetzt werden.

und axial hinterdreht, radial zur Erzielung eines Freiwinkels, axial zur Ermöglichung eines Nachschleifens ohne Profilveränderung. Die Formbohrer können auch zum Aufreiben von Bohrungen verwendet werden, wenn diese sich wegen ihrer Gestalt nicht mit Reibahlen bearbeiten lassen.

Als Ausdrehstähle in Bohrstangen kommen normale Radialstähle (Abb. 181) vor, deren Zahl in einer Bohrstange beliebig hoch werden kann.

Die Halter für die Bohrwerkzeuge sind sehr einfach. Sie bestehen aus zylindrischen Spannbüchsen mit zylindrischer Bohrung oder Morsekegel zur Aufnahme des Werkzeugschaftes, sofern dieses nicht unmittelbar in der Maschine befestigt wird.

Für die Herstellung von Eindrehungen oder Aussparungen in der Bohrung wird ein Werkzeug verwendet, welches den Stahl nach dem axialen Einführen in die Bohrung radial zum Werkstück bewegt. Ein solches Inneneinstechwerkzeug (Abb. 198) wird vom Längsschlitten oder Block getragen und in die Bohrung eingeführt. Der Werkzeugschaft trägt an seinem vorderen Ende eine Schlittenführung, auf der ein kleiner Schlitten gleitet, der das Einstechwerkzeug trägt. Der vordere Schlitten wird durch eine Feder in Mittelstellung gedrückt, in der das Werkzeug nicht schneidet. Ist der Halter bis in Arbeitsstellung gekommen, so wird der kleine Schlitten von dem Querschlitten der betreffenden Spindel aus seitlich bewegt, so daß das eingespannte Werkzeug eine radiale Bewegung zum Werkstück ausführt. Dabei bleibt der Halter in Ruhe. Soll nicht nur ein Einstich, etwa ein Gewindefreistich, sondern eine Ausdrehung in der Bohrung hergestellt werden, so wird der Werkzeughalter nach der radialen Bewegung des Werkzeugkopfes weiter axial bewegt, bis die notwendige Länge der Ausdrehung erreicht ist.

Als Ausdrehwerkzeuge kommen einfache Einstechstähle oder auch Scheibenstähle in Betracht. Letztere werden vor allem dann wieder benutzt, wenn der Einstich eine genaue Form erhalten muß. Diese kann in dem Scheibenstahl genau vorgesehen werden. Nach Bedarf wird der Stahl auch axial hinterdreht, um Einstiche mit senkrechten Begrenzungen zu erhalten. Die Scheibenstähle werden radial hinterdreht, um ein über Mitte stellen der Stahlmitte gegenüber der Werkstückmitte zu vermeiden, und doch einen genügenden Freiwinkel zu haben.

Neben Bohrwerkzeugen und einfachen Haltern werden auf Mehrspindelautomaten verschiedene Einrichtungen gebraucht, die aus den besonderen Bedingungen dieser Maschinen folgen. Denn es soll noch einmal festgestellt werden, daß die axiale Bewegung der meisten Werkzeughalter gleich ist, unabhängig davon, ob das betreffende Werkzeug einen Weg dieser Länge benötigt, da die Weglänge durch den Weg des längsten Werkzeuges bedingt ist. Weiterhin drehen sich alle Werkstückspindeln mit stets gleicher Drehzahl, so daß nur eine einzige Drehzahl unabhängig von dem Bohrerdurchmesser zur Verfügung steht, die für mittlere Bohrer geeignet sein wird, für kleine aber zu klein und für Aufreibarbeiten zu groß. Um trotzdem die verschiedenartigsten Bohrarbeiten mit bestgeeigneter Schnittgeschwindigkeit und günstigem Ar-

beitsweg durchführen zu können, werden eine Reihe Sondereinrichtungen
gebraucht.

Schnellbohreinrichtung. Für kleine Bohrerdurchmesser, bei denen
die Werkstückdrehzahl eine zu geringe Schnittgeschwindigkeit bei gleich-

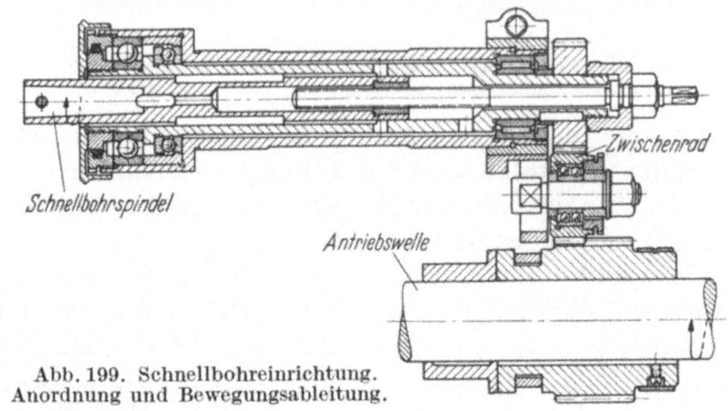

Abb. 199. Schnellbohreinrichtung.
Anordnung und Bewegungsableitung.

zeitig zu großem Vorschub je Umdrehung ergibt, wird der Bohrer in einer
drehbar gelagerten Pinole aufgenommen (Abb. 199), welche eine dem
Werkstück entgegengerichtete Drehbewegung erhält, deren Größe sich
nach Bohrerdurchmesser, Werkstückdrehzahl und zulässiger Schnitt-

Abb. 200. Anordnung einer Schnellbohreinrichtung auf einem Vierspindelautomaten
mit Gridley Block.

geschwindigkeit richtet. Für letztere wird meistens zwei Drittel der
Schnittgeschwindigkeit am Werkstückumfang angenommen. Es wird nun

$d_b =$ Bohrerdurchmesser,
$d_w =$ Äußerer Werkstückdurchmesser,
$n_1 =$ Drehzahl des Werkstückes,
$n_2 =$ Drehzahl des Bohrers.

$$n_2 = \frac{n_1\,(2\,d_w - 3\,d_b)}{3\,d_b}.$$

Diese Drehbewegung wird von der Antriebswelle für die Werkstückspindeln abgeleitet und über ein Zwischenrad auf die Schnellbohrspindel
übertragen. Durch Veränderung des Zwischenrades sowie des Antriebs-

Abb. 201. Aufreibwerkzeug mit vergrößertem Weg.

rades auf der Bohrspindel lassen sich die errechneten Drehzahlen n_2
einstellen. Die in Wälzlagern laufende Schnellbohrspindel sitzt in einem
Gehäuse, welches im Längsschlitten oder auf dem Block befestigt wird.
Der Antrieb kann je nach der Maschinenart unmittelbar am Längs-

Abb. 202. Unabhängiges Vorschubwerkzeug. Die Bohrspindel wird über Hebel von
einer Kurve aus bewegt und folgt in ihrer Bewegung der Form der Kurve.

schlitten von der zentralen Antriebswelle abgeleitet werden (Abb. 199)
oder aber schon im Antriebskasten (Abb. 200), und wird von dort über
eine Teleskopspindel zum Längsschlittenblock übertragen.

Bei Werkstücken mit starker Unterteilung großer Längswege kann
es notwendig werden, daß der Bohrer einen längeren Weg als die anderen

Werkzeuge ausführt. Um hierdurch keine längere Arbeitszeit zu erhalten, wird das betreffende Werkzeug in einer längsverschieblichen Pinole aufgenommen, welche einen zusätzlichen Vorschub erhält. Dieser kann in einfachster Weise dadurch erzielt werden (Abb. 201), daß die Längsbewegung des Längsschlittens über eine feststehende Zahnstange, ein im Längsschlitten gelagertes Ritzel und die verzahnte Bohrpinole verdoppelt wird, d. h. der Bohrer hat den doppelten Vorschub wie die anderen Längswerkzeuge.

Wenn die Bohrerbewegung unabhängig vom Längsschlitten erfolgen muß, etwa um zunächst mit großem Vorschub eine Bohrung zu bearbeiten und dann mit geringem Vorschub den Boden zu planen, so wird die Bohrpinole über Hebel von einer besonderen Kurventrommel aus angetrieben (Abb. 202). Dadurch kann jede gewünschte Bewegung erreicht werden. Dieses Werkzeug läßt sich auch dann mit Erfolg anwenden,

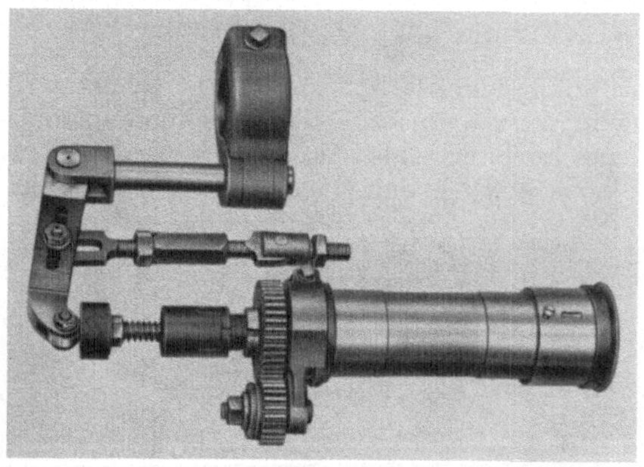

Abb. 203. Bohrvorrichtung mit verdoppeltem Weg und zusätzlicher Drehung der Bohrspindel.

wenn das Bohr- oder Reibwerkzeug vor Beendigung der anderen Arbeitsgänge zurückgezogen werden soll, damit das Werkstück abgestochen oder von Hand ausgespannt werden kann.

Die beiden letztgenannten Bohrwerkzeuge mit verlängertem bzw. unabhängigem Längsweg können zusätzlich noch mit einer umlaufenden Bohrspindel ausgerüstet werden, um als Schnellbohreinrichtung für kleine Bohrer oder als Aufreibeeinrichtung mit verringerter relativer Drehzahl zwischen Werkstück und Werkzeug verwendet zu werden. Für letzteren Fall wird das Werkzeug (Abb. 203) eine Drehbewegung in Richtung des Werkstückes ausführen, die unter Vermeidung von Zwischenrädern oder über zwei solche wieder von der Spindelantriebswelle abgenommen wird. Dabei muß die Bohrspindel bei rechtsschneidenden Werkzeugen und rechtsdrehenden Werkstückspindeln verlangsamt gegenüber diesen umlaufen, um die notwendige geringe Schnittgeschwindigkeit zu haben.

Neben diesen Bohreinrichtungen, die zur Ausführung normaler Bohrvorgänge erforderlich sind, und nur durch die Eigenart des Mehrspindelautomaten zu besonderen Einrichtungen werden, gibt es einige weitere, die als ausgesprochene Sondereinrichtungen anzusprechen sind. Um mehrere Bohrungen gleichzeitig in die Stirnfläche eines Werkstückes

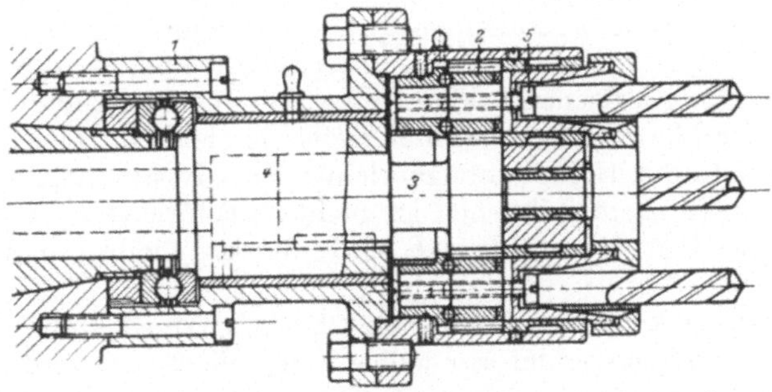

Abb. 204. Mehrlochbohrkopf.
1 = Feststehender Bohrkopf. 2 = Antriebsritzel für Bohrspindel. 3 = Umlaufende zentrale Antriebswelle. 4 = Bewegungseinleitung. 5 = Tiefeneinstellung für Bohrer.

bohren zu können, ist ein Mehrspindelbohrkopf (Abb. 204) erforderlich. Bei Halbautomaten mit feststehenden Werkstücken macht dessen Verwendung keine Schwierigkeit. Anders ist dies bei umlaufenden Werkstücken. Hier sind zwei Möglichkeiten zu unterscheiden. Läßt

Abb. 205. Querbohreinrichtung an einem Fünfspindelautomat.
Der Vorschub der Bohrspindel wird von einer Querschlittenbewegung abgenommen.

sich infolge der Spindelkonstruktion die Drehbewegung einer Werkstückspindel zeitweise auszurücken, wie dies bei Halbautomaten der Fall ist, so kann nach Stillsetzen des Werkstückes an der Bohrspindel mit dem Mehrspindelbohrkopf gebohrt werden. Der Kopf ist dabei fest in den Längsschlitten gespannt, eine innere Welle wird genau wie die

Spindel einer Schnellbohreinrichtung angetrieben und treibt im Kopf über Stirnräder die einzelnen Bohrerspindeln. Bei allen Mehrspindelautomaten, bei denen dieses Stillsetzen einer Spindel nicht möglich ist, da ja die betreffende Spindel auch für jede andere Bearbeitung mangels einer Drehbewegung ausfällt, muß der Mehrspindelbohrkopf mit der gleichen Geschwindigkeit wie das Werkstück umlaufen, so daß die Relativbewegung zwischen beiden Null wird. Die Bohrspindeln erhalten dann ihre Drehbewegung von einer feststehenden zentralen Welle aus. Ein Abbrechen der Bohrer infolge kleiner Relativbewegungen als Folge von unvermeidlichem Zahnspiel ist nicht zu befürchten, da dieses stets nach der gleichen Seite gedrückt wird und da bleibt, so daß es unschädlich ist.

Bei Werkstücken, die mit einer Querbohrung versehen werden sollen, muß die Werkstückspindel auf jeden Fall stillgesetzt werden, um die Bohrarbeit ausführen zu können. Der Bohrapparat (Abb. 205) wird auf einen Querschlitten aufgesetzt und führt mit diesem die radiale Vorschubbewegung aus. Seine Drehbewegung erhält er über eine Gelenkwelle oder günstiger durch einen eigenen kleinen Elektromotor.

54. Werkzeuge für Halbautomaten mit feststehenden Werkstücken.

Bei Halbautomaten mit feststehenden Werkstücken und umlaufenden Werkzeugen kann auf jede einzelne Werkzeugspindel ein Halter gesetzt werden, welcher die Werkzeuge trägt und gegebenenfalls zusätzlich bewegt. Als Grundbearbeitung ist bei diesen Automaten das Bohren anzusehen, die dazu verwendeten Werkzeuge entsprechen den bekannten Formen. Außerordentlich einfach ist ein Bohren mit erhöhter oder besonders niedriger Drehzahl, da hierfür eine besondere Einrichtung nicht erforderlich ist. Der Antrieb der betreffenden Werkzeugspindel (Abb. 84) wird so gewählt, daß die gewünschte Drehzahl erreicht ist, da jede Spindel mit besonderer Drehzahl laufen kann. In einigen Fällen läßt sich allerdings auch bei diesen Mehrspindelautomaten eine Schnellbohreinrichtung nicht vermeiden, wie noch dargelegt wird.

Auch die Verwendung eines Mehrspindelbohrkopfes (Abb. 204) ist bei feststehenden Werkstücken sehr einfach. Der Kopf wird am Spindelstock festgespannt und erhält seinen Drehantrieb zentral von der betreffenden Werkzeugspindel aus. In gleicher Weise können beliebige außermittig liegende Bohrungen ausgeführt werden.

Querbohrungen lassen sich von einem Bohrapparat, ähnlich Abb. 205, ausführen, der auf das Maschinenbett aufgesetzt wird, sich also relativ zu den Werkstücken nicht bewegt. Die notwendige Radialbewegung der Bohrspindel kann von der Längsbewegung des Revolverschlittens abgeleitet werden. Diese Bearbeitung bedeutet hier keinen Zeitverlust, da das Werkstück doch stillsteht, so daß noch andere Bearbeitungen gleichzeitig vorgenommen werden können.

Bei der Außenbearbeitung machen Dreharbeiten in der Längsrichtung keinerlei Schwierigkeiten, da der Revolverschlitten diese Bewegung ausführt. Auf die Werkzeugspindeln wird ein Stahlhalter aufgesetzt, der je nach Anforderung einen oder mehrere Stähle trägt und nötigenfalls auch ein Bohrwerkzeug, und der mit der Werkzeugspindel umläuft. Abb. 206 zeigt einen solchen Halter mit vier Stählen und einem Bohrer. Mit ähnlich gestalteten Werkzeugen läßt sich auch sehr einfach eine exzentrische Werkstückbearbeitung ausführen. Die Werkzeugachse muß dazu exzentrisch zum Werkstück gelagert werden. Da die Werkzeugspindel ihre feste Lagerung im Spindelstock hat, wird diese Exzentrizität in den Werkzeugkopf gelegt, der den Antrieb von der Spindel über Zahnräder auf das Werkzeug weiterleitet.

Muß mit dem gleichen Werkzeughalter an einem großen Durchmesser gedreht und mit einem kleinen Bohrer gebohrt werden, so kann dieser zweckmäßig in einer umlaufenden Schnellbohrspindel aufgenommen werden, die innerhalb des Werkzeuges angeordnet ist, und ihre Drehbewegung von der Werkzeugdrehung ableitet, so daß sie mit erhöhter Drehzahl umläuft.

Soll eine Langdrehbearbeitung hinter einem Bund ausgeführt werden, die bei reiner Längsbewegung zwischen Werkstück und Werkzeug nicht

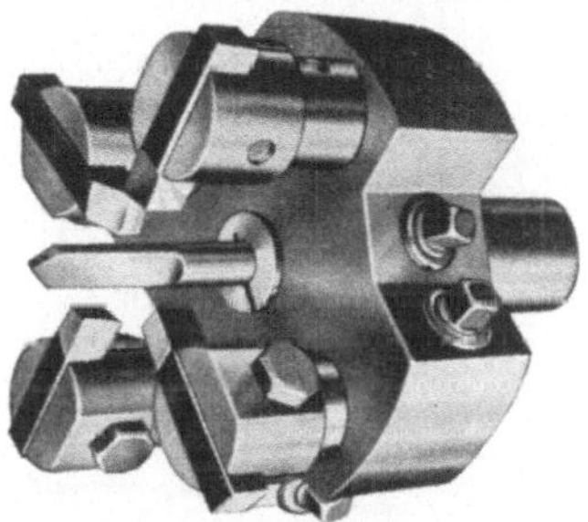

Abb. 206. Bohr- und Drehwerkzeug
für umlaufende Werkzeugspindel.

Abb. 207. Einstech- und Plandrehwerkzeug (DRP.) für umlaufende
Werkzeugspindeln.

erreichbar ist, so wird in letzterem der Drehstahl schwenkbar befestigt und durch eine Kurve am Revolverschlitten in Arbeitsstellung geklappt und gehalten, solange die betreffende Drehbearbeitung dauern soll.

Besondere Schwierigkeiten machen Drehbearbeitungen mit einer anderen Vorschubrichtung als rein axial, also Plandrehen, Kegeldrehen usw., da hierfür keine Querschlitten zur Verfügung stehen. Deshalb müssen auch diese Bewegungen innerhalb des umlaufenden Werkzeuges erzeugt werden. Eine Plandrehbewegung wird von der Längsbewegung des Revolverschlittens abgeleitet (Abb. 129) und über eine Stoßstange, Zahnstange, Ritzel und zweite Zahnstange in die Radialbewegung umgesetzt. Wird dabei die letztgenannte Zahnstange mit dem Stahlhalter und Plandrehstahl in der Haube geführt, welche durch die Stoßstange des Revolverschlittens in gleicher Geschwindigkeit wie dieser zurückgeschoben wird, so führt der Stahl eine reine Planbewegung aus, da die relative Längsbewegung zwischen Stahl und Werkstück Null ist. Ein anderes Werkzeug mit radialer Stahlbewegung zeigt Abb. 207. Es kann für Einstiche, Hinterstiche, Planflächen, Aussparungen und andere Formen verwendet werden.

Die Ableitung der Stahlbewegung zur Herstellung eines Kegels zeigt Abb. 208. Die Kegelsteigung wird dargestellt durch die Resultierende zwischen der Revolverschlitten-Längsbewegung und der Querbewegung des Stahlhalters mit Stahl, der also nicht mit dem Revolverschlitten axial bewegt wird. Der Revolverschlitten verschiebt bei seiner Bewegung über die Druckstange d mit Anschlag e und Hebel g die Hülse i, welche über Zahnstange k und Ritzel l die Zahnstange m und damit den Stahlhalter n mit Drehstahl radial bewegt. Durch den Schlitz am oberen Ende des Hebels g läßt sich die Länge des Hebelarmes und damit die Übersetzung zwischen der Bewegung des Revolverschlittens a und der Hülse i einstellen. Dieses Verhältnis der Übersetzungen ergibt aber die Kegelsteigung, so daß diese mit einfachsten Mitteln leicht eingestellt werden kann. Beim Rücklauf des Revolverschlittens bleibt der Stahl

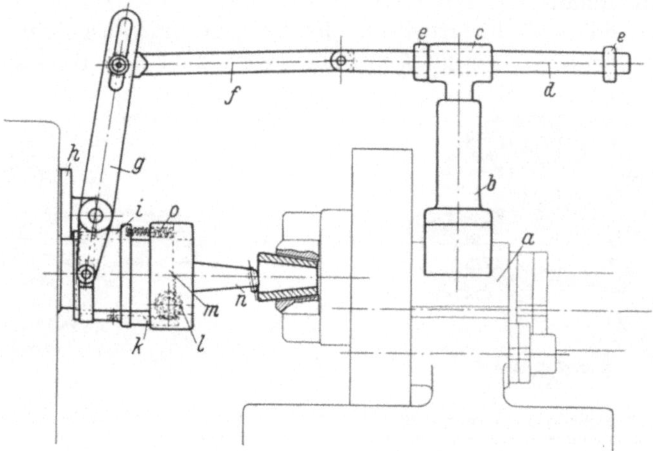

Abb. 208. Kegeldrehwerkzeug (DRP.) für feststehende Werkstücke und umlaufende Werkzeuge.

im Halter n zunächst in seiner Stellung, bis der Halter b gegen den hinteren Anschlag e der Stange d zu liegen kommt, und diese zurückzieht, wobei der Stahl in seine Ausgangsstellung zurückgeht. Diese Bewegungspause des Stahlhalters hat einen rückzugfreien Kegel zur Folge, da das Werkstück bereits aus dem Bereich des Stahles gekommen ist, wenn dessen Rückweg beginnt.

In ähnlicher Weise lassen sich die verschiedenartigsten Relativbewegungen zwischen Werkstück und Werkzeug erzeugen, wenn man jede Bewegung in ihre radiale und axiale Komponente zerlegt und danach die Bewegungsbemessung vornimmt.

55. Gewindeschneideinrichtungen.

Möglichkeiten der Gewindeherstellung. Auf Mehrspindelautomaten lassen sich Gewinde auf die verschiedenste Art und Weise herstellen. An erster Stelle steht die Herstellung mit einer umlaufenden Gewindeschneidspindel, welche das Schneidwerkzeug trägt. Dieses ist ein Ge-

windebohrer, ein Schneideisen oder ein selbstöffnender Gewindeschneidkopf für Innen- oder Außengewinde. Welches von diesen Werkzeugen anzuwenden ist, richtet sich nach der zulässigen Schnittgeschwindigkeit des
Materials, welches bearbeitet werden soll, der verlangten Genauigkeit und
Flankensauberkeit des Gewindes und verschiedenen weiteren Punkten.
Stets wird aber ein selbstöffnender Schneidkopf einem Werkzeug, wie
Bohrer oder Schneideisen, vorzuziehen sein, da ein Rücklauf unnötig wird,
so daß die Möglichkeit einer Gewindebeschädigung hierbei ausgeschlossen
ist. Während sich das Schneideisen sehr häufig durch den selbstöffnenden Schneidkopf ersetzen läßt, ist das bei dem Gewindebohrer nicht der
Fall, da selbstöffnende Köpfe für Bolzengewinde erst für Gewindedurch-
messer angefertigt werden, die auf Mehrspindelautomaten selten vorkommen.

An zweiter Stelle steht die Gewindeherstellung mit Strehleinrichtung, wobei ein Gewindeschneidstahl in mehreren aufeinanderfolgenden
Schneidgängen das Gewinde schneidet. Hierbei können auch Gewinde
hinter einem Bund geschnitten werden, da die Strehleinrichtung sich
auch radial und nicht nur axial zum Werkstück bewegt. Das erzeugte
Gewinde ist sehr sauber und genau, wenn der Schneidstahl gut schneidet, und die Strehleinrichtung die notwendige Genauigkeit hergibt.

Von untergeordneter Bedeutung ist die Gewindeherstellung durch
Rollen und das Gewindefräsen, wenn beide Arten auch bei bestimmten
Werkstücken und Werkstoffen große Vorteile bieten. Das Gewinde-
fräsen besonders verlangt eine langsame Drehung der betreffenden
Werkstückspindel, die also von dem Drehantrieb abschaltbar sein muß,
was bei Stangenautomaten meistens nicht der Fall ist. Auf diese beiden
Verfahren näher einzugehen, ist bei der geringen Bedeutung nicht am
Platze.

Gewindeschneideinrichtungen für Bohrer oder Schneideisen. Bei Verwendung von Gewindeschneidwerkzeugen der geschilderten Art muß das
Gewindeschneiden deshalb anders als auf anderen Maschinen, etwa
Revolverdrehbänken oder Einspindelautomaten, erfolgen, weil die Werkstücke mit stets gleichbleibender Drehzahl umlaufen, und nicht an einer
einzelnen Spindelstellung eine andere Geschwindigkeit erhalten können.
Dabei wird die Drehzahl nach der zulässigen Schnittgeschwindigkeit für
die Drehbearbeitung bemessen, während das Gewindeschneiden eine
wesentlich langsamere Schnittgeschwindigkeit verlangt. Eine weitere
Schwierigkeit liegt in dem notwendigen Drehrichtungswechsel, der bei
Schneideisen und Gewindebohrern für den Rücklauf erforderlich ist. Auch
dieser Wechsel kann bei Mehrspindelautomaten mit umlaufenden Werkstücken nicht von der Werkstückspindel ausgeführt werden, wie dies
bei anderen Maschinen der Fall ist.

Es muß deshalb dem Gewindewerkzeug eine Drehbewegung derartig
erteilt werden, daß die Relativdrehung zwischen Werkzeug und Werkstück beim Schneidvorgang die geeignete Schnittgeschwindigkeit, beim
Rücklauf die richtige Rücklaufgeschwindigkeit ergibt. Die Drehbewegung
der Gewindeschneidspindel muß also nach Beendigung des Arbeitsweges
geändert werden können. Größe und Art der Gewindespindeldrehung

richtet sich nach der Gewindeart und der Drehrichtung des Werkstückes. Genaue Angaben gibt Tab. 35.

Tabelle 35.

Gewinde-richtung	Werkstück-drehrichtung	Werkzeugdrehung in Werkstück-drehrichtung beim	
		Schneidgang	Rücklauf
rechts	rechts	verzögert	überholend
links	rechts	überholend	verzögert
rechts	links	überholend	verzögert
links	links	verzögert	überholend

Die Drehbewegung der Gewindespindel wird von der Werkstückspindel bzw. von der mit dieser zwangläufig umlaufenden Antriebswelle abgeleitet, damit die Drehzahl der Gewindespindel stets in einem bestimmten Verhältnis zur Werkstückdrehzahl bleibt. Die Ableitung dieser Drehbewegung kann im Antriebskasten oder auch unmittelbar am Längsschlitten erfolgen. Abb. 209 zeigt eine schematische Anordnung. Zwischen Antriebswelle und Gewindespindel liegt eine große und eine kleine Zahnradübersetzung für Arbeitsgang und Rücklauf. Die Bewegungsübertragung auf die Gewindespindel erfolgt durch eine Kupplung, mit welcher wahlweise eine der beiden

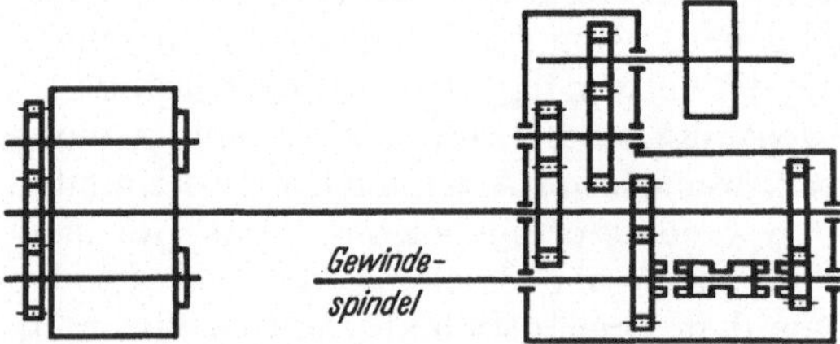

Abb. 209. Schema einer Gewindeschneideinrichtung für Gewindebohrer und Schneideisen.

Bewegungen eingeschaltet werden kann. Die Umschaltung der Kupplung muß im Augenblick der Erreichung der vollen Gewindetiefe erfolgen.

Die Ausführung einer solchen Einrichtung zeigt Abb. 210. Welle *1* ist durch eine Klauenkupplung mit der zentralen Antriebswelle für die Werkstückspindeln fest verbunden und liefert die Drehbewegung für die Gewindespindel. Diese wird über die lose auf ihr sitzenden Räder Z_1—Z_2 oder Z_3—Z_4 bewegt, wenn die Lamellenkupplung *2* oder *3* eingeschaltet ist. Für die überholende Drehung wie für die verzögerte Drehung sind je zwei Räderpaare als Schieberäder vorgesehen, um die Drehzahl für Arbeitsgang und Rücklauf dem Werkstück anpassen zu können. Die Umschaltung der Lamellenkupplung zum Übergang vom Schneidgang zum Rücklauf erfolgt über Hebel *4* von der Stange *5* aus, welche durch einen Anschlag betätigt wird. Die Drehbewegung der Gewindeschneidspindel *6* wird auf die im Längsschlitten drehbar gelagerte Spindel *7* übertragen, deren Kopf zur Aufnahme der verschiedenen Werkzeuge vorgesehen ist.

Wird zur Gewindeherstellung ein selbstöffnender Schneidkopf verwendet, so ist nur eine einzige Drehrichtung der Gewindespindel erforderlich, da der Rückzug des Werkzeuges bei geöffnetem Kopf erfolgt, wenn also die Gewindeflanken nicht mehr am Werkstück anliegen. Der Antrieb vereinfacht sich dann (Abb. 211), da die Kupplung in Wegfall kommt. Die zentrale Welle treibt die Gewindespindel lediglich über ein Räderpaar an.

Beim Gewindeschneidvorgang sind eine Reihe Einzelvorgänge zu unterscheiden. Sie sollen in ihrer zeitlichen Reihenfolge festgelegt werden.

1. Die mit Arbeitsgeschwindigkeit umlaufende Gewindespindel mit dem Werkzeug wird durch ein Hebelsystem von einer Kurve (Abbildung 212) gegen das Werkstück gedrückt, bis das Werkzeug angeschnitten hat.

2. Die Andrückhebel bleiben zurück, da die Gewindespindel durch die Steigung des Gewindes selbsttätig auf dieses gezogen wird. Die Gewindespindel ist in axialer Richtung nur durch die Berührung zwischen Werkzeug und Werkstück gehalten.

3. Bei Erreichung der vollen Gewindetiefe wird durch einen auf der Gewindespindel befindlichen Anschlag die Kupplung im Gewindespindelantrieb umgelegt. Dadurch verändert die Spindel ihre bisher verzögerte Geschwindigkeit

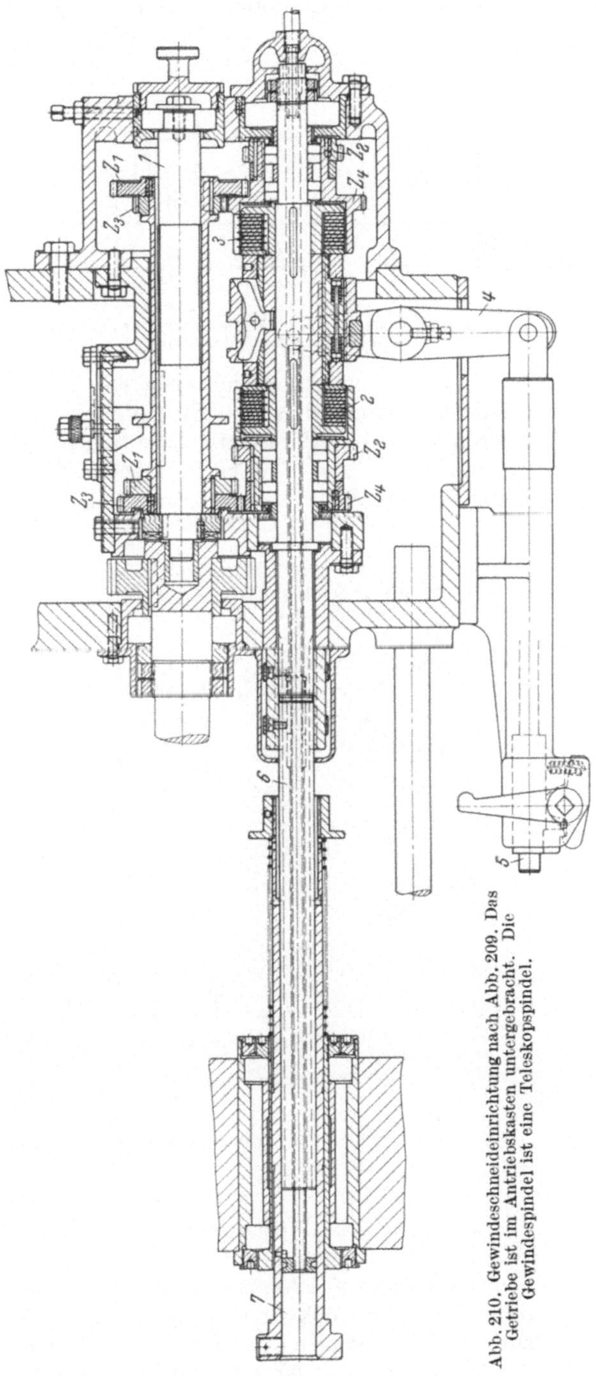

Abb. 210. Gewindeschneideinrichtung nach Abb. 209. Das Getriebe ist im Antriebskasten untergebracht. Die Gewindespindel ist eine Teleskopspindel.

in eine beschleunigte oder umgekehrt. Infolge der dadurch geänderten relativen Drehrichtung läuft das Werkzeug von dem Werkstück ab, bis die Gewindespindel keine Führung mehr hat. Dann wird sie durch eine Rückzugfeder (Abbildung 210) im Längsschlitten bzw. auf dem Block zurückgezogen.

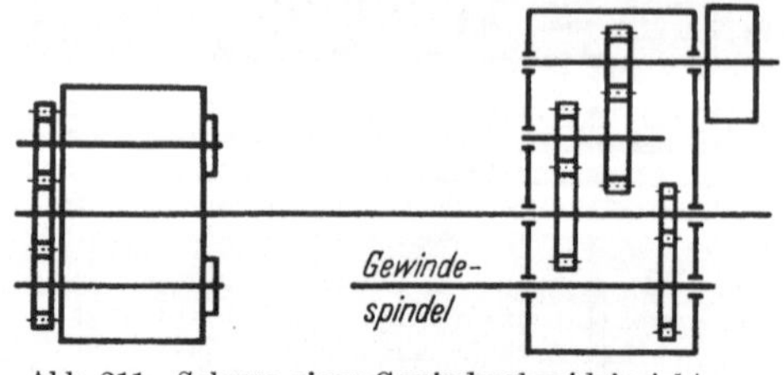

Abb. 211. Schema einer Gewindeschneideinrichtung für selbstöffnenden Schneidkopf.

4. Beim Rücklauf des Längsschlittens bzw. Blocks nach der Hauptzeit macht die Spindel diese Bewegung ebenso wie den späteren Eilvorlauf mit. Der Schlittenrücklauf bewirkt gleichzeitig ein Umlegen der Kupplung im Gewindespindelantrieb, so daß die Spindel sich wieder mit Arbeitsgeschwindigkeit drehen muß. Der nächste Schneidvorgang kann folgen.

Mit diesen vier Teilabschnitten des Schneidvorganges ist auch die Funktion der Andrückvorrichtung, die in Abb. 212 dargestellt ist, aus-

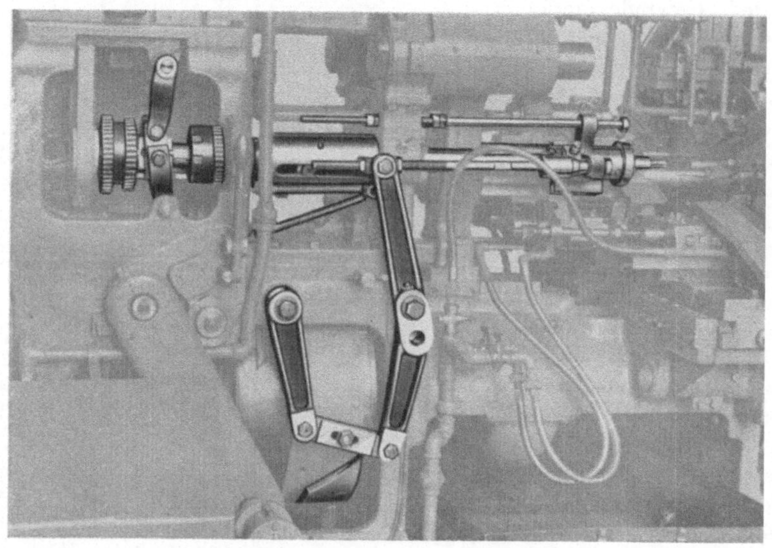

Abb. 212. Andrückeinrichtung zu einer Gewindeschneideinrichtung an einem Mehrspindelautomat.

reichend geklärt. Wesentlich einfacher wird der Vorgang, wenn mit einem selbstöffnenden Gewindeschneidkopf gearbeitet wird. Das Öffnen des Kopfes geschieht durch ein Verschieben einer Haube am Kopf selbst. Die Andrückvorrichtung wird, wie schon beschrieben, den Kopf zum Schnitt bringen, das Gewinde selbst ihn weiterziehen, bis die Gewindelänge erreicht ist, und dann ein Anschlag den Kopf öffnen, womit alle Bewegungen erledigt sind. Eine Kupplung ist nicht vorhanden, und den Gewindespindelrückzug besorgt eine Feder.

Gewindestrehleinrichtung[1]. Für Werkstücke, deren Gewinde mit einer Gewindeschneideinrichtung der geschilderten Art nicht geschnitten werden kann, da es hinter einem Bund sitzt und axial nicht erreichbar ist, da es mehrgängig oder von großer Ganghöhe ist, oder da infolge seiner Kürze das Gewinde nicht sauber geschnitten würde, lassen sich vielfach mit Gewindestrehleinrichtungen gute Erfolge erzielen. Diese Einrichtung schneidet das Gewinde genau wie eine Drehbank mit einem Strehler oder Gewindestahl, indem dieser entsprechend der Gewindesteigung eine axiale Bewegung ausführt, nachdem er durch eine radiale Querschlittenbewegung im Eilgang an das Werkstück herangeführt wurde. Bei jedem Durchgang durch das Gewinde erfolgt ein radialer Vorschub, bis die Gewindetiefe erreicht ist.

Die Strehleinrichtung gliedert sich entsprechend ihrer Aufgabe in zwei Baugruppen.

1. Strehlapparat auf dem Querschlitten. Dieser steuert die Strehlerbewegungen hin und her sowie das Abheben vor dem Rücklauf, damit der Stahl nicht durch das Gewinde zurücklaufen muß und dieses dabei beschädigt.

2. Antriebseinrichtung zum Strehlapparat. Diese nimmt an der Antriebswelle für die Werkstückspindeln die Drehbewegung ab und formt sie in die notwendige Größe um.

Mit einer eingehenden Behandlung dieser beiden Gruppen ist der Fragenkomplex hinreichend geklärt, da die verwendeten Werkzeuge, Gewindestahl oder Rundstrehler überhaupt nicht von den auf Drehbänken verwendeten Werkzeugen abweichen.

Da die Einrichtung auf einen Querschlitten des Mehrspindelautomaten aufgesetzt wird, führt dieser die radiale Bewegung aus, während in dem Apparat selbst nur die axiale Bewegung gesteuert wird. Diese ist dem Werkstück anzupassen, wobei Gewindeart, Gewindesteigung, Gangzahl und Werkstückdrehzahl zu berücksichtigen sind. Der Strehlapparat trägt einen axial beweglichen Schlitten, welcher von einer Walzenkurve derartig bewegt wird, daß er nach einer Kurvenumdrehung einen Hin- und Rückgang ausgeführt hat. Die einzelnen Gesichtspunkte für die Bemessung dieser Kurve werden aufgeführt.

1. Um eine genaue und gleichmäßige Gewindesteigung zu erreichen, muß die Arbeitsfläche der Kurve eine absolut genaue Gerade sein, so daß auf den gleichen Teilbetrag einer Kurvendrehung stets der gleiche Teilbetrag der Axialbewegung des Strehlerschlittens entfällt. Demgegenüber kann die Rücklauffläche der Kurve eine von einer Geraden abweichende Form haben, da der Stahl dann von dem Werkstück abgehoben ist. Die Drehzahl der Kurve ist so zu bemessen, daß auf eine Werkstückumdrehung der Stahl gerade eine Ganghöhe vorgeschoben wird, d. h. die Kurve sich um den Winkel dreht, der einer Ganghöhe entspricht. Bedeutet

---

[1] Lit. Nr. 51.

13*

n = Drehzahl des Werkstückes,

n_k = Drehzahl der Strehlerkurve,

α_{st} = Drehwinkel der Kurve für eine Ganghöhe,

so wird die Kurvendrehzahl

$$n_k = \frac{n\,\alpha_{st}}{360}\,.$$

Aus diesem Zusammenhang ergibt sich die Notwendigkeit, die Kurvendrehbewegung von der Werkstückspindeldrehung abzuleiten. Über die Wahl von α_{st} und die dafür bestehenden Bedingungen wird noch gesprochen.

2. Die Länge des Strehlerweges ergibt sich aus der Zahl der Gewindegänge und deren Ganghöhe zuzüglich einem Betrag für Anschnitt und Auslauf des Werkzeuges. Bedeutet

z_g = die Zahl der Gewindegänge an einem Werkstück,

z_u = Zuschlag für An- und Auslauf,

h_g = Ganghöhe des Gewindes,

L_k = Länge des Arbeitsweges der Strehlerkurve,

so wird

$$L_k = h_g\,(z_g + z_u)$$

und der Drehwinkel α_a der Kurve während des Arbeitsweges

$$\alpha_a = \alpha_{st}\,(z_g + z_u)\,.$$

3. Die Gangzahl des Gewindes ist von Einfluß auf die Wahl der Übersetzung zwischen Werkstückdrehung und Kurvendrehung. Denn der Gewindestahl muß bei Beginn seines Arbeitsweges, also nach einer vollen Umdrehung der Kurve, wieder genau in den Gewindegang schneiden, wie bei dem vorhergehenden Schnitt, oder bei mehrgängigen Gewinden in den darauffolgenden Gang, wobei die Teilung der Gewindegänge genau sein muß. Bei einer Gangzahl z_m besteht der Zusammenhang

$$\frac{\text{Werkstückdrehzahl}}{\text{Strehlerkurvendrehzahl}} = \text{ganze Zahl} + \frac{1}{z_m}\,.$$

Da dieses Verhältnis der Drehzahlen aber bereits durch den Drehwinkel der Kurve beim Vorschub um eine Ganghöhe gegeben ist, muß dieser Drehwinkel α_{st} der letztgenannten Forderung angepaßt werden. Es wird also auch

$$\frac{360°}{\alpha_{st}} = \text{ganze Zahl} + \frac{1}{z_m}\,.$$

Damit ist die Gestaltung des Arbeitsweges der Kurve eindeutig festgelegt. Die noch offenstehenden Bedingungen können frei gewählt werden, bzw. sind den Rücklaufbedingungen anzupassen.

4. Der für den Arbeitsweg der Strehlerkurve nicht benötigte Kurvenwinkel $\alpha_r = 360° - \alpha_a$ wird für den Rücklauf des Strehlerschlittens mit dem Stahl benutzt. Dabei ist die Rücklaufkurve so zu wählen, daß der Arbeitsweg des Stahles ruckfrei abgebremst wird, die Bewegung umkehrt und nach nochmaliger Umkehr am Ende des Rücklaufes nochmals ruck-

frei in die neue Arbeitsbewegung übergeht. Nur eine solche Bemessung der Kurve mit einem stoß- und ruckfreien Bewegungsablauf sichert eine Einrichtung mit geringem Verschleiß und langer Lebensdauer. Der für den Arbeitsweg zur Verfügung gestellte Weg an der Kurve muß deshalb so gehalten sein, daß für den Rücklauf ausreichend Raum bleibt. Denn auch der Übertragungswinkel in dem Kurventrieb muß genauestens beachtet werden, wenn man vor Fehlschlägen gesichert sein will.

Der Kurvenherstellung ist ganz besondere Aufmerksamkeit zu schenken. Dies gilt besonders für den Teil für die Arbeitsbewegung. Dabei ist

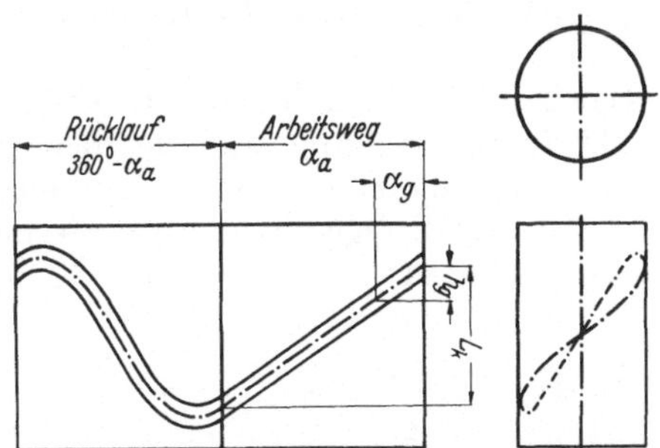

Abb. 213. Kurve für eine Gewindestrehleinrichtung.

es zweckmäßig, diesen Teil getrennt von der Rücklaufkurve zu fertigen und dann erst beide zusammenzusetzen, da so eine einfache Herstellung für die Arbeitskurve möglich ist. Abb. 213 zeigt ein Beispiel für eine solche Strehlerkurve. Neben der Nute für Arbeitsweg und Rücklauf muß diese noch einen Nocken tragen, welcher den Gewindestahl während des Rückzuges von dem Werkstück abhebt, so daß er außerhalb der Gewindegänge zurückläuft.

Gestaltung der Strehleinrichtung. Aus den Forderungen an die Bewegungen und Drehübertragung ergibt sich der Aufbau der Strehleinrichtung, der in Abb. 214 schematisch dargestellt ist.

Auf dem Querschlitten sitzt ein Gehäuse, welches die Strehlerkurve in sich aufnimmt. Die dem Werkstück zugewendete Seite dieses Gehäuses ist als Schlittenführung ausgebildet, auf welcher der Strehlerschlitten mit dem Gewindestahl gleitet. Der Schlitten trägt eine Rolle, welche in einer Nute der Kurve gleitet und die Bewegung auf den Schlitten überträgt. Der Gewindestahl ist nicht fest an dem Strehlerschlitten befestigt, sondern sitzt schwenkbar

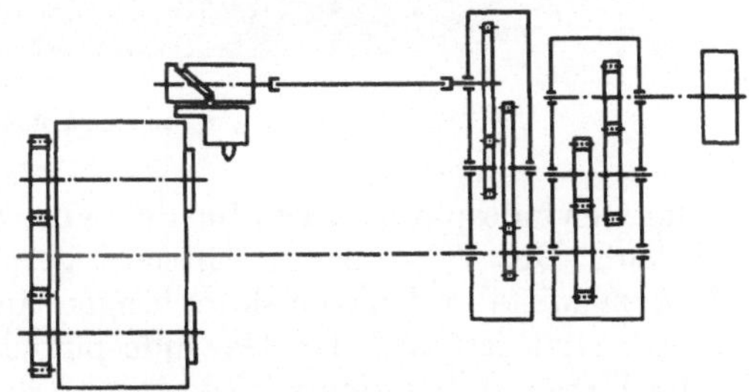

Abb. 214. Schema einer Gewindestrehleinrichtung mit Strehlapparat und Strehlerantriebskasten.

auf einer Welle, welche von dem schon erwähnten Nocken der Strehlerkurve vor dem Schlittenrücklauf so geschwenkt wird, daß der Gewindestahl sich außerhalb der Gewindegänge bewegt.

Die Einrichtung erhält ihre Drehbewegung von einem Getriebekasten, welcher vor den Antriebskasten gesetzt wird und seine Bewegung von der Antriebswelle für die Werkstückspindeln ableitet. Diese Bewegung wird über Wechselräder geleitet, welche die genaue Einstellung der Übersetzung n/n_k ermöglichen. Die Übertragung der so umgesetzten Drehbewegung erfolgt über eine Gelenkwelle zum Gehäuse auf dem Querschlitten, damit dieses sich mit dem Querschlitten radial bewegen kann, ohne daß die Zuleitung der Drehbewegung darunter leidet. Die Anordnung einer Strehlereinrichtung an einem Mehrspindelautomaten zeigt Abb. 215.

Gewindeschneiden bei feststehenden Werkstücken. Die Werkzeuge zur Gewindeherstellung sind die gleichen, wie vorstehend beschriebene. Die Einrichtung ist jedoch viel einfacher, da die im Spindelstock feststehenden Werkzeugspindeln in verlangter Weise angetrieben werden können (Abb. 84).

Abb. 215. Strehleinrichtung an einem Mehrspindelautomaten.

Die Gewindespindel d hat für den Vor- und Rückgang Rechts- und Linkslauf. Der Vor- oder Rechtslauf geschieht von den Zahnrädern i, k, l, m mittelst Friktionskupplungen auf die Zahnräder o und p, letzteres sitzt fest auf der Gewindespindel d, oder durch Verschieben des Räderpaares l, q kommt Rad r mit q in Eingriff und mittelst Friktionskupplung n werden die Zahnräder o, p angetrieben. Die Gewindeschneidspindel läuft mit $^1/_3$ oder $^1/_6$ der Umdrehungen der Antriebswelle, je nachdem ob Räder l, m oder q, r in Eingriff sind. Der Rück- oder Linkslauf wird von den Zahnrädern i, s und mittelst Friktionskupplung t auf die Zahnräder o, p angetrieben. Das abwechselnde Schalten des Vor- und Rücklaufes geschieht durch Verschieben der Kupplungsmuffe u.

Eine besondere Gewindeschneideinrichtung ist also bei Halbautomaten mit feststehenden Werkstücken nicht erforderlich.

56. Sondereinrichtungen.

Die Zahl der Sondereinrichtungen, die für besondere Bearbeitungsvorgänge auf Mehrspindelautomaten entwickelt werden können, ist sehr
groß[1]. Zu nennen sind Werkzeuge auf den Querschlitten zum Einstechen
von Schwalbenschwanznuten in den Umfang eines Zylinders, Werkzeuge
zum Drehen von Kurven an der Stirnfläche eines Werkstückes, die in
dem Längsschlitten untergebracht werden und eine Drehbewegung sowie
eine axiale Bewegung unabhängig von dem Schlitten ausführen, und viele
andere Einrichtungen ähnlicher Art, die für Dreh- oder Bohrbearbeitung
dienen. Alle diese Werkzeuge haben aber gemeinsam, daß die erforderliche Bewegung in eine axiale und eine radiale Bewegung zerlegt werden
kann, so daß durch Zusammenwirken der axialen und der radialen Werk-

Abb. 216. Umlaufende Fräseinrichtung an einem Fünfspindelautomaten.

zeugträger die Bewegung zwangläufig erzeugt wird. Aus den bisher behandelten Werkzeugen lassen sich daher auch diese Sondereinrichtungen
zusammenstellen, da die Grundelemente die gleichen sind. In allen Fällen
kann natürlich das Werkzeug zur Erreichung einer größeren oder kleineren Schnittgeschwindigkeit zusätzlich umlaufend ausgeführt werden,
wenn es im Längsschlitten sitzt. Dies wird beispielsweise zum Kurven-
drehen an der Stirnfläche verwendet werden müssen, wenn das Werkstück sehr schnell umläuft, da sonst die axial hin und her gehende Bewegung des Werkzeuges, die je Werkstückumdrehung mindestens einen
Hin- und Rückgang umfassen muß, zu große Beschleunigungsbeanspru-
chungen verursachen würde.

Eine Sondereinrichtung muß noch besprochen werden, da es sich
dabei nicht um eine Drehbearbeitung, sondern ein Sägen oder Fräsen

---

[1] Lit. Nr. 26, 32, 52, 53, 60, 62 b, 68, 70 e.

handelt. Derartige Fräseinrichtungen werden auf Maschinen für große
Stückzahlen, die niemals oder selten umgestellt werden und Schrauben
oder andere Werkstücke mit Nuten oder Schlitzen herstellen, vielfach
verwendet. Hierbei lassen sich drei Bauarten unterscheiden:

1. Die Fräseinrichtung wird im Längsschlitten untergebracht und
dreht sich in gleicher Drehzahl wie das Werkstück, so daß die Relativbewegung Null wird (Abb. 216). Im Werkzeugkopf sind ein oder mehrere
Fräser untergebracht, die sich um eine Achse senkrecht zur Drehachse
drehen. Bei einer axialen Bewegung des Werkzeuges auf das Werkstück
zu fräsen die umlaufenden Fräser Schlüsselflächen oder einen Schlitz in
das sich drehende Werkstück, welches gleichzeitig noch anderweitig
bearbeitet werden kann.

Abb. 217. Feststehende Fräseinrichtung an einem Fünfspindelautomaten.

2. Die Fräseinrichtung ist am Längsschlitten angebaut, führt aber
keine Drehbewegung aus (Abb. 217). Das Werkstück darf sich bei der
betreffenden Spindelstellung nicht drehen, der Drehantrieb muß also
ausgerückt werden. Der drehende Fräser führt wieder die Bearbeitung
diesmal an dem stillstehenden Werkstück durch die Vorschubbewegung
des Werkzeugträgers aus.

3. Der Werkzeugträger führt eine Greifeinrichtung an das Werkstück
heran, die dieses sofort faßt, wenn es fertig bearbeitet und abgestochen
ist. Bei seiner Rückbewegung führt die Greifereinrichtung das Werkstück an einem feststehenden Fräser vorbei, so daß die Bearbeitung
diesmal an der Abstichseite des Werkstückes erfolgt. Mit dieser Einrichtung lassen sich also die vielfach vom Abstich noch stehenbleibenden
kleinen Materialreste entfernen, wenn eine Fräsbearbeitung nicht notwendig ist. Nach dem Vorgang wirft die Greifeinrichtung das Teil aus und
geht mit dem Werkzeugträger beim nächsten Arbeitsgang wieder vor.

6. Literaturverzeichnis.

1. BAUER: Ein- oder Mehrspindelautomaten? Werkzeugmasch. Bd. 33 (1929) S. 347.
2. — Der Materialvorschub unserer bekanntesten Automaten. Z. VDI 1919 S. 833 ff.
3. BEHRENS: Werkzeugmaschinen. Masch.-Bau Bd. 8 (1929) S. 346 ff.
4. BUXBAUM: Neue deutsche Werkzeugmaschinen und Werkzeuge. Masch.-Bau Bd. 1 (1922) S. 349 ff.
5. COLVIN: Aus der Montage der Cleveland Automaten. Z. prakt. Masch.-Bau 1914 S. 1167 ff.
6. FINKELNBURG: Beitrag zur Untersuchung der Nebenzeit mehrspindliger Stangenautomaten. Diss. Aachen 1935.
7. — Über die Nebenzeit der Mehrspindelautomaten. Werkzeugmasch. 1936 S. 69 ff.
8. — Verkürzen der Verlustzeiten selbsttätiger Drehbänke. Masch.-Bau 1936 S. 183 ff.
9. — Wirtschaftliche Getriebeauswahl. Werkst. u. Betrieb 1936 S. 141 ff.
10. — Vereinheitlichen von Mehrspindelautomaten. Masch. Bau 1936 S. 371 ff.
11. — Untersuchung der Nebenzeit von Mehrspindelautomaten. Z. VDI 1936 S. 1394.
12. — Mehrspindelautomaten-Tabellen. Werkzeugmasch. 1936 S. 560 ff.
13. — Wirtschaftlichkeit und Einsatzbereitschaft von Mehrspindelautomaten. Masch.Bau 1937 S. 253 ff.
14. FISCHER: Über Stahl- und Werkstückwechsel bei Drehbänken. Werkst.-Techn. Bd. 6 (1912).
15. GESCHKE: Ein neuer Automat für höchste Zerspanungsleistung. Loewe-Notizen 1931 S. 49.
16. GOTHE, KELLE, KREIL: Das Einrichten von Automaten, Teil 3. Berlin: Julius Springer 1927.
17. GOTHE: Mehrspindelautomaten. Schütte-Blätter 1928 S. 106.
18. HAASE: Das Einrichten von Drehautomaten. Masch.-Bau Bd. 10 (1931) S. 424.
19. HAMILTON: Tool Equipment used on National Acme Multiple Spindle Automatic Screw Machines. Machinery, 1913 S. 457 ff.
20. — National Acme Multiple Spindle Automatic Screw Machine. Machinery, 1912 S. 243 ff., 1913 S. 297 ff., 335 ff., 351 ff., 619 ff., 677 ff.
21. HÄNEKE und PAREY: Spanabhebende Werkzeugmaschinen. Z. VDI Bd. 72 (1928) S. 229 ff.
22. HAUERBAS: Ein neuer Mehrspindel-Portalautomat. Werkst.-Techn. Bd. 25 (1931) S. 188 ff.
23. HINBERGEN, VAN, BLECKMANN, WASSMUTH: Das Einrichten von Halbautomaten. Berlin: Julius Springer 1928.
24. KARPINSKI: Selbsttätige Stangenzuführung an Automaten. Masch.-Bau Bd. 12 (1933) S. 37 ff.
25. KELLE: Die neuere Entwicklung der Mehrspindelautomaten. Werkst.-Techn. Bd. 25 (1931) S. 10 ff.
26. — Aus Arbeiten auf Mehrspindelautomaten. Werkzeugmasch. Bd. 35 (1931) S. 261 ff., 286 ff.

27. Kelle: Neuerungen an Revolverdrehbänken und Automaten auf der Leipziger Maschinenschau 1927. Werkzeugmasch. Bd. 31 (1927) S. 188ff.

28. — Leistungssteigerung bei Revolverbänken und Automaten. Werkzeugmasch. Bd. 30 (1926) S. 530ff.

29. — Die Automaten. Berlin: Julius Springer 1927.

30. — Werkzeuge und Einrichtung der selbsttätigen Drehbänke. Berlin: Julius Springer 1929.

31. Kienzle: Die Arbeitsweise der selbsttätigen Drehbänke. Berlin: Julius Springer 1913.

32. Klein: Das Abstechen von Federrollen auf einem umgebauten Automaten. Werkst.-Techn. 1933 S. 378.

33. Kronenberg: Ausgereifte Konstruktionen der deutschen Werkzeugmaschinen. Werkst.-Techn. 1931 S. 253ff.

34. Kurrein: Rückblick auf die deutsche Werkzeugmaschinenschau 1926. Werkst.-Techn. 1926 S. 685ff.

35. Luchsinger: Neuere Werkzeugmaschinen für die Uhrenindustrie. Z. VDI Bd. 72 (1928) S. 1814ff.

36. Narath: Der Davenport-Fünfspindelautomat. Masch.-Bau Bd. 7 (1928) S. 126ff.

37. Obeltshauser: Die Arbeitsgenauigkeit von Automaten. Masch.-Bau Bd. 7 (1928) S. 527ff.

38. Preger: Werkzeugmaschinen mit höchsten Drehzahlen. Z. VDI Bd. 75 (1931) S. 893ff.

39. — und Häneke: Die Richtlinien für die Entwicklung spangebender Werkzeugmaschinen. Masch.-Bau Bd. 9 (1930) S. 325ff.

40. Prentiss: Finishing Spindle Carrier Holes by Grinding. Iron Age vom 11. November 1937 S. 38ff.

41. Rohr: Automatenarbeit. Werkst.-Techn. 1924 S. 315ff.

42. Schlesinger: Sonderheft Revolverdrehbänke und Automaten. Werkst.-Techn. Bd. 13 (1919).

43. — Bericht über die Leipziger Werkzeugmaschinenmesse 1930. Werkst.-Techn. Bd. 24 (1930) S. 113ff.

44. — Die Anwendung der Kugellager im amerikanischen Werkzeugmaschinenbau. Werkst.-Techn. 1926 S. 489ff.

45. — Die amerikanischen Werkzeugmaschinenausstellungen in New Haven und Boston. Werkst.-Techn. 1925 S. 1ff.

46. — Die Wirkungsweise der Kurven bei selbsttätigen Revolverdrehbänken. Werkst.-Techn. Bd. 4 (1910) S. 193ff.

47. — Prüfbuch für Werkzeugmaschinen. Berlin: Julius Springer 1931.

48. — Die Werkzeugmaschinen. Berlin: Julius Springer 1936.

49. Schumacher: Genauigkeitsprüfung von Werkzeugmaschinen durch Energiemessung. Masch.-Bau Bd. 10 (1931) S. 415ff.

50. Schütz: Die dritte britische Werkzeugmaschinenausstellung in der Olympia-Halle in London. Werkst.-Techn. 1925 S. 49ff.

51. Schwendenwein: Selbsttätiges Gewindestrehlen auf Automaten. Z. VDI Bd. 80 (1936) S. 572ff.

52. — Fertigung von Mehrfachgewinden auf selbsttätigen Drehbänken (Automaten). Z. VDI Bd. 82 (1938) S. 579ff.

53. Simon: Press operations on screw machines. Machinery, 1928 S. 1ff., 113ff.

54. Sinclair: Accurate Contour Tooling. Amer. Machinist, 1930 S. 765ff.

55. Stodieck: Vier- oder Sechsspindel-Revolverautomat? Werkst.-Techn. 1928 S. 272ff.

56. Tessky: Kugellagerung im Automatenbau. Masch.-Bau Bd. 3 (1924) S. 302ff.

57. Twelsieck: Die wirtschaftliche Ausführung von Futterarbeiten auf Mehrspindelautomaten. Masch.-Bau 1923 S. 117ff.

58. Wallichs: Die Entwicklung des deutschen Werkzeugmaschinenbaues in den letzten vier Jahren. Z. VDI Bd. 77 (1933) S. 1081ff.

59. Weil: Senkrecht-Halbautomat mit sechs Arbeitsspindeln. Masch.-Bau Bd. 11 (1932) S. 14.

60. ZIMMERMANN und DIEMER: Kegeldrehen auf selbsttätigen Drehbänken mittels zentrisch gedrehter Vorhaltekurve. Werkst.-Techn. 1921 S. 181ff.
61. Zeitschrift American Machinist,:
   a) Bullard single spindle Automatic vertical lathe. 1933 S. 448ff.
   b) Gridley Model „R" Four Spindle Automatics. 1932 S. 1108ff.
   c) Improvements in four spindle chucking automatic. 1930 S. 272 E.
   d) Simplex automatic screw machine. 1906 S. 106 Eff.
62. Zeitschrift Machinery, New York:
   a) Bullard single spindle automatic vertical lathe. (1933) S. 737ff.
   b) Butterworth No. 2 chucking automatic. (1933) S. 351ff.
   c) Gridley heavy duty four spindle automatic. 1930 S. 819ff.
   d) Gyromatic 6 spindle vertical automatics. 1933 S. 286ff.
   e) Multi spindle automatic lathe with spezial provision for chip clearance. 1933 S. 386ff.
   f) Small capacity multi spindle automatic. 1932 S. 503ff.
   g) The Gridley multiple spindle automatic screw machine. 1908 S. 401ff.
   h) Three battery nuts per second in one machine. 1931 S. 294.
63. Zeitschrift Machinery, London:
   a) Automatic bar lathe with ample chip clearence. Bd. 9 (1933) S. 778ff.
   b) The use of cemented carbide tools on Schütte automatics. 1933 S. 760ff.
64. Zeitschrift Machine moderne, Paris:
   Sonderheft mit der Beschreibung der auf der Pariser Messe und der Leipziger Messe ausgestellten Werkzeuge und Werkzeugmaschinen. 1931 S. 309ff.
65. Zeitschrift Machine Tool Review:
   New Britain bar automatics. 1929 S. 53ff.
66. Zeitschrift: Schraubenindustrie:
   Original Acme Fünfspindelautomat. 1926 Nr. 3.
67. Zeitschrift: Schütte-Blätter:
   Schütte Sechsspindelautomat SA 55. 1928 S. 22ff.
68. Zeitschrift Technisches Zentralblatt:
   Die Bearbeitung von Vergaser-Unterteilen. 1932 S. 47ff.
69. Zeitschrift The Iron Age:
   High production chucking machine. 1925 S. 349ff.
70. Zeitschrift Werkstattstechnik:
   a) Automaten und Revolverdrehbänke. 1924 S. 101ff.
   b) Der Cleveland-Automat und seine Ausrüstung. 1919 S. 14.
   c) Druckluft-Spannfutter für Automaten. 1929 S. 122ff.
   d) Gridley-Automat für Futterarbeiten. 1929 S. 397.
   e) Massenherstellung kleiner Muttern für Trockenbatterien. 1932 S. 53.
   f) Neuerungen auf dem Gebiet des Revolverbank- und Automatenbaues. 1925 S. 806ff.
   g) Verringerung der Herstellungszeit auf Automaten durch geschickte Werkzeuganordnung und Zeiteinteilung. 1924 S. 359ff.
71. Zeitschrift Die Werkzeugmaschine:
   a) Der heutige Entwicklungsstand der automatischen Drehbänke. 1929 S. 357ff.
   b) Der gegenwärtige Entwicklungsstand im Werkzeugmaschinenbau. 1931 S. 353ff.
72. Zeitschrift für praktischen Maschinenbau:
   Sechsspindliger Conradson-Halbautomat. 1914 S. 1205ff.
73. Zeitschrift des Vereins Deutscher Ingenieure:
   Vierspindelautomat. 1929 S. 626.